William Ellet

D1876303

Das Fallstudien-Handbuch der Harvard Business School Press

Haupt

William Ellet

Das Fallstudien-Handbuch der Harvard Business School Press

Business-Cases entwickeln und erfolgreich auswerten

Haupt Verlag
Bern · Stuttgart · Wien

William Ellet ist Eigentümer und Herausgeber der *Training Media Review*, einer amerikanischen Online-Publikation, die sich mit didaktischen Methoden und den Inhalten von BWL- und Managementausbildungen befasst. Als Dozent der *Harvard Business School* lehrt er Studenten der berühmten Harvard-MBA-Programme seit über 12 Jahren, wie man mit Fallstudien erfolgreich arbeitet.

Aus dem Englischen von Jutta Scherer, JS textworks, München

1. Auflage 2008
Bibliografische Information der Deutschen Nationalbibliothek
Die Deutsche Nationalbibliothek verzeichnet diese Publikation in der Deutschen Nationalbibliografie; detaillierte bibliografische Daten sind im Internet über http://dnb.d-nb.de abrufbar.
ISBN 978-3-258-07327-9

Copyright © 2007 William Ellet

Die amerikanische Originalausgabe ist unter dem Titel *The Case Study Handbook: How to Read, Discuss, and Write Persuasively About Cases* im Verlag Harvard Business School Press erschienen.

Umschlaggestaltung: pooldesign.ch
Satz: Verlag Die Werkstatt, Göttingen
Alle Rechte vorbehalten
Copyright © 2008 für die deutsche Ausgabe by Haupt Berne
Jede Art der Vervielfältigung ohne Genehmigung des Verlages ist unzulässig
Printed in Germany

www.haupt.ch

Inhalt

Teil III
Schreiben

Teil IV
Fallbeispiele als Basis für Analysen und schriftliche Arbeiten

Einleitung

Praktische Hilfe

Das *Fallstudien-Handbuch* ist das Resultat aus sechzehn Jahren Arbeit mit Business-School-Studenten. Den Anstoß dazu gab meine eigene Unzufriedenheit: Ich konnte meinen Studenten bei ihren schriftlichen Arbeiten über Fallstudien einfach nicht genügend praktische Hilfe bieten.

In den ersten Jahren meiner Dozententätigkeit beschränkte ich mich auf die üblichen Hinweise zum guten Schreiben: schlüssige Textabschnitte, Gebrauch des Aktiv, Texte mit klar erkennbarem Anfangs-, Mittel- und Schlussteil. Meine Ratschläge zeigten zwar Wirkung, aber es reichte noch nicht. Irgendwann wurde mir klar: Bei schriftlichen Prüfungen über Fallstudien erkannten die Studenten oft gar nicht, wann eine Argumentation erforderlich war oder wie sie sie schreiben sollten (was aber nicht ihre eigene Schuld war, sondern die einer unzulänglichen Vorbildung im Schreiben). Also rückte ich das Argumentieren stärker ins Zentrum meiner Arbeit. Ich experimentierte mit der Formulierung von Thesen auf Basis eines Enthymems und mit der Syllogismus-basierten Argumentationstheorie von Stephan Toulmin. Schlussendlich kam ich auf ein simples Konzept zurück: These, Herleitung, Beleg.

Analytische Evidenz

Vielen der Schreiber half es sicher schon zu erkennen, wann eine Argumention notwendig ist und wie man sie aufbaut. Nach wie vor aber beunruhigte mich, wie schwer sich die Studenten mit schriftlichen Arbeiten über Fallstudien taten. Häufig blieb der übergreifende Standpunkt unklar, die Erörterung wesentlicher Fragen zusammenhanglos, und die analytische Evidenz wurde unsystematisch eingesetzt. Ich brauchte eine ganze Weile, um zu erkennen, dass die Texte – ganz ohne Absicht – die zugrunde liegenden Fallstudien widerspiegelten. Durch Argumentationsschulung war das Problem nicht ganz zu lösen. Die Studenten brauchten mehr als das, doch ich konnte ihnen nicht mehr bieten.

Die Lösung ist dieses Buch

Eines war mir klar: Wenn es eine Lösung gab, dann lag sie in den Fallstudien selbst. Mein Kompetenzbereich aber war das Schreiben. Mit etwas Überwindung besuchte ich als Gasthörer einige Fallstudienbesprechungen und schaute mir zahlreiche Prüfungsarbeiten über Fallstudien an. Ich las die Fallbeispiele durch und verglich sie mit den Arbeiten der Studenten. Einige von ihnen wussten ganz intuitiv, wie man die typischen Fragen beantwortet – also etwa: Was ist hier die optimale Entscheidung? Warum geht es diesem Unternehmen schlecht? Ich staunte, wie unbeirrt sie an die Aufgabe heran-

Test an MBA-Studenten

gingen – trotz Prüfungsdruck, trotz des Anspruchsniveaus mancher Fallstudien und trotz fehlender Informationen über die Erwartungen der Leser. Ich lernte sowohl aus den guten Arbeiten als auch aus den weniger guten.

Nach und nach nahmen die Ideen zu diesem Buch Gestalt an. Ich testete sie zunächst an MBA-Studenten aus, um zu sehen, ob ich ihnen endlich die benötigte Unterstützung bieten konnte. Dabei bezogen sich meine Ideen nicht nur aufs Schreiben: Wie ich irgendwann feststellte, war ich dabei, in einer Art Reverse Engineering eine Methode zur Analyse von Fallstudien zu entwickeln. Inzwischen wende ich die Ideen aus diesem Buch seit über fünf Jahren an, und dies mit durchweg positiven Resultaten – sowohl bei Gruppendiskussionen als auch in einschlägigen Prüfungsarbeiten. Das ist nicht etwa meine subjektive Meinung, sondern es zeigt sich auch in der Benotung durch MBA-Dozenten, die meine Methode gar nicht kennen (und auch nicht kennen können). Ganz besonders freue ich mich natürlich über die Studenten, die mithilfe der Methode ihre Schwierigkeiten überwinden konnten.

Pragmatische Methode

Ich treffe in diesem Buch Aussagen, welche als Fallbeispiel-Theorie ausgelegt werden könnten. Daher möchte ich für meine Leser – vor allem die Managementwissenschaftler unter ihnen – vorab eines klarstellen: Dieses Buch erhebt *nicht* den Anspruch, ein Lehrbuch zu sein. Es ist weder eine rhetorische oder generative »Theorie der Fallbeispiele« noch eine Taxonomie mit exklusiven Kategorien; es beackert auch kein Neuland im Bereich der wissenschaftlichen Argumentation. Vielmehr beschreibt es ganz einfach eine pragmatische Methode, basierend auf meinen Beobachtungen zu Fallstudien und einschlägigen Studienarbeiten. Im Grunde geht es dabei nicht nur um die Bearbeitung von Fallbeispielen, denn auch im wirklichen Leben kommen vergleichbare Situationen vor. Dabei berücksichtigt die Methode nicht alle denkbaren Situationen – oder Kombination von Situationen –, die in Fallstudien auftreten können. Sie macht sich aber den Umstand zunutze, dass bestimmte, klar definierte Situationen in den Fallbeispielen immer wieder vorkommen.

Logik der Situation

Jede dieser Situationen hat ihre eigene Logik, und wer sie kennt, kann Fallstudien effizienter lesen, effektiver erörtern und überzeugender darüber schreiben. Ein wesentlicher Vorteil der Methode ist denn auch, dass sie die Verbindung zwischen Analyse, Erörterung und Schreiben herstellt. Sie ist jedoch *kein* Ersatz für die Theorien, Konzepte, Methoden und quantitativen Ansätze, welche in Management-Studiengängen gelehrt werden – vielmehr soll sie diese ergänzen und ihre Anwendung erleichtern. Sie soll also keineswegs davon wegführen, sondern im Gegenteil helfen, schneller Zugang zu ihnen zu finden und sie fokussierter anzuwenden.

Die Textbeispiele im Buch basieren auf Arbeiten von MBA-Studenten, die aus Datenschutzgründen anonymisiert wurden. Da es sich um Prüfungsarbeiten handelte, die unter Zeitdruck geschrieben wurde, habe ich sie etwas überarbeitet, um sie noch besser als Beispiele nutzen zu können. Ich bin dabei allerdings sehr zurückhaltend vorgegangen und habe alles vermieden, was nach Musterbeispielen aussehen könnte. Auch bringe ich nur ein einziges schlechtes Textbeispiel, das einem guten gegenübergestellt wird, denn ich bin der Überzeugung, dass schreiberische Schwächen durch schlechte Beispiele eher noch verstärkt werden.

Harvard Business School

Sämtliche Fallstudien im Buch stammen von der Harvard Business School. Um problematische Situationen für Dozenten zu vermeiden, wurden alle Fallbeispiele sorgfältig nachrecherchiert, um sicherzustellen, dass sie nirgends mehr zur Verwendung im Unterricht vorgeschrieben sind. Diese »inaktiven« Fallstudien benutze ich zur Veranschaulichung der hier vorgestellten Methoden. Dabei bringe ich klar zum Ausdruck, dass meine Auslegung nicht mehr und nicht weniger maßgeblich ist als jede andere, und ich ergänze sie um offene Fragen und alternative Sichtweisen. Mit anderen Worten: Ich tue alles, um den Anschein zu vermeiden, es gebe eine »richtige« Antwort zu einer Fallstudie. Einige kurze Auszüge aus Fallstudien, die noch im Unterricht verwendet werden, wurden sorgfältig anonymisiert, damit sich niemand einen unfairen Vorteil verschaffen kann (wobei das schon aufgrund der Kürze ohnehin kaum machbar wäre, selbst ohne Anonymisierung).

Das *Fallstudien-Handbuch* erhebt nicht den Anspruch, ein unverzichtbares Werk zu sein. Managementstudenten zeigen immer wieder, dass sie auch alleine geeignete Ansätze zur Fallstudienanalyse und zum Verfassen der entsprechenden Arbeiten entwickeln können. Andererseits gibt es einfach zu viele, die keinen guten Zugang finden und dadurch in ihrem Lernprozess aufgehalten werden; auch mit dem Schreiben haben MBA-Studenten immer wieder Schwierigkeiten. Und da die Zahl der Einschreibungen an Business Schools langfristig zunimmt und die Fallstudienmethode weit verbreitet ist, wächst auch die Zahl derer, welche damit konfrontiert werden.

Ein Buch für Viele

Dieses Buch wendet sich an alle Studenten, welche die Fallstudienmethode heute oder in Zukunft einsetzen müssen. Im Grunde hoffe ich aber, dass sein Nutzen darüber hinausgeht: Wenn Studenten besser vorbereitet an Gruppendiskussionen und schriftliche Argumentationen herangehen können, haben letztlich alle etwas davon – die Studenten selber, ihre Lehrkräfte und auch ihre späteren Arbeitgeber.

Kapitel 1

Überzeugung, Argumentation und die Fallstudienmethode

Verwirrung durch Fallstudien

Jahr für Jahr lernen die Anfänger an Business Schools eine Lehr- und Lernmethode kennen, die für viele von ihnen neu ist: die Fallstudienmethode. Mit *Fallstudie* ist hier das umfangreiche Material von Business Schools oder Unternehmen gemeint – nicht die mageren Randkommentare, die in vielen Lehrbüchern zu finden sind. Für Anfänger kann diese erste Begegnung mit der Materie sehr verwirrend sein: Zunächst mag ihnen das Fallbeispiel wie eine ganz normale und klare Geschichte erscheinen, doch am Schluss dieser Geschichte kommen sie ins Grübeln, welche Aussage hier getroffen und belegt werden soll. So endet beispielsweise das Fallbeispiel einer Restaurantkette damit, dass sich der Geschäftsleiter ganz grundlegende Fragen über sein Unternehmen stellt. Antworten hat er keine, und die Fallstudie liefert sie auch nicht. In einem anderen Text sind einem jungen MBA-Absolventen zufällig Gerüchte über Verhaltensweisen von Kollegen zu Ohren gekommen, die ernsthafte Konsequenzen für alle haben könnten, auch für ihn selbst. Am Ende dieses Fallbeispiels hat er im wörtlichen wie auch im übertragenen Sinn heftige Kopfschmerzen – und es gibt keine klaren Hinweise darauf, was er nun tun sollte.

Prüfungen mit Fallstudien

Wenn solche Fälle im Unterricht besprochen werden, nutzen Lehrkräfte gerne die sokratische Methode, nach welcher die Studenten im Zuge der Diskussion von möglichen Antworten zu einer Flut von Fragen gelangen. Nicht selten sind die Studenten dann ziemlich verstört und die Atmosphäre entsprechend angespannt, vor allem in den ersten Monaten. Ein ebenso schwieriges Thema sind schriftliche Prüfungen über Fallstudien: Im Unterricht bespricht die gesamte Gruppe, einschließlich der Lehrkraft, gemeinsam eine Fallstudie. Je nach Klassengröße kommt der Einzelne dabei nur wenig zum Zug. In der Prüfung sind die Studenten dann ganz auf sich gestellt: Ausgehend von einer oder mehreren Prüfungsfragen, müssen sie die Fallstudie analysieren –

und dann einen Text schreiben, welcher den kenntnisreichen Leser zufriedenstellt und überzeugt. All dies in einer begrenzten Zeitspanne.

Die Fragen, die sie beantworten müssen (ob im Unterricht oder in den Prüfungen), können beispielsweise so aussehen:

- Ist das hier beschriebene Veränderungsprogramm grundsätzlich eine lohnende Sache? Wenn ja, warum war es in diesem Fall nicht erfolgreich? Wie kann es erfolgreich durchgeführt werden?
- Wie attraktiv ist die hier beschriebene Branche? Sind einige Segmente davon attraktiver als andere? Warum? Bestimmen, analysieren und bewerten Sie die Strategie des Unternehmens aus diesem Fallbeispiel.
- Wenn Sie sich in die Lage der EU-Mitgliedsstaaten versetzen, halten Sie die Aufnahme 10 neuer Mitglieder in die Gemeinschaft für eine richtige Entscheidung? Welche Argumente sprechen dafür, welche dagegen? Wie wird sich die EU-Erweiterung auf die Weltwirtschaft auswirken?

Fähigkeiten zur Untersuchung von Fallbeispielen

MBA-Studenten sagen mir manchmal, sie hätten das Gefühl, in der Fallstudienmethode stecke ein Geheimnis, das der eine löst und der andere nicht. Wer es schafft, hat Erfolg; wer es nicht schafft, schlägt sich mehr schlecht als recht durch und muss ständig Angst vor Blamage haben.

Die Fallstudienmethodik fordert eine Menge von den Studenten. Sie ist aber kein Geheimbund, in den nur wenige Glückliche aufgenommen werden, die dann ihren Kollegen etwas voraushaben. Wer mit Fallstudien arbeitet, braucht zwei Sorten von Fähigkeiten: Zum einen muss er oder sie in der Lage sein, ein Fallbeispiel zu analysieren und ihm im Hinblick auf die Problemstellungen oder Prüfungsfragen eine Bedeutung zu geben. Ziel ist es, Schlüsse zu ziehen, welche zu den Gegebenheiten des Falls passen, und dabei eventuelle Lücken und Unsicherheiten mit zu berücksichtigen. Die zweite Sorte von Fähigkeiten besteht darin, anderen diese Gedanken effektiv vermitteln zu können.

Dieses Buch bietet Ihnen eine Methode, um die Bearbeitung von Fallstudien strukturiert und zielgerichtet anzugehen und die Resultate zu kommunizieren. Die Methode sollte Ihnen auch beim Gebrauch der Konzepte helfen, welche Sie bereits aus Ihrer Arbeit kennen oder im Lauf Ihres Studiums kennenlernen – wie beispielsweise:

- **Erwartungstheorie von Victor Vroom**
- **5C-Strategie des Marketing[1]**
- **5P-Modell der Führung (nach Mildred Golden Pryor, J. Christopher White und Leslie A. Toombs)**
- **Makroökonomie**
- **Wertschöpfungskette (Michael Porter).**

Aufbau dieses Buches

Die Kombination aus einer Methode, mit der man seine Gedanken zu einer Fallstudie ordnet, und den gängigen Managementkonzepten wird Ihnen helfen, Schlüsse zu ziehen und auch zu begründen. Ob im Bildungswesen oder im Geschäftsleben – Erkenntnisse sind nur dann etwas wert, wenn sie mit anderen geteilt werden. Bei der Fallstudienmethode geht es darum, Meinungen zu äußern, sie mit denen anderer zu vergleichen und aus den Gemeinsamkeiten und Unterschieden zu lernen. Im Hochschulstudium werden die Schlussfolgerungen zu einer Fallstudie teils mündlich kommuniziert (etwa bei Diskussionen in der Studiengruppe oder bei formalen Präsentationen); sie werden aber auch schriftlich niedergelegt, beispielsweise im Rahmen von Hausarbeiten, Forschungsprojekten oder Prüfungen. Jede Art der Kommunikation stellt ihre eigenen Herausforderungen. In der Gruppe müssen Sie Ihre Erkenntnisse in die allgemeine Diskussion einfließen lassen; dabei ist jeder Einzelne gefordert, die Diskussion voranzubringen und zum gemeinsamen Verständnis des Falls beizutragen. Präsentationen hingegen – ob von Einzelnen oder von Arbeitsgruppen – haben meist zum Ziel, die Zuhörerschaft von etwas zu überzeugen. Ebenso sind schriftliche Arbeiten über Fallstudien auf Überzeugung angelegt. Dieses Buch ist daher nach drei unterschiedlichen Fähigkeitsgruppen unterteilt: Analyse von Fallbeispielen (Teil I), Diskussion (Teil II) und Schreiben über Fallstudien (Teil III).

Wissen aufnehmen versus Wissen schaffen

Viele Business-School-Anfänger haben in ihrem vorherigen Studium hauptsächlich die Vorlesung als Lehrmethode kennengelernt. Sie ist in der Tat eine effiziente Methode, mit der Sachkundige bestimmte Inhalte zahlreichen Einzelpersonen gleichzeitig mitteilen können. In Verbindung mit Lehrbüchern (quasi gedruckten Vorlesungen) kann dieses Modell sehr viel Stoff in kurzer Zeit vermitteln.

Das Vorlesungsmodell eignet sich also gut zum Übertragen von Informationen. Wie jedes andere Lehrmodell hat es aber auch seine Einschränkungen. Eine der wichtigsten ist: Es regt die Zuhörer nicht dazu an, über Inhalte nachzudenken und sie anzuwenden. Vorträge über Organisationsentwicklung oder Makroökonomie sind erst dann wirklich aussagekräftig, wenn der oder die Lernende ihren Inhalt auf konkrete Problemstellungen anwenden kann, um Unternehmen oder Länder besser zu verstehen. Wenn aber Konzepte angewandt werden sollen, braucht man Gelegenheit zum Üben. Die Vorlesungsmethode gibt Studenten in der Regel nicht die Möglichkeit, das Gelernte konsequent zu praktizieren. Meist werden sie danach benotet, wie gut sie die gelernten Fakten abrufen können.

Beginnen nun Studenten mit einem Studienprogramm, das auf Fallstudienarbeit aufbaut, dann glauben sie zunächst – verständlicherweise –, ihre Hauptaufgabe sei das Wiederkäuen fallbezogener Fakten. Umso größer die Überraschung, wenn ihre Professoren dann von ihnen erwarten, dass sie diese Fakten nicht nur kennen, sondern auch nutzen, um ihre Meinung zu den gestellten Fragen zu untermauern. Hinzu kommt, dass die Erstsemester oft gar nicht gesagt bekommen, was bei der Fallstudienmethodik von ihnen erwartet wird. Der Wurf ins kalte Wasser scheint in der Aus- und Weiterbildung gängig zu sein – zumindest in den USA.

Wissen selber schaffen

Bei der Vorlesungsmethode *empfangen* Studierende Wissen von einem Experten – bei der Fallstudienmethode aber *schaffen* sie es selbst mit der Hilfe eines Experten. Die Studenten müssen sich also komplett umstellen. Viele der Neuen sind daher verwirrt und unsicher, wie sie mit all dem umgehen sollen.

Schreiben und überzeugen

Ein Hochschulabsolvent kommentierte einmal den Schreibunterricht im MBA-Programm mit den Worten, »Ich bin nicht zur Business School gekommen, um schreiben zu lernen.«

Sprachfähigkeiten entwickeln

Mag sein. Aber viele Business-School-Studenten schätzen ihre Schreibfähigkeiten nicht besonders hoch ein und wissen nicht so richtig, wie man eine Argumentation aufbaut. Vor allem Teilnehmer ohne Hochschulabschluss sind darin häufig weniger geübt – wenn man von den Schulaufsätzen einmal absieht. Auch Menschen mit naturwissenschaftlich-technischer Ausbildung haben womöglich seit dem Abitur keine umfangreicheren Werke mehr verfasst. MBA-Programme aber – ob im Präsenzunterricht oder im Online-Studium – verlangen von den Studenten Schreibfähigkeiten, und ein Mangel an einschlägiger Schulung oder Praxis kann problematisch werden. Mehr noch: Er kann auch nach dem Abschluss des MBA die Karrierechancen beeinträchtigen. Wie es in dieser Hinsicht um amerikanische Manager bestellt ist, war Thema eines viel diskutierten Artikels in der *New York Times* mit dem lakonischen Titel: »Was US-Unternehmen nicht bauen können? Einen Satz!«[2]

Selbstständig denken

Die Fähigkeit, klar zu denken und überzeugend zu kommunizieren, ist seit jeher eine Kernfähigkeit für Menschen in Führungsrollen. Heute gilt das mehr denn je: Die fortschreitende Globalisierung, die Zunahme geografisch verteilter Arbeitsgruppen und das Internet haben der schriftlichen Kommunikation ganz neue Bedeutung verliehen. Der gerade zitierte *New York Times*-Artikel schildert anschaulich das tägliche Chaos, das schlecht geschriebene E-Mails in Unternehmen verursachen. In der »wissensbasierten Wirtschaft« wird von Mitarbeitern selbstständiges Denken und Handeln verlangt, und als fähige und intelligente Menschen erwarten sie vom Management, dass es erklärt und überzeugt, anstatt nur Anweisungen zu erteilen. Und wenn diese Mitarbeiter über die ganze Welt verteilt sind, dann kann man sie am besten schriftlich erreichen. Gut geschriebene Dokumente können eine heimliche Quelle der Wettbewerbsfähigkeit sein.

Überzeugung ist die Kunst, seine Zielgruppe – Zuhörer oder Leser – dazu zu bringen, dass sie das Gewünschte glauben, denken oder tun. Diese Kunst hat in der westlichen Welt über 2000 Jahre Tradition. Und noch heute hat sie dieselbe grundlegende Bedeutung wie in der Antike. Argumentation und Überzeugung sind notwendig, um Kontroversen aufzulösen – um Menschen mit sehr unterschiedlichen Ansichten zur selben Sache auf eine gemeinsame Ebene zu bringen. Diese Funktion ist im Geschäftsleben, wo das Handeln im Vordergrund steht, besonders wichtig. Meinungsverschiedenheiten müssen überwunden werden, damit ein Unternehmen intelligent agieren kann.

Mehrdeutigkeit von Fallstudien

Fallstudien haben vielfältige Bedeutungen und lösen daher immer unterschiedliche Ansichten aus. In einer Gruppe von 40 Studenten wird man in aller Regel 40 unterschiedliche Meinungen zu einer Fallstudie vorfinden. Um also ihre Kommilitonen und Dozenten im Rahmen der Fallstudienarbeit zu überzeugen, müssen Schreiber zwei Hürden überwinden: die gemeinsame Vorlage (die Fallstudie) und die kritische Einstellung des Publikums. Dieses kennt den Text und die Fakten, sodass man sich keine sachlichen Fehler erlauben kann. Zudem sind die Zielleser oder -hörer mit dem Fallbeispiel vertraut und werden ihre eigenen Ansichten dazu haben, sodass man sehr stichhaltige Beweise für die eigene Argumentation braucht.

Auf der anderen Seite hat die Vertrautheit der Zielgruppe mit dem Fall ihre Vorteile: Der Schreiber muss nicht erst den Fall beschreiben, die verwendeten Termini definieren und alles das tun, was nötig ist, wenn die Adressaten mit einem Thema nicht vertraut sind. Auch sind die meisten Dozenten weniger daran interessiert, welchen Standpunkt ein Schreiber bezüglich einer Fallstudie vertritt, als daran, wie gut er diesen Standpunkt vertritt.

Überzeugen durch Argumentation

Es gibt viele Wege, ein Publikum zu überzeugen. Emotionale Appelle gehören dazu, logische Tricks, der Verweis an Autoritäten und eben die logische Begründung und Beweisführung. In einem akademischen oder geschäftlichen Umfeld überzeugt man sein Gegenüber am besten mit Argumenten. Die akademische Arbeit gründet sich auf rationales, logisches Denken und Diskurs, und die Argumentation ist für beides essenziell. Für Teilnehmer von Managementstudiengängen ist es äußerst wichtig zu lernen, wie man eine Situation analysiert und wie man mittels rationaler Argumente überzeugt. Manager und Führungskräfte müssen in der Lage sein, logisch über ihr Unternehmen, ihre Mitarbeiter und ihre Ziele nachzudenken. Wer sich ständig durch Emotionen leiten lässt, logische Fehler begeht oder nicht gewillt ist, den Fakten ins Angesicht zu schauen, der bringt meist sich und sein Unternehmen in Schwierigkeiten.

Begründungen sind gefragt

Sehr allgemein ausgedrückt, ist eine Argumentation eine Reihe von Aussagen, die in einer logischen Beziehung zueinander stehen. Der wichtigste Bezug ist dabei der zwischen der Formulierung einer These und den Belegen dafür. Man zieht also ein Fazit zu einer Fallstudie – der Präsident des Landes hat recht, wenn er den Auslandsschuldendienst des Landes einstellt – und die Leser nicken und sagen »Schön und gut, aber wie können Sie das begründen?«[3] Wenn sie Ihr Fazit ernst nehmen sollen, müssen Sie ihnen gute Argumente liefern.

Hier ein Beispiel, das die Beziehung zwischen Thesen und Belegen veranschaulichen soll:

Was? (These)	(weil)	*Warum? (Belege)*
Der Präsident hat recht, wenn er den Auslandsschuldendienst des Landes einstellt.		Die vollständige Rückzahlung der Schuld würde das Land destabilisieren.

Die Aussage »Vollständige Rückzahlung würde Land destabilisieren« wird für sich alleine niemanden überzeugen. Die Leserschaft braucht für die destabilisierende Wirkung Belege.

Was? (These)	(weil)	*Warum? (Belege)*
Der Präsident hat recht, wenn er den Auslandsschuldendienst des Landes einstellt.		Die vollständige Rückzahlung der Schuld würde das Land destabilisieren.

Begründung:

1. Der Schuldendienst würde aus dem Land Geld abziehen, das es dringend zur Stützung der Volkswirtschaft und für soziale Zwecke wie Bildung und Gesundheit benötigt.
   Als Beleg dafür dient ein Rückblick auf die Historie, aus dem hervorgeht, dass Rezessionen zur Verarmung der Bevölkerung führten und politische Konflikte hervorriefen, welche die wirtschaftliche Lage weiter verschlechterten.
2. Die Finanzen des Landes sind erschöpft.
   Als Belege dienen Daten und Berechnungen, die zeigen, dass das schlechte Wirtschaften zur öffentlichen Verschuldung und lückenhaften Eintreibung der Steuern führte.
3. Die Volkswirtschaft ist gerade dabei, sich zu erholen.
   Belege dafür sind Daten und Berechnungen, die zeigen, dass das BIP in den vergangenen beiden Jahren um 3 bzw. 5 Prozent angestiegen und die Inflation binnen eines Jahres um 5 Prozent gesunken, die Arbeitslosigkeit aber stark angestiegen ist.
4. Der Lebensstandard und andere Wohlstandskennzahlen sind im Steigen begriffen, aber eine neuerliche Rezession wird diese Zugewinne wieder zunichtemachen.
   Als Belege dienen Daten, aus denen hervorgeht, dass das Pro-Kopf-Einkommen leicht angestiegen ist (um 2 Prozent). Die Kriminalitätsrate ist um 6 Prozent gesunken, was mit der verbesserten Wirtschaftslage parallel läuft.
5. Eine politische Krise konnte gerade erst überwunden werden, doch bei Verschlechterung der Wirtschaft könnte es zu neuerlichen Krisen kommen.
   Beleg dafür sind die jüngsten politischen Unruhen, welche die Regierung an der Ergreifung nötiger Schritte zum Wirtschaftswachstum hinderten.

Breites Spektrum an Belegen

Die Argumentation begann mit einer These (einer Schlussfolgerung zum Fall) sowie einer Aussage, welche die Belege dafür zusammenfasste. Unterhalb dieser Aussage sind weitere, detailliertere Aussagen angeordnet. Jede davon muss durch Belege gestützt werden. (Die meisten davon wurden hier ausgelassen, um den Argumentationsfluss klar und einfach zu halten.) Wie Sie sehen, sind die angeführten Belege nicht nur sehr spezifisch für die Argumentation; sie stammen auch aus unterschiedlichen Quellen wie volkswirtschaftlichen Statistiken und politischer Geschichte. Ganz allgemein gilt: je breiter das Spektrum an Belegen, desto überzeugender die Argumentation.

Behalten Sie dieses einfache Modell einer Argumentationsführung im Hinterkopf, vor allem bei den Kapiteln zum Thema Schreiben. Fallstudien verleiten immer wieder dazu, auf die Ebene einzelner Daten und Fakten hinabzutauchen. Dieser Detailgrad ist zwar durchaus erwünscht – aber gleichzeitig brauchen wir eine Struktur, welche die Details ordnet und zu einer schlüssigen Argumentation zusammenfügt.

Kapitel 2

Was ist eine Fallstudie überhaupt?

Im Fallstudienunterricht müssen der Dozent und die Studenten auf unterschiedliche Weise aktiv werden. Die eine Seite braucht die andere, damit Lehren und Lernen stattfindet. Die Dozenten sind zwar die Fachleute, doch vermitteln sie ihr Fachwissen selten auf direktem Wege. Die Kunst bei der Fallstudienmethode besteht vielmehr darin, zur rechten Zeit die richtigen Fragen zu stellen, Rückmeldung zu den Antworten zu geben und eine Diskussion aufrechtzuerhalten, welche die Bedeutung des Fallbeispiels erschließt.

Zur Veranschaulichung, welche Fragen und Antworten sich dabei ergeben können, hier ein Auszug aus einer simulierten Fallstudiendiskussion zu einer Fallstudie der Harvard Business School mit dem Titel »Malaysia in den 1990er-Jahren«:

Dozent: Was sollte der Premierminister Ihrer Meinung nach tun? Was sollte er in der UNO sagen?

Student A: Er sollte den Umweltschützern nicht nachgeben. Das Land sollte innerhalb seiner Grenzen tun dürfen, was es möchte. Das geht niemand anderen etwas an. Die Umweltschützer sollten sich um die Probleme in ihren Ländern kümmern.

Dozent: Sollte er also einen Alleingang wagen? Nehmen wir an, Sie tragen sich mit dem Gedanken, in Malaysia zu investieren. Was wäre Ihnen lieber: eine Regierung, welche Diskussionen und Verhandlungen über problematische Fragen offen gegenübersteht, oder eine, welche gegenüber Außenstehenden die harte Linie fährt?

Student A: Wahrscheinlich wäre mir eine gesprächsbereite Regierung tatsächlich lieber. Aber ich glaube nicht, dass es sich hier um ein Thema mit Diskussionsbedarf handelt.

Dozent: Sie haben gesagt, die Umweltgruppen sollten sich nur mit den Problemen in ihren eigenen Ländern befassen?

Student A: Ja, das stimmt.

Dozent: Hat Malaysia eine starke Umweltschutzbewegung?

Student A: Ich, ähm, ... ich weiß nicht. Das steht nicht in der Fallstudie.

Dozent: Gehen wir einmal davon aus, dass es keine hat. Ist der Umweltschutzgedanke von irgendeinem Wert für ein Entwicklungsland? Gibt es irgendwelche Umweltschäden, welche die Entwicklung des Landes behindern könnten, oder geht es nur darum, beispielsweise eine bedrohte Art zu schützen, die die Naturwissenschaftler im Westen noch nicht hinreichend studieren konnten?

Student A: Ich glaube, das Land kann es sich nicht leisten, beim Umweltschutz westliche Standards anzuwenden.

Student B: Im Text sind sehr wohl einige negative Folgen für Malaysia erwähnt, zum Beispiel Erosion, Überflutung und die mögliche Zerstörung einiger Pflanzen, die für medizinische Zwecke benutzt werden könnten.

Dozent: Okay. Kann die Abholzung der Regenwälder die langfristige Entwicklung des Landes behindern?

Student C: Könnte sie schon. Wenn die Bäume in einem Tempo abgeholzt werden, das keine Nachhaltigkeitsaspekte berücksichtigt, dann wird die Ausbeute an Holz mit der Zeit immer kleiner werden. Letztendlich werden die Holzindustrie und ihre Erträge von der Bildfläche verschwinden.

Dozent: Ist das ein großes, mittleres oder eher kleines Problem?

Student C: Ich glaube, es betrifft im Wesentlichen nur einen Bereich.

Dozent: Gibt es in der Fallstudie irgendwelche Informationen zum Ausmaß dieses Problems? Hat irgendjemand die Zahlen parat, mit denen man das besser eingrenzen könnte?

Student C: Spezifische Zahlen dazu habe ich nicht. Ich weiß nur, dass der Exportanteil von Holz rückläufig ist ...

Durch Diskussion Wissen erzeugen

Studenten tragen zur Diskussion eines Falls das meiste bei. Zum Erzeugen von Wissen sind sie also unverzichtbar. Mehr noch: Wenn sie nicht gut vorbereitet im Unterricht erscheinen, kann die Fallstudienmethode nicht funktionieren, denn dann sind genau die Leute, welche aus dem Fall seine Bedeutung herausziehen, nicht dazu in der Lage. Bei anderen Lehrmethoden, die auf Vorlesungen und Beiträgen von Experten beruhen, werden die Fakten häufig so konfiguriert, dass sie nur eine Interpretation zulassen – die »Wahrheit«. Bei Diskussionen über Fallstudien ist das anders: Dort gibt es Fakten und Informationen zuhauf, die jedoch nicht zu einer einzigen Wahrheit zusammengefügt werden.

Die Logik der Methode klingt hervorragend, geradezu inspirierend. Die Erfahrung hingegen kann für den Einzelnen äußerst verwirrend sein. Bei der Fallstudienmethode liefern die Lehrkräfte meist keine Zusammenfassung und äußern auch keine persönliche Meinung zu den Schlussfolgerungen und Maßnahmenplänen der Studenten. Sie vermitteln vielleicht Konzepte zur Analyse der vorgestellten Fälle, aber sie geben keinesfalls definitive Schlussfolgerungen oder richtige Antworten vor. Bestenfalls unterscheiden sie zwischen mehr und weniger plausiblen Lösungen. Für die Ergebnisse der Diskussion sind die Studenten von A bis Z verantwortlich.

Harte Arbeit mit Fallstudien

Für Studenten kann das eine große Umstellung bedeuten – weg vom Komfort der Autorität und der offiziell abgesegneten Wahrheiten, hin zu der harten Arbeit, die gewöhnlich mit persönlicher Verantwortung, Ungewissheit und vielfältigen Interpretationsmöglichkeiten einhergeht.

Was eine Fallstudie ist, was sie leisten kann und was nicht

Eine Fallstudie simuliert oder modelliert eine echte Situation. Fallstudien sind textliche Darstellungen der Realität, die den Leser in die Rolle eines Beteiligten versetzen. Die Untersuchungseinheit variiert dabei erheblich – von der einzelnen Person über ein Unternehmen bis hin zu einem ganzen Land oder gar der ganzen Welt. Fallstudien können eine Seite umfassen, aber auch fünfzig Seiten oder mehr. Sie alle aber haben den gleichen Zweck: die Realität abzubilden, eine Situation mit all ihren Tücken und Stolpersteinen wiederzugeben – und dazu gehören auch Missverständliches, Nebensächliches, Irrelevantes und zu wenig Information (oder auch ein Übermaß davon).

Die meisten Texte im Bildungsbereich stellen die Realität als logisch und schlüssig dar. Aber wirkliche Geschäftssituationen sind ständig im Fluss und unweigerlich mit Unsicherheiten verbunden; sie liefern keine vorselektierten und -sortierten Informationen. Fallstudien tun das auch nicht.

Echte Situationen enthalten ein gewisses Maß an Klarheit, zu viel oder zu wenig Information und ganz viel Mögliches. Fallstudien auch. Sie bieten MBA-Studenten eine Art Labor, wie es auch bei der Ausbildung von Naturwissenschaftlern und Medizinern genutzt wird. Um ihren Zweck zu erfüllen, muss eine Fallstudie bestimmte Merkmale aufweisen. Als Analogie zur Realität – und damit Ersatz für die unmittelbare Erfahrung einer Geschäftssituation – muss ein Fall drei Merkmale aufweisen:

- Ein oder mehrere grundlegende unternehmerische Probleme / Fragestellungen
- Genügend Informationen, um Rückschlüsse ableiten zu können
- Kein vorgegebenes Fazit.

Eine Fallstudie ohne wesentliche Problemstellung hat keinen Bildungswert. Man kann folglich davon ausgehen, dass es bei jeder Fallstudie um etwas Wichtiges geht (wie etwa ein Preisdilemma, Fremd- versus Eigenfinanzierung, ein größeres Problem in einer Fertigungsanlage.) Eine Fallstudie muss eine angemessene Faktenbasis liefern, um vernünftige Rückschlüsse zuzulassen, aber sie darf keine Rückschlüsse vorgeben.

Viele Fallstudien werden durch folgende Merkmale zusätzlich erschwert:

- Informationen mit viel »Rauschen« – also Irrelevantes, analytische Sackgassen, falsche / voreingenommene / unzureichende Aussagen handelnder Personen
- Informationen, die nicht explizit im Fall enthalten sind, sondern aus den enthaltenen Fakten abgeleitet werden müssen
- Eine nicht lineare Struktur, in der relevante Fakten kreuz und quer im Text verteilt, häufig auch verborgen oder erst abzuleiten sind.

Eine gut geschriebene Fallstudie *muss* diese Merkmale aufweisen, um die Realität widerzuspiegeln. Damit muss der Leser solcher Fallstudien in der Lage sein,

- auf Basis der Informationen im Text Rückschlüsse zu formulieren
- irrelevante oder wenig wertvolle Informationen herauszufiltern
- fehlende Informationen durch logische Ableitung zu erstellen
- Fakten, welche das eigene Fazit stützen, aus unterschiedlichen Teilen des Textes miteinander in Verbindung zu setzen und zu einer Schlussfolgerung zusammenzufügen.

Informationsrauschen in Fallstudien

Zuweilen treffen die Personen in Fallstudien Aussagen, die auf den ersten Blick schlüssig erscheinen. Bei allen handelnden Personen ist jedoch aufgrund des Eigeninteresses und eingeschränkten Blickwinkels grundsätzlich Skepsis angebracht. Manche Fallbeispiele enthalten auch umfangreiches Füllmaterial in Text und Bildern, das den Leser ablenken und ihm das Herauspicken wirklich hilfreicher Informationen erschweren soll. Denn Informationsrauschen ist auch ein typisches Merkmal realer Situationen. Wir alle werden heutzutage von Informationen überflutet, von denen viele nur geringen Nutzen haben. Fallstudien bieten folglich ein hartes, aber äußerst wertvolles Training im Filtern von Informationen nach Relevanz und Nutzen. Einige der besten Fallstudien aber verfolgen die umgekehrte Strategie: sie enthalten eine Faktenbasis, die absolut unzureichend erscheint. In den dargestellten Situationen kommt wenig Information vor, und die Fähigkeit des Lesers zur Ableitung logischer Schlüsse wird stark gefordert. Allerdings: Jede Fallstudie – ob sie nun viele oder wenige Informationen enthält – verlangt vom Leser, eigene Rückschlüsse zu ziehen. Darin kann die schwierigste Umstellung liegen, wenn man zuvor nur Lehrbücher und Vorlesungen gewöhnt war. Man könnte es auch so ausdrücken: Beim Vorlesungsmodell liegt die zentrale Fähigkeit im Speichern von Inhalten – beim Fallstudienmodell in der Schlussfolgerung.

Fallstudien sehen aus, als hätten sie eine lineare Struktur: Es gibt vielleicht eine Einleitung und einen Schluss, eine Folge von Überschriften und Zwischenüberschriften und eine Reihe von Abbildungen, die aussehen wie die in den Lehrbüchern. Wie wir noch sehen werden, können Einleitung und Schluss sehr wertvolle Informationen liefern – sie müssen es aber nicht. Und die Überschriften und Zwischenüberschriften suggerieren eine Gliederung in sinnvolle Abschnitte, analog zur Logik eines Lehrbuchs oder eines Artikels aus dem *Wall Street Journal.* In der Tat ahmen Fallstudien die lineare Struktur von Lehrbüchern nach – doch sie sind insofern nicht linear aufgebaut, als ihr Inhalt nicht in logischer Form dargestellt wird. Für Leser ist diese Tatsache, zusammen mit den nur im Rückschluss zu ergründenden Informationen, wahrscheinlich die größte Herausforderung. Unerfahrene Studenten lesen Fallstudien in der Annahme, sie seien logisch aufgebaut. Folgt dann der Inhalt einer Gliederung, die nicht ganz unlogisch, aber doch verwirrend ist, dann sind sie ratlos. Wahrscheinlich strengen sie sich dann noch mehr an, stecken noch mehr Zeit in die Fallstudienarbeit und versuchen, noch bessere Notizen zu machen. Stattdessen sollten sie lieber überlegen, ob sie den Text mit der richtigen Methode lesen.

Fallstudien sind unlogisch und nicht linear

Wie man einen unklaren Text in den Griff bekommt

Fallstudien erfordern aktives Lesen; dagegen macht uns das, was die meisten von uns regelmäßig lesen, eher zu passiven Lesern. Journalistische Texte in Zeitungen, Zeitschriften, Fernsehen und Internet – ob das nun Reportagen oder Meinungsbeiträge sind – sagen dem Leser, was sie meinen. Tun sie das nicht, haben sie ihren Zweck verfehlt. Ein Zeitungsartikel beispielsweise nennt sein Thema ganz klar, häufig schon im ersten Abschnitt, und führt sorgfältig seine Hauptpunkte aus, die dann meist durch spezifische Beispiele erläutert und ergänzt werden. So begann beispielsweise unlängst der Leitartikel einer US-Zeitung mit einer kleinen Geschichte über einen Arzt, der entdeckte, dass ein Pharmavertreter ziemlich genau über sein Verschreibeverhalten Bescheid wusste. Der dritte Abschnitt der Geschichte ging so:

Aktives Lesen

> *Was viele Ärzte in diesem Detailgrad noch nicht wissen: Pharmahersteller geben Millionen von Dollar aus, um vertrauliche Berichte über einzelne Ärzte und deren Patienten erstellen zu lassen – dies jedenfalls nach Angaben von Beratern der Pharmaunternehmen.*[4]

Dieser Textabschnitt bringt die übergreifende Aussage der Geschichte auf den Punkt. Der Rest des Textes gibt Beispiele für die Datenerfassung und erläutert die Gründe, warum die Unternehmen diese Daten sammeln wollen.

In einem Lehrbuch vermittelt ein Experte dem Leser die Wahrheit aus seiner Sicht. So stellt ein Geschichtstext über das Alte Rom auf Seite 1 die folgende »Grundsatzfrage«:

> *Wie war es möglich, dass auf italienischem Boden und auf Basis einer Liga, die von einem der Mitglieder angeführt wurde, eine Supermacht mit starken Streitkräften und einer gut gefüllten Staatskasse entstehen konnte, während dies Griechenland trotz all seines kreativen Genius bei keinem seiner Versuche gelang? Oder anders gefragt: Wieso konnte Rom, ein Stadtstaat genau wie Athen und Sparta, das Rätsel lösen, an dem Athen, Sparta und selbst die griechischen Monarchien, von Alexanders Nachfolgern auf militärischer Stärke gegründet, gescheitert waren?*[5]

Der Rest des Textes – über 300 Seiten – versucht, auf diese Frage Antworten zu finden.

Die Fallstudie »Malaysia in den 1990er-Jahren (A)« aus der Harvard Business School beginnt damit, dass der malaysische Premierminister Mahathir bin Mohamad vor der UNO-Vollversammlung sprechen sowie mit potenziellen Investoren zusammentreffen möchte. Westliche Umweltschützer kritisieren sein Land seit einiger Zeit wegen der Abforstung der Regenwälder. Der Premierminister muss die Entwicklungsstrategie seines Landes im Hinblick auf interne und externe Interessen überdenken. Am Ende der Fallstudie überlegt er, ob er die konfrontativen Aussagen seiner Redenschreiber stehen lassen soll, welche die Umweltschützer und ihre Kritik abtun. Im restlichen Teil der Fallstudie sind aber nur die Fakten enthalten, die für diese Kontroverse relevant sind; auch werden die Ansichten und Argumente der Beteiligten nicht dargestellt und bewertet. Verglichen mit einer Reportage oder einem Lehrbuch scheinen Einleitung und Schluss der Fallstudie wenig mit dem Text dazwischen zu tun zu haben.

Drei Arten zu lesen

Es gibt mindestens drei verschiedene Arten, eine Fallstudie zu lesen:

- Aufnehmen
- Finden
- Machen.

Die Methode lautet: Machen

Die Methode »Aufnehmen« ist geeignet für einen Text, der sowohl ein Thema als auch dessen Bedeutung darstellt, wie etwa ein Zeitungsartikel oder eine Online-Produktbewertung. Der zweite Ansatz, »Finden«, passt zu einem Text, der Hinweise oder Anhaltspunkte enthält, die der Leser erkennen und entschlüsseln muss, um eine Lösung zu finden. Ein gutes Beispiel dafür ist ein Krimi. (Ironischerweise gehören auch stark quantitativ aufgebaute Fallstudien dazu: Sie enthalten Hinweise auf die richtigen Formeln oder Gleichungen, mit denen eine im Text genannte oder implizierte Anforderung erfüllt wird.) Die Methode »Machen« schließlich ist die richtige für Fallstudien.

Im Fall »Malaysia« sind Anfang und Ende hinreichend klar. Wir können davon ausgehen, dass die Kritik der westlichen Umweltgruppen zu einem gewissen Grad begründet ist – was nicht heißen muss, dass sie in dieser Form korrekt ist – und dass sie die Entwicklungsstrategie der malaysischen Regierung erschweren könnte. Liest man dann aber den Fall durch, findet man Informationen von äußerst unterschiedlicher Relevanz für die eingangs aufgeworfenen Fragen. Den Leser beschleicht ein ungutes Gefühl: Ganz offenbar hat der Inhalt etwas mit der Problematik zu tun – aber wie, bleibt unklar. Denn die wichtigsten Fakten werden entweder nicht klar genannt oder aber auf viele verschiedene Weisen angesprochen. Wäre dies ein Zeitungsartikel, würde die Redaktion ihn an den Journalisten zurückschicken und eine umfassende Überarbeitung verlangen.

Eine Fallstudie ist von Haus aus so angelegt, dass die Bedeutung des Falls nicht klar angesprochen wird. Beim ersten Lesen kann es einem durchaus vorkommen, als sei das Ganze weniger als die Summe seiner Teile. Man kann sich also als Leser nicht einfach zurücklehnen und dem Text die ganze Arbeit überlassen. Man muss ihn vielmehr aktiv lesen und die Bedeutung für sich selbst erschließen.

Teil I
Analysieren

Kapitel 3

Wie man eine Fallstudie analysiert

Kontextfaktoren

Eine Fallstudie ist also ein Text, der nicht selbsterklärend ist. Wie konstruiert man sich eine Bedeutung dafür?

Zuallererst sollte man sich einiger Kontextfaktoren bewusst werden, welche bei der Eingrenzung und Fokussierung der Analyse helfen. Fallstudien werden meist im Rahmen eines Studienfachs untersucht. Damit verlangt beispielsweise ein Marketing-Fall von Ihnen, dass Sie wie ein Marketing-Mensch denken und nicht wie ein Stratege oder Produktionsleiter. Auch sind Studienseminare häufig in unterschiedliche Module oder Themenblöcke unterteilt, die nach bestimmten Situationen geschnitten sind, häufig auch nach den entsprechenden Konzepten, Theorien oder Ansätzen. Sie können folglich davon ausgehen, dass Sie in den Fallbeispielen die Themenbereiche innerhalb der einzelnen Module wiederfinden und Gelegenheit erhalten, die erlernten Analysewerkzeuge und Methoden anzuwenden. Auch können frühere Falldiskussionen eine Grundlage für die Arbeit am neuen Fallbeispiel liefern, und die gestellten Fragen können auf wichtige Themen hinweisen. Sie sollten sich all diese Kontextfaktoren zunutze machen – aber damit haben Sie noch keine Methode zur Analyse des Falls.

Wo das Verständnis beginnt

Den Zusammenhang des Ganzen ergründen

Die Fallstudienmethode ist eine *heuristische* Methode – das ist ein Begriff für selbst gesteuertes Lernen, bei dem mittels Analysen Schlussfolgerungen zu einer Situation erarbeitet werden. Das Wort *Analyse* kommt aus dem Griechischen und bedeutet »Auflösung«. Im Deutschen hat Analyse zwei eng zusammenhängende Bedeutungen: etwas in seine Bestandteile zerlegen und den Zusammenhang zwischen den Teilen eines Ganzen ergründen. Um einen Fall zu analysieren, brauchen Sie folglich Methoden, um wichtige Aspekte einer Situation zu erkennen und zu verstehen, was sie für die Gesamtsituation bedeuten.

Jede betriebswirtschaftliche Disziplin hat ihre eigenen Theorien, Konzepte, Prozesse, Methoden und quantitativen Werkzeuge. Und alle sind zum Verständnis ganz spezifischer Situationen besonders geeignet. So sind die Konzepte von Michael Porter wertvoll, wenn es um die Analyse von Wettbewerbsvorteilen geht – aber weniger hilfreich bei der Entscheidung, ob man ein Produkt zu einem bestimmten Preis auf den Markt bringen soll, oder bei der Auswahl der besten Methode zur Wachstumsfinanzierung. Denn Porters Fünf-Kräfte-Modell dient dazu, das Branchenumfeld eines Unternehmens zu beschreiben und zu erläutern.[6]

Niemand würde von Porters Branchenstrukturanalyse erwarten, dass sie bei Entscheidungen zur Produkteinführung helfen kann. Fachspezifische Methoden sind deshalb so hilfreich, weil sie auf klar abgegrenzte Zwecke zugeschnitten sind. Dennoch sind sie häufig komplex und schwer anzuwenden – vor allem für Menschen, die den Umgang damit gerade erst lernen.

Was dieses Buch vermittelt

Dieses Buch vermittelt eine Methodik zur Bearbeitung von Fallstudien, welche Konzepte und Theorien der Management-Ausbildung ergänzt. Ziel ist es, einen Ansatzpunkt für Analysen zu liefern. Damit soll die Anwendung von Theorien, Konzepten und quantitativen Formeln erleichtert werden, die alle zur Ableitung von Schlussfolgerungen und zum Aufbau einer unterstützenden Argumentation unverzichtbar sind. Bei der Betrachtung der Ausgangssituation werden charakteristische Merkmale des Fallbeispiels identifiziert, welche bei seiner Analyse hilfreich sein können und das aktive Lesen fördern.

Es geht ums Denken, nicht (nur) ums Lesen

Sorgfältig oder zügig lesen?

Neulinge in der Fallstudienmethode glauben meist, der zuverlässigste Weg zum Verständnis einer Fallstudie bestehe darin, sie von Anfang bis Ende durchzulesen und immer wieder zu lesen, sooft es eben nötig ist. (Deshalb glauben auch so viele Business-School-Studenten, Kurse im Schnelllesen – auch unter dem Begriff Spead-Reading bekannt – seien hilfreich für sie.) Bewaffnet mit einem Textmarker, nehmen sie sich den Text vor und lesen ihn wie ein Kapitel aus einem Lehrbuch. Für eine Fallstudienanalyse aber muss man wissen, wo man zügig lesen kann und wo man sorgfältig lesen sollte. Auch sollte man mehr Zeit darauf verwenden, über den Fall nachzudenken, als auf das Lesen selbst.

Lesen schafft noch kein Wissen

Wenn Sie mit der Arbeit an einer neuen Fallstudie beginnen, dann wissen Sie zunächst nicht, wonach Sie suchen sollen. Mit dieser Schwierigkeit kämpft jeder. Ein aktiver Ansatz impliziert, dass Sie schon *vor* dem Lesen darüber nachdenken – und sich während des Lesens Fragen zum Inhalt stellen. Dann suchen Sie die Antworten im Text. Wenn Sie sie ganz oder teilweise finden, überlegen Sie, in welchem Zusammenhang sie miteinander und mit dem Fallbeispiel insgesamt stehen. Durch Lesen schafft man kein Wissen. Und bei der Fallstudienanalyse ist das Lesen nie die erste Wissensquelle. Es ist ganz einfach ein Arbeitsmittel, das gelenkt wird durch den Denkprozess, mit dem man die Bedeutung des Textes erschließt.

Grundlegende Ausgangssituationen

In Fallstudien kommen regelmäßig vier Arten von Ausgangssituationen vor:

- **Problemsituationen**
- **Entscheidungssituationen**
- **Bewertungssituationen**
- **Situationen, die Regeln unterliegen.**

Auf diese Kategorisierung reagieren manche ungehalten: Bei der Vielzahl von Situationen, die in Fallstudien dargestellt sind – so sagen sie – sei es doch völlig irreführend zu behaupten, man könne sie auf vier reduzieren. Sicherlich sind das nicht die einzigen Situationen, die in Fallstudien vorkommen, aber viele Konstellationen in Fallbeispielen gehören einer der vier Kategorien an. Und in diesen Fällen ist es sehr hilfreich für die Anordnung der Analysen, wenn man sich darüber schon vorher im Klaren ist. Diese Unterteilung ist nicht die einzig wahre Methode, sondern nur eine von vielen. Probieren Sie sie aus und schauen Sie selbst, ob sie Ihnen nützt. Sie können auch Teile davon mit Ihrer eigenen Methodik zusammenfassen. Der größte Wert dieses Ansatzes besteht wahrscheinlich darin, dass er Sie zum »Nachdenken über das Nachdenken« anregt – also dazu, sich zu überlegen, wie Sie an Fallstudien herangehen.

Problemsituationen

Was ein Problem ist

Das Wort »Problem« kann vieles heißen. Seine Bedeutung kann vage sein und sich auf etwas beziehen, das schwierig oder beunruhigend ist. Im Bezug auf die Ausgangslage einer Fallstudie ist der Begriff hingegen sehr spezifisch definiert: Er bezieht sich auf eine Situation, in der 1) ein wichtiges Resultat oder Finanzergebnis beschrieben ist und 2) es dafür keine explizite Begründung gibt. Einfach ausgedrückt, ist ein Problem eine Situation, in der etwas Wichtiges geschehen ist, wobei wir aber nicht wissen, warum.

Fallstudien liefern zahlreiche Beispiele für derartige Probleme. So handelt eines von einem sehr fähigen und motivierten Manager, der versucht, in der Vertriebsstrategie seines Unternehmens eine vielversprechende Veränderung einzuführen, die durch eine detaillierte, datengetriebene und als bahnbrechend geltende Analyse gestützt wird – und dennoch kann er keinen der Vertriebsmitarbeiter zum Mitmachen bewegen. In einem anderen Beispiel stellt bei einer Herstellerfirma der Leiter der Buchhaltung fest, dass zwei gute Einzelhandelskunden plötzlich mit alarmierenden Summen im Zahlungsrückstand sind. Er kann sich nicht erklären, wie das passieren konnte.

Das Warum ist wichtig

Beide Fälle beschreiben Situationen, in denen etwas negativ gelaufen ist. Die Ursachen dafür zu kennen, ist aus praktischen Gründen wichtig, da sich dann womöglich eine Verbesserung der Situation herbeiführen lässt. So ist das Veränderungsprogramm des Managers vielleicht deshalb zum Scheitern verurteilt, weil es Schwächen hat, die nicht auf den ersten Blick zu erkennen sind, oder vielleicht ist der Manager in vielen Bereichen gut, aber im Anführen von Veränderungsprogrammen schlecht. Die Kundenfirmen des Herstellers sind vielleicht deshalb im Zahlungsverzug, weil ihre internen Kontrollen nachlässig durchgeführt werden – oder vielleicht stehen auch beide am Rande des Bankrotts. Die Beispiele zeigen, wie wichtig eine sorgfältige Ursachenanalyse ist. Eine Veränderung, die schon vom Konzept her fehlerhaft ist, muss völlig anders angegangen werden als eine Person, die nicht geeignet ist, Veränderungen voranzutreiben. Und liegt gar beides im Argen, dann ist der Handlungsbedarf umso komplexer. Mit zwei Einzelhandelsfirmen, die ihre Buchhaltung auf Vordermann bringen müssen, muss der Hersteller vermutlich eine Zeitlang verhandeln – drohen beide aber in Konkurs zu gehen, muss der Hersteller unverzüglich Maßnahmen ergreifen.

Im beschriebenen Sinn kann auch Erfolg ein »Problem« sein. Nehmen wir beispielsweise den Fall eines Unternehmens, das im Bereich Außenwerbung tätig ist und in drei unterschiedlichen Marktsegmenten operiert. Aus dem Fallbeispiel geht nicht hervor, welches der Segmente das profitabelste ist – geschweige denn, warum. In einer weiteren Fallstudie wird die Entwicklung eines Landes im Zeitraum von etwa 30 Jahren geschildert; nach ernsthaften politischen und sozialen Unruhen erholt sich das Land nach und nach und übertritt mit seinem Sozialprodukt das der meisten Länder in seiner Region. Um wie viel erfolgreicher dieses Land im Vergleich zu den Nachbarländern ist, erfährt man aber nicht. Auch enthält das Fallbeispiel viele wirtschaftliche und demografische Daten, doch die Gründe für die Erholung der Volkswirtschaft werden nicht genannt.

Die Problemanalyse beginnt hier mit einer Definition des Problems. Das erscheint wie eine Selbstverständlichkeit, und doch nennen viele Fallstudien das Problem nicht beim Namen. Folglich müssen Sie zuallererst erkennen, dass ein Problem vorliegt, und es dann für sich selbst definieren. Als Nächs-

Problemanalyse

tes erarbeiten Sie eine Erklärung des Problems, in dem man das Resultat in Bezug zu seinen Ursachen setzt – das ist die Hauptaufgabe einer Problemanalyse. Um sie durchzuführen, brauchen Sie die entsprechenden Tools – also die speziellen Methoden aus den betriebswirtschaftlichen Disziplinen, wie etwa Organisationstheorie oder Operative Betriebsführung.

Entscheidungssituationen

Viele Fallstudien drehen sich um eine explizite Entscheidung. So beginnt der zweite Abschnitt der Fallstudie »General Motors: Packard Electric Division« (die auch in diesem Buch enthalten ist) mit dem Satz: »Der Ausschuss ›Produkt, Prozess und Betriebssicherheit‹ (PPB), der für den Produktentwicklungsprozess verantwortlich war, hatte Schramm um seine Analyse und Empfehlung gebeten, ob Packard Electric bei einem Fahrzeug des Modelljahrs 1992 auf die RIM-Kabeldurchführung umstellen sollte.« Wie bei vielen anderen Fallstudien gibt es auch hier Umstände, welche die Entscheidung schon von Anfang an komplizieren: Schramm muss sich innerhalb einer Woche entscheiden, dabei sind die Produktentwicklung und die Fertigung unterschiedlicher Meinung.

Expliziter und impliziter Entscheidungsbedarf

Die klare Nennung der anstehenden Entscheidung ist ein wichtiges Unterscheidungskriterium, denn Entscheidungen kommen zwar in nahezu allen Fallbeispielen vor, sie sind aber häufig nur implizit vorhanden und von weiteren Umständen abhängig. Kommen wir zurück auf den vorne beschriebenen Fall der Firma für Außenwerbung. Hier wird eine Entscheidung impliziert: Welche Strategie sollte das Unternehmen zukünftig verfolgen? Diese Entscheidung ist erst möglich, wenn die gegenwärtige Strategie und ihr Erfolg genauer untersucht werden.

Die Entscheidungen, die in Fallstudien vorkommen, unterscheiden sich stark in ihrer Tragweite, ihren Auswirkungen und dem vorhandenen Datenmaterial. So kann es bei einem Manager darum gehen, ob er ein Produkt neu herausbringen, eine Fertigungsanlage verlegen, eine Fusion verfolgen oder die Finanzierung für eine geplante Expansion sicherstellen soll. Für einen Regierungschef gilt es vielleicht zu entscheiden, ob er ein kontrovers diskutiertes Handelsabkommen unterzeichnen soll. Wie wichtig oder folgenreich die Entscheidung auch sein mag – zu ihrer Analyse braucht man stets drei Dinge:

- **Entscheidungsalternativen**
- **Entscheidungskriterien**
- **Relevante Belege (also unterstützende Fakten).**

Entscheidungsalternativen sind häufig leicht zu erkennen, da sie in der Fallstudie vorgegeben sind. Sobald man also auf eine explizite Entscheidung stößt, sollte man umgehend nach den vorhandenen Alternativen Ausschau halten. Sind sie nicht angegeben, besteht das erste Ziel der Analyse darin, plausible Entscheidungsalternativen zu definieren.

Entscheidungskriterien

Der wichtigste Teil einer Entscheidungsanalyse ist die Bestimmung geeigneter Kriterien. Ohne sie ist eine rationale Entscheidung nicht möglich. Meist werden sie in den betreffenden Fallstudien nicht mit angegeben – sie müssen vielmehr durch sorgfältige Studie der Falldetails mit fachspezifischen Methoden abgeleitet werden. Anhand der Kriterien wird dann das Faktenmaterial zusammengetragen, welches die Entscheidungsanalyse vervollständigt. Ziel ist es zu bestimmen, welche Entscheidung den besten Abgleich zwischen den vorliegenden Belegen und den Kriterien herstellt. In der Fallstudie zu General Motors beispielsweise ist ein mögliches Entscheidungskriterium der Kundennutzen. Der Leser muss Belege finden, aus denen sich ergibt, welche Entscheidungsoption den höchsten Kundennutzen erzeugt. (Damit ist die Frage allerdings noch nicht gelöst, da es ja weitere Kriterien gibt.)

Gute Entscheidungen

Eine weitere Besonderheit der Entscheidungsanalyse soll hier nicht unerwähnt bleiben: Es gibt keine objektiv richtige Entscheidung. Man erkennt eine gute Entscheidung daran, dass sie mehr Vorteile bietet als die Alternativen und weniger oder gar keine Nachteile hat.

Bewertungssituationen

Was eine Bewertung ist

Bewertungen drücken ein Urteil über den Wert, den Nutzen oder die Effektivität einer Leistung, Handlung oder eines Ergebnisses aus. Die Untersuchungseinheit einer Bewertung kann eine Einzelperson, eine Gruppe, eine Abteilung, ein ganzes Unternehmen, ein Land oder auch eine Weltregion sein. Denken wir zum Beispiel an die jährliche Leistungsbeurteilung eines Mitarbeiters, oder an eine neue Vorstandsvorsitzende, die den bisherigen Erfolg des Unternehmens beurteilt, an dessen Spitze sie nun steht. Auch eine Handlung – wie beispielsweise eine bereits gefällte Entscheidung – kann bewertet werden. Hier ein Beispiel:

> *Wenn Sie sich in die Lage der derzeitigen EU-Mitgliedstaaten versetzen, halten Sie dann ihre Entscheidung zur Erweiterung der EU um zehn neue Mitglieder für richtig?*

Und schließlich kann auch das Resultat von Handlungen oder Entwicklungen Gegenstand einer Bewertung sein. So ist die Wettbewerbsposition eines Unternehmens das Resultat zahlreicher Entscheidungen und Leistungen, sowie von zufälligen Rahmengegebenheiten wie der gesamtwirtschaftlichen Situation.

Bewertungskriterien

Ebenso wie die Entscheidungsanalyse erfordert auch die Bewertung geeignete Kriterien, denn ohne diese gibt es keine Richtschnur für die Einstufung von Wert, Nutzen oder Effektivität. Wie bei der Entscheidungsanalyse werden Bewertungskriterien mittels geeigneter Methoden aus den Besonderheiten einer Situation abgeleitet. Die Finanzlage eines Unternehmens lässt sich mit einer Reihe von Finanzformeln bewerten, aber auch die im Fallbeispiel beschriebenen Rahmenbedingungen spielen eine Rolle. Die Zahlen zeigen vielleicht für das Unternehmen im Laufe der fraglichen Periode ein rückläufiges Ergebnis, aber dennoch kann es im Großen und Ganzen noch erfolgreich sein, weil die Konjunktur rückläufig ist und das Unternehmen sogar besser dasteht als seine Wettbewerber.

Gesamturteil

Ein Gesamturteil gibt den besten Abgleich zwischen Belegen und Kriterien wieder. Im Beispiel von eben geht es dem Unternehmen schlecht, gemessen an rein finanziellen Kriterien; aber das Datenmaterial zur gesamtwirtschaftlichen Lage und der Wettbewerbssituation verändern das Bild: In einem schwierigen Markt geht es dem Unternehmen besser als seinen Mitbewerbern.

Eine weitere Anforderung an die Bewertung ist, dass sie sowohl positive als auch negative Seiten berücksichtigt. So hat beispielsweise eine Führungs-

Positives und Negatives nennen

person Stärken und Schwächen, und eine genaue Bewertung schließt beide mit ein. Zudem mag es Aspekte an ihrer Leistung geben, die in unterschiedliche Richtungen weisen – zum Beispiel hat sie viel delegiert, sich dann aber zu schnell ein Urteil über die Leistung ihrer Untergebenen gebildet. Auch könnte die Führungsleistung dieser Person sehr stark durch Faktoren außerhalb ihrer Kontrolle beeinträchtigt werden – beispielsweise, wenn sich die Zentrale in ihre Beförderungsentscheidungen eingemischt und darauf insistiert hat, dass bestimmte Kandidaten trotz geringerer Qualifikation bevorzugt werden.

Situationen, die Regeln unterliegen

Quantitative Methoden

Quantitative Methoden können wesentliche Informationen zur Situation von Unternehmen liefern. Nehmen wir zum Beispiel an, es ginge um einen Vergleich des Unternehmenswerts mit und ohne Vorliegen einer bestimmten Bedingung – beispielsweise einer Partnerschaft mit einem anderen Unternehmen. Zur Bestimmung zukünftiger Barwerte wird gemeinhin der Net Present Value (NPV) herangezogen, eine nach Expertenmeinung und eigener Erfahrung recht exakte Methode. Der NPV wird mithilfe einer Formel berechnet; es gibt also einen mathematisch richtigen Berechnungsweg, und jeder andere Weg führt zu ungenauen Resultaten.

Zur Analyse von Regeln muss man also die folgenden Größen kennen:

- **Die Art der jeweils benötigen Information**
- **Die Regel, durch deren Anwendung man diese Information erhält**
- **Die richtige Methode zur Anwendung dieser Regel**
- **Die dazu benötigten Daten.**

Die Analyse von Regeln kommt in nahezu jedem Geschäftsfeld vor. So ist eine Break-even-Berechnung eine Regel, die im Marketing zum Einsatz kommt. In der Fertigung werden quantitative Methoden zur Verfahrensanalyse eingesetzt, und das Rechnungs- und Finanzwesen besteht praktisch nur aus Regeln. Der Einsatzbereich von Regeln ist sehr eng: Sie sind meist nur unter ganz bestimmten Umständen hilfreich, aber dann umso nutzbringender. Es gibt eine richtige Vorgehensweise zur Durchführung oder Regelbefolgung, und sie führt stets zu einer bestimmten Art von Ergebnis. So braucht man ganz bestimmte Regeln, um die Liquidität eines Unternehmens zu bestimmen. Diese Regeln sind die hilfreichsten für die spezifische Situation, da sie dafür geschaffen wurden. Für jede Berechnung, die einer Regel unterliegt, ist eine bestimmte Vorgehensweise einzuhalten. Hält man sich nicht daran, kommt am Ende eine bedeutungslose Zahl heraus. Jede Berechnung führt zu einem präzisen Resultat des jeweils vorgeschriebenen Typs (wie etwa einem Prozentsatz kleiner gleich Null).

Qualitative Methoden

Qualitative Methoden unterscheiden sich davon deutlich. Es gibt häufig zahlreiche alternative Methoden, um dieselben oder ähnliche Informationen zu erhalten. Um die Führungsqualität in einem Unternehmen oder seine Wettbewerbsstrategie zu analysieren, steht eine Vielzahl von Methoden zur Verfügung. Es gibt keine vorgeschriebene Methode, welche korrekte Informationen über Wettbewerbsvorteile liefert. Im Marketing können zwei unterschiedliche Methoden auf dieselbe Situation angewandt werden, sehr unterschiedliche Ergebnisse zeitigen und dennoch beide gleich hilfreich oder gleich nutzlos sein. Ein weiterer Unterschied zwischen Regeln und qualitativen Methoden ist die Ausführung: Für Regeln gibt es eine richtige Durchführungsweise, wie etwa die Formel für den Net Present Value – für die Durchführung qualitativer Methoden zur Analyse der Wettbewerbsfähigkeit gibt es keine objektiv richtige Vorgehensweise.

Subjektive Annahmen

Das soll *nicht* heißen, dass es bei der Analyse von Regeln keine Unklarheiten und Unsicherheiten gäbe. Jede Berechnung der Zukunft ist mit einem gewissen Grad an Unsicherheit verbunden. Diese geht über die zugrunde liegenden Annahmen in die Formeln ein, und Annahmen beruhen nun mal auf persönlicher Beurteilung und nicht auf objektiver Wahrheit. Für einen bestimmten Zeitraum eine Wachstums- oder Inflationsrate festzulegen ist Spekulation. Der Kernpunkt liegt darin, wie die Auswahl logisch begründet wird. Die Zentralbanken können sich irren, wenn es um Inflation und Wachstum geht, und erst recht können wir anderen falsch liegen. Annahmen brauchen eine rationale Basis, aber vernunftbegabte Menschen können sich darüber durchaus uneinig sein. Wohlgemerkt: Das gilt für die zugrunde liegenden Annahmen – nicht für die Regeln selbst! (Die Experten streiten zwar immer wieder über die Sinnhaftigkeit von Regeln und ändern diese ab, aber anschließend befolgt wieder jeder die geänderte Regel und führt sie auf gleiche Weise aus.)

Zuweilen wird das Resultat der Berechnung allerdings selbst durch eine idiosynkratische Annahme nicht wesentlich beeinflusst. Denken wir an unser Beispiel mit der Unternehmensbewertung: Selbst wenn man hier die Wachstumsrate zu optimistisch ansetzt, sie aber der Berechnung mit und ohne Partnerschaft zugrunde legt, dann sollte sie auf den Vergleich der Endresultate keine Auswirkung haben.

Interpretation der Resultate

Die Resultate der Regelanalyse sind häufig Gegenstand heftiger Meinungsverschiedenheiten. Zwei Menschen können aus denselben rechnerischen Ergebnissen unterschiedliche Dinge ableiten. Wirtschaftswissenschaftler sind bekannt dafür, dass sie aus denselben Zahlen völlig unterschiedliche Schlussfolgerungen ziehen, auch wenn sie sich über die zugrunde liegenden Daten und angewandten Formeln völlig einig sind. Das Gleiche gilt für Unternehmen. Während der eine Manager in den Ergebniszahlen die Bestätigung dafür sieht, dass die Strategie funktioniert, sieht der andere sie womöglich als Warnsignal für drohendes Unheil. Kurz: Zahlen sind nicht selbsterklärend, und sie treffen Ihre Entscheidungen nicht für Sie.

Nun ist die Interpretation der Ergebnisse von Regeln zu unterscheiden von den Regeln selbst. Wird die richtige Regel angewandt und korrekt ausgeführt, und baut sie nicht auf einer umstrittenen Annahme auf (wie etwa dem prognostizierten BIP-Wachstum), dann wird jeder dasselbe Resultat erhalten. Wird eine qualitative, für eine bestimmte Situation relevante Methode auf dieselben Fakten so angewandt, wie es dem allgemeinen Verständnis des Konzeptes entspricht, dann wird nicht unbedingt jeder dasselbe Resultat erhalten. Hier liegt der grundlegende Unterschied zwischen Regeln nach unserer Definition und qualitativen Methoden.

Regeln werden in diesem Buch nicht weiter behandelt. Wer die Analyse von Regeln lernen möchte, der muss sich eine bestimmte Regelkategorie aneignen – wie etwa die Bewertung – und lernen, wann und wie dieses angewandt wird. Diese Art von Lernen ist die Domäne von Buchhaltung, Finanzen, Steuern und anderen stark von Regeln dominierten Bereichen. Es mag jedoch hilfreich sein, sich zu merken, dass immer dann, wenn Regeln auf Annahmen aufbauen, die dann gewählten Werte eine Argumentation erfordern. Zudem sind die Informationen, die man mithilfe von Regeln erhält, von hoher Bedeutung für die Analyse von Problemen, Entscheidungen und Bewertungen. Buchhaltungsregeln können helfen, die finanzielle Gesundheit eines Unternehmens zu beurteilen. Die Makroökonomie ist sehr wertvoll, um die Entwicklungsstrategie eines Landes zu bewerten. Finanzregeln sind unverzichtbar für die Entscheidung, ob man ein Unternehmen zu einem bestimmten Zeitpunkt für einen bestimmten Preis verkaufen soll. Regeln sind ein großer und wichtiger Teil der speziellen Methoden, welche man zum Verständnis von Fallsituationen braucht.

Fallstudienanalyse als Prozess

Effiziente und produktive Analyse

Jeder geht an eine Fallstudie anders heran. Dabei gibt es allerdings einen Unterschied zwischen persönlichen Lerngewohnheiten und der Vorgehensweise bei einer Analyse. Letztere beinhaltet mehr als Gewohnheiten und Praktiken: Es geht darum, wie man über ein Fallbeispiel nachdenkt. In diesem Abschnitt soll eine Vorgehensweise aufgezeigt werden, mit der Studenten bei der Untersuchung von Fallstudien effizienter und produktiver werden. Der Prozess ist ursprünglich für die Vorbereitung einer Fallstudiendiskussion gedacht, aber er lässt sich leicht für das Schreiben über Fallstudien adaptieren. (Allerdings ist das Vorgehen zur Analyse eines Falls stärker festgelegt, da eine Facharbeit bestimmte Elemente enthalten muss. In Kapitel 10 bis 12 werden diese Elemente weiter ausgeführt.)

Aktives Lesen

Der Schlüssel zu dieser Vorgehensweise liegt im aktiven Lesen. Aktives Lesen ist fragend und *zweckgebunden*. Man stellt Fragen zum Fall und sucht Antworten. Die Fragen schaffen einen Zweck für das Lesen: Sie geben dem Studium eine Zielrichtung und fokussieren es auf die wichtigen Aspekte einer Situation. Sobald Sie feststellen, dass Sie ohne einen Zweck vor Augen lesen, halten Sie inne und sammeln Sie sich. Das ist vielleicht auch ein guter Moment, um aufzustehen und ein paar Dehnübungen, Yoga oder einen Spaziergang zu machen. Aktives Lesen ist außerdem *iterativ*, das heißt, man geht die Fallstudie mehrmals durch. Mit jeder Iteration ändert sich der Zweck des Lesens: Man sucht nach neuen Informationen oder betrachtet alte Informationen aus einem neuen Blickwinkel. Drei Dinge tragen zum aktiven Lesen bei: ein Ziel, eine Perspektive und eine Hypothese.

Ziel der Analyse

Wann abschließen?

Die Antwort hierauf mag zunächst auf der Hand liegen. Welches Ziel könnte man schon mit der Analyse einer Fallstudienanalyse verfolgen, wenn nicht das, sie zu verstehen? Problem dabei ist, dass »Verstehen« ein zu vager Begriff ist. Eine andere Herangehensweise zur Definition des Ziels ist daher die Frage: Wie werden Sie wissen, wann Sie die Untersuchung einer Fallstudie abschließen müssen? Das ist eine wichtige Frage. Wenn Sie keine konkrete Grenze haben, können Sie Stunden damit zubringen, wobei ein Großteil der Zeit mit Ablenkungen und ziellosen Versuchen verschwendet würde. Ich hätte ein konkreteres Ziel für Sie: Sie kennen die Informationen aus dem Fallbeispiel, Sie haben eine These zum Hauptthema des Falls formuliert, Sie haben Belege dafür, dass Ihre These plausibel ist, und Sie haben über andere mögliche Thesen nachgedacht und sich überlegt, warum die Ihre vorzuziehen ist.

Zeitlimit

Dieses substanzielle Ziel kann mit einem Zeitlimit verbunden werden. Planen Sie für jedes Fallbeispiel eine bestimmte Bearbeitungszeit ein – beispielsweise zwei Stunden. Am Ende dieser Zeit machen Sie stopp und begnügen sich mit dem, was Sie über den Fall wissen. Dies ist eine sehr gute Methode, um konstruktiven Druck aufzubauen und das meiste aus Ihrer Zeit herauszuholen.

Perspektive

In die Rolle der Hauptperson schlüpfen

Um die Analyse zu verankern, machen Sie sich alles zunutze, was im Fallbeispiel enthalten ist. Versetzen Sie sich auf den Standpunkt der Hauptperson – machen Sie ihr Dilemma zu Ihrem eigenen. Geht es um eine Entscheidung, setzen Sie sich eine Entscheidungsempfehlung zum Ziel. Wenn Sie in die Rolle der Hauptperson schlüpfen, gehen Sie nicht davon aus, dass Sie es mit einer Figur aus Pappmaché zu tun haben. Stellen Sie sich vielmehr genau vor, welche Stärken und Verantwortlichkeiten die Person hat und wo sie Dinge übersieht. Seien Sie vor allem auch sensibel für die schwierigen Situationen, in denen die Personen stecken. Eine gute Frage dazu ist häufig: Warum steckt diese Person in diesem Dilemma?

Hypothese

Vorteile von Hypothesen

Eines der nützlichsten Instrumente, um das Dilemma der Hauptperson aufzulösen, ist die *Hypothese*. Eine Hypothese ist eine »versuchsweise Erklärung für eine Gruppe von Fakten, die durch weitere Nachforschung erhärtet oder widerlegt werden kann«.[7] Sie ist unverzichtbar für die Wissenschaft und für jedes faktenbasierte analytische Vorgehen, bei dem mehrere Schlussfolgerungen möglich sind.

Eine Hypothese bietet den Vorteil einer konkreten Aussage, die man anhand der in der Fallstudie enthaltenen Belege testen kann. Nehmen wir an, die Hauptperson im Fallbeispiel muss jemanden beurteilen, den sie neu angestellt hat – einen Jungmanager mit besonders viel Potenzial, der aber mit seinem Verhalten auch viele Leute in der Firma vor den Kopf stößt und in seinem konsequenten Streben nach neuen Geschäftserfolgen mit dem Kopf durch die Wand geht. Die Hypothese lautet, dass dieser Neue trotz der Mängel in seiner Gesamtleistung eine hohe Bewertung erhalten sollte. Um die

Hypothese zu testen, müssen Sie nun eine starke Argumentation aufbauen, die sich auf relevante Kriterien, Fakten und Rückschlüsse stützt, eine positive Beurteilung rechtfertigt und dennoch die Leistungsschwächen in anderen Bereichen mit berücksichtigt.

Mögliche und unmögliche Hypothesen

Fallstudien lassen nicht jede Hypothese zu. Das vorliegende Beweismaterial im Fallbeispiel setzt ihnen eine rationale Grenze. Eine Hypothese, die sich mit dem Faktenmaterial aus dem Fall nicht untermauern lässt, ist nichts weiter als eine unbegründete Meinung. Es gibt jedoch zu jedem Fallbeispiel ein Spektrum an möglichen Hypothesen. Die Einnahme einer Gegenposition – die den wahrscheinlicheren Hypothesen widerspricht und ebenfalls ihre Belege im Fallbeispiel hat – kann einen geradezu katalysierenden Effekt für die Diskussion haben, indem sie alle Beteiligten zwingt, das vorhandene Faktenmaterial aus einem ganz neuen Blickwinkel zu betrachten und dabei auch solche Belege zu berücksichtigen, von denen man bisher keine Notiz genommen hatte.

Prozessbeschreibung

Der Rest dieses Kapitels beschreibt einen Prozess zur Bearbeitung von Fallstudien. Er umfasst fünf Phasen:

1. **Situation**
2. **Fragen**
3. **Hypothese**
4. **Belege und Maßnahmen**
5. **Alternativen.**

Der Prozess ist flexibel und anpassbar. Experimentieren Sie damit anhand der Fallstudien in diesem Buch. Viele MBA-Studenten denken nicht groß darüber nach, wie sie an die Fallstudienarbeit herangehen sollen – nicht, weil das unwichtig wäre, sondern weil sie nichts Greifbares vor Augen haben. Der Nutzen des nachfolgend beschriebenen Prozesses hängt also letztendlich davon ab, inwieweit er Sie dazu anregt, über Ihre eigene Vorgehensweise nachzudenken.

1. Ausgangslage (5 Minuten)

Aller Anfang ist schwer

Der Anfang scheint der schwierigste Teil der Fallstudienanalyse zu sein. Sie müssen die Kluft überbrücken zwischen völliger Unwissenheit über das Fallbeispiel und ausreichendem Wissen, um eine Hypothese zu bilden. Diese Kluft kann sehr weit erscheinen, wenn man sich daranmacht, eine reich mit Details gespickte Fallstudie zu lesen – dann kann es einem vorkommen, als hätte man es mit einem Haufen einzelner Teile zu tun anstatt mit einem großen Ganzen. Wie ich an früherer Stelle schon sagte: Es ist schwer, etwas zu finden, wenn man nicht weiß, wonach man sucht. Um einen Einstieg zu finden, können Sie die Analyse mittels einer Reihe von Fragen strukturieren. Ich halte es für das Vernünftigste, sich zuerst ein Gesamtbild zu machen und es dann mit Details anzufüllen. Beginnen Sie mit der Frage: *Welche Situation haben wir hier?*

Erster und letzter Abschnitt einer Fallstudie

Um das herauszufinden, genügt es meist, den ersten und letzten Abschnitt der Fallstudie zu lesen. Entscheidungen und Bewertungen werden häufig gleich zu Anfang genannt. Probleme sind schwerer zu erkennen; mehr Details dazu enthält das Kapitel 5. Ein charakteristisches Merkmal einer Problem-Fallstudie ist, dass es keine handlungsorientierten Aussagen von der oder über die Hauptperson gibt. Häufig denkt sie über eine Situation nach und fragt sich, was sie tun soll.

Im ersten und letzten Abschnitt der Fallstudie findet man häufig weitaus mehr als nur Informationen über den Situationstyp. In Entscheidungsfällen stehen dort oft die möglichen Entscheidungsoptionen; so etwa in der Fallstudie »General Motors: Packard Electric Division«. Finden Sie die Optionen nicht am Anfang oder am Ende der Fallstudie, sollten Sie die restlichen Abschnitte überfliegen. Der Einleitungs- oder Schlussteil einer Problemsituation enthält vielleicht eine vollständige oder teilweise Beschreibung des Problems. In allen Arten von Fallstudien beschreiben Anfang und Schluss häufig einen Konflikt oder ein Spannungsfeld, das für die Analyse wichtig ist. Bei »General Motors« sind im Anfangsteil die anstehenden Entscheidungen und die Meinungsverschiedenheit zwischen den beiden Unternehmensfunktionen erwähnt. Die beiden Konfliktparteien, zwischen denen sich die Hauptfigur befindet, können Bezugspunkte für die Analyse bieten. Warum befürworten die Produktentwickler eine innovative Komponente mit solcher Vehemenz, dass sie dafür sogar ein beträchtliches Risiko auf sich nehmen wollen? Und warum bestehen die Fertigungsleute genauso entschieden darauf, dass das Unternehmen die Komponente in nächster Zeit nicht einführen sollte?

Kurz darüber nachdenken

Nach Durchlesen des Anfangs- und Schlussteils sollten Sie die Fallstudie einen Augenblick beiseitelegen und darüber nachdenken, was Sie gerade gelernt haben. Ist diese Situation ein Problem, eine Entscheidung, eine Bewertung? Haben Sie schon Ideen, welche kausalen Frameworks oder Kriterien zu dieser Situation passen könnten? Kommt es Ihnen vor, als müssten Sie in dieser Fallstudie einen Wust an Informationen durchkämmen, oder werden Sie im Gegenteil stark auf eigene Rückschlüsse angewiesen sein, weil nur magere Informationen geliefert werden? Gibt es in den beiden Abschnitten irgendwelche Hinweise auf Ursachen, Kriterien oder gar eine plausible Entscheidung oder Bewertung? Scheinen Ihnen diese Hinweise zuverlässig, oder könnte es sein, dass sie Sie eher auf den Holzweg führen sollen?

2. Fragen (15 Minuten)

Sobald Sie die Situation kennen, können Sie Fragen zum Problem, der Entscheidung oder Bewertung formulieren. Die wichtigste ist: *Was muss ich über die Ausgangslage wissen?*

Spezifischere Fragen zu den einzelnen Situationstypen können beispielsweise folgende sein:

Problem

> Wer oder was steht im Mittelpunkt des Problems (z.B. ein Manager, ein Unternehmen, ein Land)? Was genau ist das Problem? Versuche ich, einen Fehlschlag, einen Erfolg oder etwas weniger Eindeutiges nachzuweisen? Welche Bedeutung hat das Problem für die zentrale Person oder Einheit? Wer ist für das Problem verantwortlich (meist ist das der Protagonist), und was muss er womöglich wissen, um etwas daran zu ändern?

Entscheidung

> Welche Optionen gibt es? Spricht für einige davon besonders viel oder wenig? Worum geht es bei der Entscheidung? Was sind mögliche Kriterien? Welches könnten die wichtigsten Kriterien für diese Art von Entscheidung sein? Werden irgendwelche davon in der Fallstudie angesprochen? (Hier können die Überschriften oft gute Hinweise liefern.)

Bewertung

> Wer oder was wird bewertet? Wer ist für die Bewertung verantwortlich? Worum geht es genau? Welche Kriterien kommen infrage? Welche könnten für diese Art der Bewertung am wichtigsten sein? Werden irgendwelche davon in der Fallstudie explizit angesprochen? (Überschriften können Hinweise liefern.)

Sie werden diese Fragen nicht sofort beantworten können – dazu braucht es mehr Untersuchungen. Um diesen ersten Durchlauf durch den Text zielgerichteter zu gestalten, ist eine *Bestandsaufnahme des Inhalts* sehr hilfreich. Ziel ist das Lokalisieren von Informationen, die bei der Beantwortung der situationsbezogenen Fragen hilfreich sein könnten.

Erste Bestandsaufnahme

Für eine schnelle Bestandsaufnahme überfliegen Sie die Überschriften im Text. Lesen Sie ein wenig in den einzelnen Abschnitten, vor allem denen, die wertvolle Informationen zu enthalten scheinen. Schauen Sie sich die Abbildungen an, und versuchen Sie zu ergründen, was sie aussagen sollen. Sie werden einiges über den Fall erfahren – manchmal weit mehr als erwartet. Sie werden außerdem eine Übersicht über nützliche Inhalte zusammenstellen. Da Fallstudien häufig nicht linear aufgebaut sind, ist diese Übersicht sehr wichtig, denn Informationen zum selben Thema werden über den gesamten Text und die Abbildungen verteilt sein.

Markieren Sie Inhalte mit einem Stift. Kennzeichnen Sie wichtige Abschnitte, und umkringeln Sie Fakten, Zahlen und Aussagen, die bedeutsam sein können. Auch sollten Sie sich unbedingt Ihre Überlegungen zu möglichen Antworten auf Ihre Fragen notieren, desgleichen auch neue Fragen, die Ihnen dazu einfallen. Schreiben Sie sich auf, welche Sachverhalte die einzelnen Abbildungen illustrieren und welche Berechnungen später geeignet sein könnten, um relevante Informationen zu erhalten.

Markieren und aufschreiben

3. Hypothese (45 Minuten)

Sie haben also nun eine Liste all dessen, was Sie über die Situation wissen möchten, und eine Inhaltsübersicht. So gerüstet, können Sie sich der nächsten Frage zuwenden: *Was ist meine Hypothese?*

Dies ist die zentrale Phase in der Arbeit mit Fallstudien. Durch sorgfältiges Studieren aussagekräftiger Abschnitte und Abbildungen grenzen Sie das Spektrum an Möglichkeiten ein, bis diejenige übrig bleibt, die Ihnen am plausibelsten erscheint. Gibt es beispielsweise drei Entscheidungsalternativen, dann gehen Sie jede davon durch, beginnend mit der, die Ihnen am vielversprechendsten erscheint. Hier einige weitere Vorschläge, wie Sie Ihre Arbeit in dieser Phase strukturieren können.

Die zentrale Phase

Für eine Problemsituation

- Vergewissern Sie sich, dass Sie das zu untersuchende Problem wirklich kennen. Überlegen Sie, ob seine Eigenschaften schon auf mögliche Ursachen hinweisen.
- Denken Sie darüber nach, welche Konzepte hier am besten passen. Schauen Sie sie sich nochmals an, wenn Sie sie nicht mehr so genau im Kopf haben.
- Führen Sie die Diagnose durch, indem Sie die vorhandenen Informationen aus der Perspektive der Problemursache betrachten, die Sie für die wahrscheinlichste halten.
- Gehen Sie den Fall für jede Ursache nochmals durch, und suchen Sie Belege für diese Ursache.
- Falls das Fallbeispiel sehr viel quantitative Daten enthält, für welche Ursache sind diese am relevantesten? Falls keine der bisherigen Ursachen dazu passt, versuchen Sie, eine neue zu formulieren. Sammeln Sie dafür möglichst viele aussagekräftige quantitative Belege.
- Wenn in dem Fall eine Hauptperson vorkommt, überlegen Sie, ob sie selbst eine Ursache des Problems sein könnte. Wenn ja, bestimmen Sie genauer, wie sie zu dem Problem beiträgt.

Für eine Entscheidungssituation

- Gehen Sie die bisher definierten Kriterien nochmals durch. Bei welchem Kriterium sind Sie sich am sichersten?
- Schauen Sie sich die Entscheidungsoptionen nochmals an. Gibt es darunter einige, die aus Ihrer Sicht auf besonders starken oder schwachen Füßen zu stehen scheinen?
- Wenden Sie das Kriterium an, welches offenbar im Fallbeispiel die meisten Hinweise liefert.
- Untersuchen Sie die stärkste Entscheidungsoption anhand des gewählten Kriteriums. Oder, falls Sie mit hinreichender Sicherheit die schwächste Option benennen können, überlegen Sie, ob Sie diese rasch fallen lassen können.
- Falls das Fallbeispiel viel quantitatives Datenmaterial enthält, welches Kriterium ist dafür am relevantesten? Wenn keines zu passen scheint, formulieren Sie eines. Sammeln Sie dafür so viele aussagekräftige quantitative Belege wie irgend möglich.

- Wenn es zu der fraglichen Entscheidung Uneinigkeit zwischen Personen oder Gruppen gibt, überlegen Sie sich die Gründe. Betrachten Sie die Entscheidung aus der Sicht beider Parteien.
- Falls die Hauptperson in Bezug auf die Entscheidung in einer schwierigen Lage ist, überlegen Sie sich die Gründe dafür.

Für eine Bewertungssituation

- Schauen Sie sich die bisher definierten Kriterien nochmals durch. Welches Kriterium überzeugt Sie am meisten?
- In welchen Begriffen werden Sie Ihre Bewertung formulieren (z.B. Stärken und Schwächen)? Gibt es welche, die im Fallbeispiel besonders stark zutage treten (z.B. eine offensichtliche Stärke einer Person)?
- Haben Sie schon ein Gefühl dafür, in welche Richtung Ihre Bewertung gehen wird? Wenn ja, was sind die Gründe für Ihre Tendenz? Gehen Sie diesen Gründen nach.
- Wenden Sie als Erstes das Kriterium an, anhand dessen sich im Fallbeispiel offenbar die meisten Belege finden lassen.
- Untersuchen Sie die positivste oder negativste Bewertung anhand des Kriteriums, das Sie für das verlässlichste halten.
- Falls das Fallbeispiel viel quantitatives Datenmaterial enthält, welches Kriterium ist dafür am relevantesten? Wenn keines zu passen scheint, formulieren Sie eines. Sammeln Sie dafür möglichst viele aussagekräftige quantitative Belege.

Fragen und Antworten notieren

Machen Sie sich Notizen. Das hilft Ihnen nicht nur, Ihre Informationen sinnvoll zu gliedern und sie sich einzuprägen, sondern auch, Ihren Denkprozess zu dokumentieren. Wenn Sie sich keine Notizen machen, kann es allzu leicht passieren, dass Sie vom aktiven Lesen abschweifen. Natürlich sollte das Ganze nicht dahingehend ausarten, dass Sie einfach Daten zum Fall zu Papier bringen oder in den Computer tippen. Notizen zu Fallbeispielen sind keine Niederschriften von Fakten – es geht darum, alles festzuhalten, was zur Beantwortung Ihrer Fragen beitragen könnte.

Und, so trivial das auch erscheinen mag: Ich empfehle Studenten, Textmarker zurückhaltend einzusetzen. Beim Studium von Vorlesungsmaterialien sind Textmarker sicherlich hilfreich, aber bei der Untersuchung von Fallbeispielen können sie sogar von Nachteil sein: Sätze farbig zu markieren ver-

Lesen ist Nachdenken

schafft ein befriedigendes Gefühl, denn es suggeriert, dass man etwas getan hat. In Wahrheit aber kennzeichnet man einfach nur Passagen, über die man zu einem späteren Zeitpunkt nachdenken möchte, und damit ist man schon auf dem besten Weg zum passiven Lesen. Über die Aussagen im Text sollten Sie schon *beim ersten Lesen* nachdenken. Davon abgesehen sind Textmarker hervorragend geeignet, um zusammengehörige Inhalte kenntlich zu machen – wie etwa Fakten über einen Aspekt des Falls oder Textteile und Zahlen, die zu einer bestimmen Gruppe von Hinweisen gehören.

Förderlicher für aktives Lesen ist ein Stift, mit dem Sie Ihre Fragen und Anmerkungen notieren. Sobald Sie beginnen, zu einer Schlussfolgerung zu tendieren, halten Sie inne und machen Sie sich Notizen. Hypothesen sind dazu da, dass Sie unterschiedliche Möglichkeiten austesten können – es geht nicht um endgültige Feststellungen. Hören Sie also auf Ihre innere Stimme.

Erste Denkpause

Wenn Sie genügend Zeit haben, legen Sie das Fallbeispiel nach diesem Arbeitsgang erst einmal beiseite. Selbst eine kurze Pause kann hilfreich sein. Es ist wissenschaftlich nachgewiesen, dass unser Unterbewusstsein mit Komplexität viel besser umgehen kann als unser bewusstes Denken. Wenn Sie Ihre Aufmerksamkeit also auf etwas anderes richten, ermöglichen Sie es Ihrem Unterbewusstsein, die gesammelten Informationen zu verarbeiten.

4. Belege und Maßnahmen (40 Minuten)

Die Hypothese beweisen

Eine Hypothese erzwingt eine andere Herangehensweise an die Fallstudie: Man will etwas beweisen und nicht nach etwas suchen, das man beweisen könnte. Fragen Sie sich: *Welche Belege habe ich für diese Hypothese? Welche zusätzlichen Belege benötige ich?*

Sehen Sie die Daten, die Sie gesammelt haben, nach Belegen für Ihre Hypothese durch. Die erste Priorität sollte sein, das vorhandene Material auszubauen. Welche Informationen erhärten die Hypothese am stärksten? Können Sie weitere hinzufügen?

Als Nächstes bestimmen Sie, welche Belege noch fehlen. Wo können Sie mehr finden – oder gibt es im Fallbeispiel irgendetwas? Denken Sie darüber nach, ob Sie eventuell Faktoren übersehen haben könnten, etwa eine Problemursache, ein Kriterium oder eine Bewertungskategorie.

Zielfokussierung

Gehen Sie den Fall nochmals durch mit dem einzigen Ziel, mehr Belege für Ihre Hypothese zu finden. Sie müssen sich nicht von der ersten zur letzten Seite durchkämpfen, sondern können direkt zu den Abschnitten und Abbildungen springen, in denen Sie das Gesuchte vermuten. Natürlich können Sie auch das ganze Fallbeispiel durchgehen, wenn Sie sich damit wohler fühlen – solange Sie ganz auf Ihr Ziel fokussiert bleiben.

Nehmen wir an, Sie bauen eine Argumentation für eine Entscheidungsoption auf, und eines der Kriterien ist Kostenersparnis. Sie haben einige Aussagen gelesen, aus denen hervorgeht, dass Ihre Entscheidungsoption dem Unternehmen Einsparungen ermöglicht, und Zahlen umkringelt, die Sie für relevant halten. Schreiben Sie nun diese Zahlen zusammen, und stellen Sie Berechnungen zur Abschätzung der Gesamtersparnis auf. An diesem Punkt werden Sie vielleicht einen der zutiefst befriedigenden Momente bei der Fallstudienanalyse erleben: Auf Basis dieser wild verstreuten Zahlen, die auf den ersten Blick so belanglos erschienen, haben Sie eine Schätzung zusammengestellt, nach der jedes Jahr ein gewaltiger Betrag eingespart werden kann – und das ist erst ein Teil Ihrer Argumentation.

Denken Sie auch über die Realisierungsfrage nach. Wie würden Sie die Entscheidungen, die Sie empfehlen, umsetzen? Welche Maßnahmen folgern aus Ihrer Diagnose oder Bewertung? Denken Sie pragmatisch und realitätsbezogen – nicht in Idealvorstellungen. Und begnügen Sie sich nicht damit, in Gedanken eine mögliche Vorgehensweise zu entwerfen – überlegen Sie sich konkrete Maßnahmen, und schreiben Sie sie auf. Zum Schluss sollten Sie auch darüber nachdenken, wie Sie die Maßnahmen gliedern. Ein Maßnahmenplan ist keine To-do-Liste, sondern ein Programm, in dem Maßnahmen aus guten Gründen zu bestimmten Zeiten durchgeführt werden.

5. Alternativen (15 Minuten)

Die Hypothese prüfen

Es mag paradox erscheinen, aber die letzte Phase der Analyse sollte dem Hinterfragen der eigenen Hypothesen gewidmet sein: *Welches sind die größten Schwachpunkte meiner Hypothese? Welche andere Hypothese wäre die beste Alternative?*

Hierbei geht es nicht darum, Ihre Arbeit infrage zu stellen, sondern Ihre Hypothese samt den unterstützenden Aussagen und Fakten nochmals aus der Distanz kritisch zu betrachten. Jede Position hat ihre Schwachseiten, und die sollten Sie selbst erkennen – nicht Ihre Dozentin oder Ihre Kollegen. Die folgenden Fragen sind dabei hilfreich:

Problem

Lässt sich das Problem vielleicht anders definieren? Würde das an der Diagnose etwas ändern? Hat die Diagnose irgendwelche Lücken – fehlen vielleicht Problemursachen? Welches ist der schwächste Teil der Diagnose? Könnte eine völlig andere Diagnose aufgestellt werden? Wie würde sie lauten?

Entscheidung

Was ist der größte Nachteil der empfohlenen Entscheidung? Wie würden Sie damit umgehen? Welche Informationen sprechen am meisten *gegen* die Empfehlung? Wie ließe sich die stärkste Alternative sachlich begründen?

Bewertung

Haben Sie Informationen, die *gegen* Ihre Bewertung sprechen, objektiv und gründlich untersucht? Wie ließe sich ein anderes Gesamturteil sachlich begründen? Haben Sie auch Faktoren in Betracht gezogen, die außerhalb der Kontrolle der Hauptperson standen?

»Was, wenn meine Hypothese falsch ist?«

Diese Frage wird mir von Studenten häufig gestellt. Eine Hypothese ist nicht per se falsch: Sie wird verworfen, wenn man aus dem Datenmaterial des Falls keine glaubhafte Begründung konstruieren kann. Sollten Sie in diese Situation kommen – und das wird früher oder später der Fall sein –, vergewissern Sie sich zunächst, ob die Schwierigkeit tatsächlich in der Hypothese selbst begründet liegt und nicht in den Belegen, die Sie gesammelt haben. Vielleicht haben Sie wichtige Informationen übersehen oder fachspezifische Hilfsmittel nicht optimal eingesetzt. Wenn Sie sich sicher sind, dass sich einfach keine Belege dafür finden lassen, dann akzeptieren Sie diese Tatsache – aber machen Sie sich auch bewusst, dass die bisherige Arbeit nicht umsonst war: Sie haben nun einen guten Überblick über den Fall und wahrscheinlich auch ein recht gutes Gefühl dafür, welches und wo die wichtigen Informationen sind. Sobald Sie also eine neue Hypothese aufgestellt haben, werden Sie vermutlich schnell vorankommen.

Angst vor Fehlern

Außerdem: Wer Angst vor Fehlern hat, sollte sich einmal fragen, was die Alternative ist. Mir ist bislang noch keine Methode zur Fallstudienanalyse zu Ohren gekommen, welche nie zu zweifelhaften Resultaten führen würde. Analytische Fehler haben sogar eine äußerst wichtige Funktion: Wir lernen dadurch mehr über den Denkprozess, den wir Analyse nennen. Außerdem kann eine wackelige Analyse zuweilen ein Zeichen für Risikobereitschaft sein – das ist ebenfalls eine Lernerfahrung von unschätzbarem Wert.

Kapitel 4

Demonstration der Fallstudienanalyse

Im vorangegangen Kapitel wurde ein Vorgehen zur Fallstudienanalyse beschrieben. Als Nächstes wollen wir dieses Vorgehen anhand der Fallstudie »Malaysia in den 1990ern (A)« demonstrieren. Bitte lesen Sie sich zunächst die Fallstudie durch, und lesen Sie die einzelnen Kapitel noch einmal, wenn sie hier angesprochen werden. Diese Demonstration ist nicht die endgültige und einzig richtige Analyse dieser Fallstudie. Vergleichen Sie also Ihre eigenen Ideen dazu mit denen im Kapitel. Je mehr Sie die Analyse aktiv selbst durchlaufen und am Fallbeispiel erproben, desto mehr werden Sie für Ihre eigene Analysemethodik hinzulernen.

1. Situation

Anfangs- und Schlussteil

Aus dem Anfangs- und dem Schlussteil vieler Fallstudien können Sie eine Menge herauslesen. Im ersten Abschnitt von »Malaysia« steht, dass der Premierminister entscheiden muss, wie er auf die Angriffe westlicher Umweltschützer reagieren wird. Es geht also in der Ausgangslage um eine Entscheidung. Im Einführungsteil steht auch, dass das Land zum Zeitpunkt des geschilderten Falls seit gerade eben 30 Jahren unabhängig ist. In diesem Zeitraum hat es ein »gesundes« Wirtschaftswachstum und »relative« politische Stabilität erlebt. Die westlichen Umweltgruppen beklagen die rapide Abholzung der Wälder. Dabei scheinen sie vor allem mit einem Boykott malaysischer Holzprodukte zu drohen.

Der letzte Abschnitt (»Einfuhrsperre für malaysisches Holz im Westen?«) weist auf eine mögliche Entscheidungsoption hin: Die Kritik der Naturschützer werde von westlichen Holzproduzenten inszeniert. Der letzte Satz der Fallstudie suggeriert sogar ein noch finstereres Motiv, nämlich dass ungenannte Gruppierungen versuchen, das Land arm zu halten. Mit anderen Worten: Die eigentliche Problematik scheint Osten gegen Westen, Entwicklungsland gegen Industrieländer zu sein. Wir sollten diesen Gedanken als weiteres zu untersuchendes Problemfeld schriftlich festhalten. Gibt es in der Fallstudie irgendwelche Belege, die eine Verschwörungstheorie unterstützen? Bevor wir uns in dieses Thema vertiefen, müssen wir aber – jetzt schon – einen Schritt zurücktreten und überlegen, welche anderen Fragen wir vielleicht noch klären möchten.

Hintergrundproblem

Erstens, entsprechen die Vorwürfe der Umweltgruppen der Wahrheit? Dies ist eine gute Frage, da sie auf Fakten basiert. Zweitens, wie wichtig ist Holz für die malaysische Wirtschaft? Und drittens: Wie schlimm wäre eine Einfuhrsperre im Westen für die Wirtschaft des Landes?

Fragen

Nun müssen wir über mögliche Entscheidungsoptionen nachdenken. Im letzten Abschnitt empfehlen die Berater dem Premierminister, die Kritik abzuweisen und so weiterzumachen wie bisher. Mittels einer einfachen logischen Übung können wir eine Alternative definieren, die im genauen Gegenteil der ersten besteht: die Kritik anzunehmen und die dazu notwendigen Veränderungen vorzunehmen. Wenn dies die beiden Extreme sind, dann lautet die Entscheidungsoption in der Mitte in etwa so: eventuell berechtigte Kritik akzeptieren, den Rest zurückweisen und notwendige Veränderungen vornehmen.

Entscheidungsoptionen

Hier also die Entscheidungsalternativen und die Fragen zur Strukturierung der ersten Untersuchung:

- Alternativen:
  - Option 1: Kritik zurückweisen, Status quo beibehalten
  - Option 2: Kritik zur Gänze akzeptieren, notwendige Anpassungen vornehmen
  - Option 3: Berechtigte Kritik akzeptieren, Rest zurückweisen, notwendige Anpassungen vornehmen.
- Fragen:
  - Sind die Vorwürfe der Umweltschützer berechtigt?
  - Ist die Abholzung wirtschaftlich sinnvoll?

- Würde eine westliche Einfuhrsperre für das Holz der Wirtschaft des Landes schaden?
- Gibt es Hinweise für ein Komplott westlicher Holzproduzenten?

Wenn wir nur den Anfangs- und Schlussteil des Falls lesen und darüber nachdenken, haben wir schon ein paar vielversprechende Ansatzpunkte für die Analyse.

Prüfung der Entscheidungsoptionen

Bevor wir fortfahren, sollten wir die Entscheidungsoptionen kritisch betrachten. Manchmal ist es möglich, direkt einige relevante Rückschlüsse zu ziehen. Ein asiatisches Land, das sich auf recht gutem Wachstumskurs befindet, wird seine Politik wahrscheinlich nicht ohne Weiteres ändern, weil Umweltgruppen in einem anderen Teil der Welt die Regierung kritisieren – es sei denn, das Land muss gravierende Konsequenzen fürchten. Option 1 erscheint also plausibler, außer wenn wir Hinweise darauf finden können, dass ernsthafte Nachteile für Malaysia drohen.

2. Fragen

Entscheidungskriterien

Als Nächstes sollten wir über die Entscheidungskriterien nachdenken. Normalerweise wären dafür die Konzepte und Methoden eines MBA-Kurses die erste Quelle, aber die steht uns hier nicht zur Verfügung. Stattdessen werde ich einige Ideen aus einem Anfängerkurs an der Business School entlehnen.

Das Hauptinteresse der malaysischen Regierung muss dem Wohl des Landes gelten; ihre Entscheidung sollte diesem Wohl dienen. Nun ist aber der Begriff »Wohl« zu weit gefasst. Wir müssen ihn in spezifischere Bestandteile zerlegen. Die Makroökonomie ist sicherlich eine Grundlage des nationalen Wohlergehens, und sie hat den zusätzlichen Vorteil, messbar zu sein. Weiterhin gehören soziale und politische Faktoren dazu, und auch sie lassen sich bis zu einem gewissen Grad messen. Um unsere Analyse fokussiert zu halten, brauchen wir eine Liste von Ersatzkriterien. Nehmen wir nur eine weitere Möglichkeit hinzu: den internationalen Ruf des Landes. Mit dieser ersten

Kriterienliste (siehe unten) können wir nun beginnen. Wir können Kriterien streichen, modifizieren oder hinzufügen, wenn uns diese ersten keine brauchbaren Hinweise liefern.

Kriterien

- Die Entscheidung muss dem nationalen Wohlergehen unter drei Aspekten dienen:
  - Wirtschaftlich
  - Sozial
  - Politisch
- Die Entscheidung muss ein positives internationales Image fördern.

Nun überfliegen wir den Text und die Abbildungen zu »Malaysia« und lesen ein wenig in jedem Abschnitt, um relevante Inhalte zu finden. Die folgenden Abschnitte und Abbildungen scheinen wertvolle Informationen zu enthalten:

Hintergrundfakten

- Umweltprobleme
- das Konzessionssystem

Wirtschaft

- Wirtschaftsstrategie
- Wirtschaftsleistung
- Abbildungen 3, 5, 8, 9, 10

Soziopolitische Aspekte

- soziale Rahmenbedingungen
- politische Struktur

Wir werden unsere Untersuchung mit diesen Abschnitten beginnen. Andere Teile der Fallstudie könnten ebenfalls relevante Informationen beinhalten, doch wir sollten uns in dieser Phase nicht zu viel vornehmen.

3. Hypothese

Wir sind nun bereit, die Fallstudie durchzulesen, um eine Hypothese zu entwickeln.

Umwelt

Rohhypothese

Im Abschnitt »Umweltfragen« lesen wir, dass sich in Malaysia nur ein sehr geringer Prozentsatz der weltweiten Regenwälder befindet – zwei Prozent, um genau zu sein. Gleichzeitig gesteht die Regierung ein, dass das gegenwärtige Tempo der Abholzung nicht nachhaltig ist. Unser erstes Kriterium ergibt also eine unangenehme Mischung: Das Land verbraucht seine tropischen Regenwälder schneller, als es sie ersetzen kann, doch ist sein Beitrag zum globalen Problem eher klein. Wir könnten an diesem Punkt sagen, dass unsere Arbeit hierzu getan ist: Nein, Malaysia ist nicht perfekt, doch scheinen sich die Umweltaktivisten auf das falsche Land zu konzentrieren. Dennoch – wie eine ausgewogene und umfassende These fühlt sich das noch nicht an.

Wirtschaft

Aus den Abschnitten über die Volkswirtschaft des Landes lernen wir Folgendes:

Der Abschnitt »Wirtschaftsstrategie« enthält eine Menge Informationen darüber, auf welchem Weg die Regierung das Wirtschaftswachstum vorantreiben möchte. Die Abbildungen, die wir uns ausgesucht hatten, sagen uns dazu noch mehr: Das Exportgeschäft ist für die malaysische Volkswirtschaft überaus wichtig, und Holz ist ein bedeutendes Exportgut. Gleichzeitig hat die nationale Entwicklungsstrategie unter anderem zum Ziel, die Abhängigkeit des Landes vom Export von Massengütern – zu denen auch das Holz gehört – zu reduzieren. Sowohl der Text als auch die Zahlen in den Abbildungen zeigen, dass diese Strategie greift: Innerhalb der malaysischen Exporte ist der Anteil der Rohstoffe rückläufig, wenngleich der Anteil des Holzes nicht ganz so schnell zurückgegangen ist wie der anderer Massengüter. Der Großteil der Holzexporte geht in asiatische Länder, vor allem nach Japan. Ein Boykott der malaysischen Holzexporte durch westliche Länder hätte wahrscheinlich nur geringe Wirkung; würden allerdings Holzprodukte mit höherem Wertschöpfungsanteil mit eingeschlossen, könnte das spürbare

Folgen für die Wirtschaft des Landes haben. Allerdings enthält die Fallstudie keine Informationen darüber, wie viel Prozent auf den Export werthaltigerer Holzprodukte in westliche Länder entfallen.

Die Direktinvestitionen aus dem Ausland sind zwischen 1980 und 1990 um über 300 Prozent gestiegen, doch es ist denkbar, dass das ausländische Kapital zum nächsten Niedriglohnland der Region abwandert, wenn die Löhne in Malaysia weiter ansteigen. Diese Abwanderung könnte sich allerdings dann als weniger schlimm erweisen, wenn es der Regierung gelingt, die Wirtschaft rechtzeitig auf Produkte und Dienstleistungen mit höherem Wertschöpfungsanteil umzustellen.

Zwei weitere Punkte sind im Zusammenhang mit der Abholzung wichtig. Erstens könnte eine zu schnelle Abforstung dem Land auf Dauer schaden. Umweltschäden verursachen Kosten; zudem würde die Abholzung natürlich reduziert oder eingestellt, wenn der Baumbestand zurückgeht. Es scheint, als könne die gegenwärtige Politik des Landes an irgendeinem Punkt die angestrebte Weiterentwicklung untergraben. Zweitens erhält die groß angelegte Produktion von Stückholz für den Export Malaysias Abhängigkeit von Rohstoffexporten – eine Abhängigkeit, welche die Regierung ja mit allen Mitteln verringern oder sogar beenden möchte.

Politisches und soziales Wohl sind eng mit der wirtschaftlichen Entwicklung verknüpft. Malaysia hat ein fragiles soziopolitisches Gleichgewicht erreicht: Der Kuchen ist größer geworden, und ein unverhältnismäßig großes Stück davon geht infolge der New Economic Poliy (NEP) an die malaysische Mehrheit, welche im Einkommen hinter anderen Gruppen zurückliegt. Ohne weiteres Wirtschaftswachstum und die Sicherheit, dass die Mehrheit daran teilhaben kann, scheint das Risiko der Instabilität hoch. Dennoch sollten wir einen Moment über die NEP nachdenken: Sie verfolgt zwar ein positives Ziel und hat die beabsichtigten Resultate erreicht, doch treibt derselbe Mechanismus die Kosten der Ineffizienz in die Höhe und ist anfällig für Korruption.

Zielrichtung durch erste Hypothese

Es mag etwas verfrüht erscheinen, doch wir können bereits eine erste Hypothese wagen. Denken Sie daran, dass Hypothesen Aussagen sind, die einer Untersuchung eine Zielrichtung vorgeben – keine feststehenden Thesen.

> *Malaysia sollte seine Wirtschaftspolitik vorerst nicht ändern, doch sollte die Regierung die Abholzung überwachen und geeignete Maßnahmen ergreifen, wenn die langfristige Entwicklung des Landes dadurch bedroht wird.*

4. Belege und Maßnahmen

Um unsere Hypothese zu stützen, können wir aus einem Gerüst aus unterschiedlichen Aussagen eine Argumentation aufbauen:

Ausgangslage

- Malaysia trägt zur Abholzung der Regenwälder sehr wenig bei.
- Die Regierung gibt zu, dass die Abholzung festgelegte Grenzwerte überschreitet.

Kriterien
Wirtschaftlich

Abrupte Einschnitte in den Holz-Rohstoffexporten werden das Bruttoinlandsprodukt sinken lassen.

- Abrupte Einschnitte im Rohholzexport würden zu einer Senkung des BIP führen.
- Eine Einfuhrsperre des Westens für malaysisches Rohholz würde der malaysischen Volkswirtschaft nicht schaden.
- Allerdings würde die Abholzung in einem nicht haltbaren Tempo der Wirtschaft erheblich schaden, wenn sie lange genug vonstatten ginge.
- Auch die Abhängigkeit von Rohstoffexporten und Niedriglohnerzeugnissen könnte auf Dauer schädlich für die Wirtschaft sein.

Faktenbasis

Die zugehörige Faktenbasis lässt sich problemlos zusammenstellen. In der Fallstudie steht, dass auf Malaysia nur zwei Prozent des weltweiten Regenwaldbestandes entfallen. Außerdem: Wenn ein tropischer Regenwald abgeholzt wird, muss das noch nicht heißen, dass hier eine dauerhafte Brache entsteht. Abgeholzte Flächen in den Tropen können sich in 25 bis 30 Jahren regenerieren, im Unterschied etwa zu Wäldern in kälteren Regionen.

Welcher finanzielle Tiefschlag für die Wirtschaft aus einer sofortigen Verringerung der Holzexporte resultieren würde, lässt sich durch Zahlen aus verschiedenen Abbildungen belegen; die sozialen und politischen Konsequenzen lassen sich logisch ableiten. Schon in der Vergangenheit gingen politische

Unruhen im Land zum Teil auf wirtschaftliche Ungleichgewichte zurück. Darüber hinaus hat sich der Lebensstandard in Malaysia nicht im selben Maße verbessert wie in einigen seiner asiatischen Nachbarländer. Wenn die Bevölkerungsmehrheit ihre bescheidenen Zugewinne wieder verliert, dann könnten die politischen Konsequenzen Entscheidungen erzwingen, welche zwar den Lebensstandard der Mehrheit erhöhen, der Wirtschaft insgesamt aber schaden.

Aus den Zahlen in den Abbildungen geht hervor, dass ein Großteil malaysischer Holzexporte in asiatische Länder geht. Eine Einfuhrsperre des Westens hätte vermutlich keinen Einfluss auf die japanischen Unternehmen, welche das meiste Rohholz aus Malaysia importieren. Dabei sind die japanischen Firmen nicht nur die größten Abnehmer für malaysisches Holz, sie zahlen auch die besten Preise. Zudem gibt es umfangreiches Datenmaterial, das zeigt, dass es der malaysischen Regierung gelungen ist, Ziele zu erreichen, die nur wenige Entwicklungsländer mit einer so heterogenen Bevölkerung verwirklichen: (1) stetiges Wirtschaftswachstum, (2) eine Verbesserung des Lebensstandards für die gesamte Bevölkerung, wobei die größte Steigerung den Ärmsten zugutekam, und (3) eine rückläufige Abhängigkeit von volatilen Massengütern. Diese drei zusammenhängenden Punkte zeigen, dass die Politik der malaysischen Regierung darauf ausgerichtet ist, verschiedene Bedürfnisse miteinander in Einklang zu bringen – darunter auch die der Umwelt.

Die Daten im Text und den Abbildungen belegen Malaysias stetiges Wirtschaftswachstum. Die Entwicklungsstrategie der Regierung hat das Land in den 1980er-Jahren auf eine beeindruckende jährliche Wachstumsrate von 5,9 Prozent gebracht. Die Regierung hat weiterhin den Anteil der Massengüter am Exportmix verringert und den von werthaltigeren Produkten erhöht; der Anteil der Industriegüter ist zwischen 1980 und 1990 von 28 auf 67 Prozent gestiegen.

Soziopolitisch

Beizug weiterer Fakten

Wir haben uns nun recht intensiv mit den umweltbezogenen und wirtschaftlichen Inhalten befasst. Zusätzlich sollten wir uns die Bereiche Politik und Soziales anschauen, um zu sehen, ob sie irgendeinen Einfluss auf unsere Hypothese haben. Aus den Abbildungen und dem Abschnitt »Soziale Rahmenbedingungen« können wir ersehen, dass die Bumiputras – die Bevölkerungsgruppe, zu der auch die Malaien gehören – jährlich einen 2,7-prozentigen Anstieg des Haushaltseinkommens verzeichnen können, die Chine-

Passen die Belege zur Hypothese?

sen hingegen 1,4 Prozent. Der zunehmende Wohlstand in allen ethnischen Gruppen trägt zur Stabilität bei, und das ist die Grundlage für Wirtschaftswachstum. Malaysia hat zwar nicht ganz das Leistungsniveau von »Asian Tigers« wie Singapur oder Südkorea erreicht, schneidet aber insgesamt recht gut ab, wenn man bedenkt, dass die Tigers im Unterschied zu Malaysia eine homogene Bevölkerungsstruktur haben.

Der Abschnitt »Politische Struktur« ist kurz; die vielleicht wichtigste Erkenntnis daraus ist, dass die malaysische Politik auf einer einzigen Gratwanderung zwischen den ethnischen Gruppen beruht. Die nationale Koalition wird von der Mehrheit geführt, die jedoch ihre eigenen Interessen nicht auf Kosten anderer Gruppierungen verfolgt. Die Mehrheit hat die politische Macht, eine Politik zu betreiben, die anderen Gruppierungen letztendlich etwas von ihrem Wohlstand wegnimmt. Insofern erscheint die NEP doch eher gemäßigt.

Wir können nun unserem Argumentationsgerüst einige zusätzliche Punkte hinzufügen:

Soziopolitisch

- Sofortige und längerfristige Minderungen des BIP würden den Lebensstandard im Lande verringern; dies würde die niedrigsten Einkommensgruppen am stärksten betreffen – die Mehrheit der Malaysier.
- Wird der ökonomische Fortschritt der Mehrheit ins Gegenteil verkehrt, so wird dies zu sozialen Problemen führen (wie beispielsweise einem Anstieg der Arbeitslosigkeit), und das könnte politische Konflikte herbeiführen.
- Die Bevölkerungsmehrheit könnte fordern, dass die Regierung ihr einen höheren Anteil des Wohlstands zuleitet, was das politische System zum Erliegen bringen und die Wirtschaft destabilisieren könnte.

Die Belege, die wir bis hierher gesammelt haben, passen zur Hypothese. Wenn wir uns nur die verfügbaren Wirtschaftsdaten anschauen, können wir feststellen, dass der Export von Holzstämmen mit der Zeit abnehmen wird. Doch zwei nagende Zweifel bleiben: Zum einen muss die Abholzung sorgfältig gemanagt werden, um sicherzustellen, dass sie die inländische Fertigung werthaltiger Güter unterstützt; zum zweiten könnten Malaysia und westliche Nationen sehr unterschiedliche Ansichten darüber vertreten, was »sorgfältiges Management« bedeutet.

Unpassende Fakten

Dessen ungeachtet ist auffällig, dass der Staat Sarawak im Zusammenhang mit der Holzernte häufig als Unruheherd erwähnt ist. Malaysia hatte offenbar Probleme beim Management der Abholzung, und es gibt kryptische Hinweise darauf, dass sich einige japanische Handelsfirmen fragwürdig verhalten haben. Im letzten Hauptabschnitt der Fallstudie lesen wir, dass die Landesregierung von Sarawak und die malaysische Regierung eine internationale Holzorganisation um eine Bewertung der Lage in Sarawak gebeten haben. Um eine nachhaltige Holzproduktion zu sichern, empfahl die Gruppe eine umgehende Verringerung der Produktionsmenge um 50 Prozent, doch diese hat Sarawak bislang trotz anderslautender Versicherungen nicht vorgenommen.

Es kann immer sein, dass Sie bei der Herleitung Ihrer These zu einer Fallstudie auf ein Thema stoßen, das nicht zu Ihrer Argumentationslinie passt. Darum geht es hier. Sie müssen sich in einem solchen Fall überlegen, ob dieses Problem Ihre These zu einem gewissen Grad entkräftet oder lediglich zu den Komplikationen gehört, mit denen Fallstudien den Leser unweigerlich konfrontieren. Herausfinden werden Sie das nur durch weiteres Studium des Textes.

Die Regierung gehört einer internationalen Organisation an, hat ein Abkommen über das verantwortungsbewusste Management der nationalen Waldressourcen unterzeichnet und eine deutliche Verringerung der Produktionsmengen zugesagt. Sollte sie dann nicht zu ihrem Wort stehen und die unerlaubte Abholzung unterbinden? Ihr Unvermögen zur Einhaltung dieser Zusagen weist auf ein mögliches Problem hin, und das könnte ausländische Investoren davon abhalten, Geld ins Land zu stecken. Auch Malaysias internationaler Ruf könnte darunter leiden, sodass das Interesse anderer Regierungen an einer Zusammenarbeit eventuell erlahmt.

Der Situation in Sarawak sollten wir etwas mehr Aufmerksamkeit widmen. Laut Abbildung 7 ist das durchschnittliche Haushaltseinkommen in diesem Bundesstaat zwischen 1976 und 1990 am stärksten angestiegen. Gleichzeitig ist auch die Holzernte zwischen 1980 und 1990 gewaltig angewachsen (Abbildung 10, Abschnitt B). Fast die gesamte Ernte wurde exportiert, in erster Linie nach Japan (Abbildung 10, Abschnitt C). Diese beiden Entwicklungen hängen zusammen: Die Einwohner von Sarawak haben viel Geld damit verdient, dass sie ihre Wälder in einem unhaltbaren Tempo abholzten und die Ausbeute an die Japaner verkauften.

Wie kann so etwas passieren? Hier ein paar relevante Fakten und Rückschlüsse:

- Offenbar treiben die japanischen Handelsfirmen die übermäßige Abholzung voran, da sie so auf eine kostengünstige Quelle für Nutzholz zugreifen können.
- Wie die Forstkonzessionen erteilt werden, ist unklar, und es gibt Hinweise auf eklatante In-sich-Geschäfte in Sarawak.
- Ebenso gibt es Belege für illegale Abholzung in Sarawak.
- Wegen Personalmangels kann die Einhaltung von Grenzwerten für die Abholzung in Sarawak nicht effektiv kontrolliert werden.
- Die malaysische Regierung und die Regierung von Sarawak scheinen sich lieber in gegenseitigen Schuldzuweisungen zu ergehen, als das Problem anzupacken.

Wenn wir uns die Informationen aus dem Abschnitt »Soziale Rahmenbedingungen« in Erinnerung rufen und diesen Fakten gegenüberstellen, so können wir daraus schließen, dass die Überlagerung der nationalen Wirtschaftsstrategie durch die NEP der Korruption Tür und Tor geöffnet hat. Daraus kann man Folgendes ableiten:

- Die japanischen Handelsfirmen zahlen Schmiergeld an chinesische Geschäftsleute – die eigentlichen Eigentümer der Forstkonzessionen.
- Die Chinesen wiederum schmieren ihre offiziellen malaysischen Partner (die laut NEP vorgeschrieben sind).
- Die chinesischen »stillen Teilhaber« oder die malaysischen offiziellen Eigentümer schmieren die jeweils zuständigen Beamten des Staates oder Bundesstaates dafür, dass sie die Durchsetzung der Grenzwerte behindern und die Abholzung und den Transport des Holzes ermöglichen.

Anpassung der Hypothese

Nun sollten wir uns überlegen, ob wir unsere Hypothese anpassen müssen. Ist dies nur ein interessantes Randthema oder handelt es sich um Fakten von zentraler Bedeutung für den Fall? Korruption kann die wirtschaftliche Entwicklung eines Landes in vielfacher Weise untergraben. Unseren grundsätzlichen Standpunkt können wir folglich dahingehend ergänzen, dass Malaysia die Korruption, welche die Abholzung in einigen Teilen des Landes vorantreibt, bekämpfen sollte:

Malaysia sollte seine grundlegende Wirtschaftspolitik nicht ändern, aber die Regierung sollte ihre internationalen Versprechungen einhalten und die illegale Abholzung schrittweise abbauen.

Diese Position scheint zu den vorhandenen Belegen zu passen, doch in Anbetracht der politischen Herausforderungen bei einer so heterogenen Bevölkerung ist sie womöglich nicht ganz realistisch. Wir haben nicht allzu viel Faktenmaterial zur malaysischen Politik – im Wesentlichen die Abschnitte »Soziale Rahmenbedingungen« und »Politische Struktur«. Vielleicht sollte das Land die Korruption im Bereich Abholzung zwar bekämpfen, aber dabei langsam vorgehen, um das erreichte soziale und politische Gleichgewicht nicht zu gefährden. Die so überarbeitete Hypothese wird dem Anliegen externer Kritiker gerecht, berücksichtigt aber daneben auch innenpolitische Überlegungen.

5. Alternativen

Sich selber eine Meinung bilden

Auf Basis der gesammelten Kriterien und Belege mussten wir uns mit der Frage auseinandersetzen, welche Politik den langfristigen Interessen Malaysias am besten gerecht wird. Die Fallstudie versucht, die Situation aus einer politisch und ethnisch neutralen Position heraus zu schildern. So wird die Kritik der Umweltschützer in den Industrieländern lediglich wiedergegeben, aber nicht als berechtigt oder unberechtigt eingestuft. Wir sind also gezwungen, uns die Fakten genauer anzusehen und uns selbst eine Meinung zu bilden; dabei stellen wir fest, dass die Kritik sachlich gerechtfertigt ist, jedoch eine Vielzahl relevanter Faktoren nicht berücksichtigt.

Die NEP wird weder als offenkundige Verletzung marktwirtschaftlicher Prinzipien verdammt noch als Motor der wirtschaftlichen Gleichheit verherrlicht. Die Fallstudie enthält Daten zur NEP, aus denen hervorgeht, dass man gute Fortschritte in Richtung der gesetzten Ziele gemacht hat. Es gibt aber auch Belege für negative Folgen: Übermäßige Abholzung ist der langfristigen Entwicklung des Landes nicht zuträglich. Aber ist sie so schädlich, dass die Regierung des Landes energisch eingreifen muss? Gibt es andere Möglichkeiten, der Bevölkerungsmehrheit zu einem höheren Lebensstandard zu verhelfen, ohne dass man die Verwerfungen und Risiken der NEP in Kauf nehmen muss? Oder entspricht diese Mischung aus positiven und negativen Faktoren ganz einfach Malaysias Entwicklungsstand? Sollten zum gegenwärtigen Zeitpunkt irgendwelche größeren Anpassungen vorgenommen werden, wenn doch das Entwicklungsmodell der Regierung im Großen und Ganzen zu funktionieren scheint?

Der eigene Erfahrungshintergrund

Jede Hypothese basiert nicht nur auf den vorhandenen Belegen, sondern ist zwangsläufig auch beeinflusst durch eigene Erfahrungen, Werte und kulturelle Hintergründe. Insofern könnte man die vorliegende Fallstudie auch als Konflikt sehen zwischen Kritikern aus reichen Industrieländern, die sich den Luxus des Umweltschutzes leisten können, und den Regierenden eines Entwicklungslandes, welche die Lebensbedingungen ihrer Bevölkerung verbessern wollen. Die Perspektive lässt sich auch umkehren: Westliche Gruppierungen versuchen, die Umwelt in allen Teilen der Welt zu schützen, nicht nur in den Industrieländern, weil das den Interessen der Weltbevölkerung insgesamt dient. Wir sollten also nach Möglichkeit die Bedeutung beider Faktoren berücksichtigen: die des weltweiten Ökosystems und die der Interessen von Millionen von Einwohnern eines Entwicklungslands.

Abschluss der Analyse

So weit zu unserer Demonstration der Fallstudienanalyse. Es wäre nun an Ihnen, sich für eine endgültige These – und damit eine Empfehlung an den Premierminister – zu entscheiden und das nötige Beweismaterial zusammenzustellen, um Ihre Empfehlung möglichst überzeugend zu kommunizieren. Für den Lernprozess ist es aber ebenfalls wichtig, dass Sie die Fragen im Hinterkopf behalten, die beim Studium des Fallbeispiels aufgetaucht sind. Jede davon kann einen Weg zu weiterem Lernen aufzeigen – für Sie und für jeden anderen im Fallstudienunterricht.

Selbstvertrauen in einem kontroversen Umfeld

Belege müssen überzeugen

Etwas zu belegen ist nicht einfach. Es gibt Situationen, in denen die Leser oder Zuhörer relativ wenige Belege verlangen, aber bei einer internationalen Zielgruppe in einem Unternehmen, einer Investorengruppe oder einer MBA-Klasse ist es in der Regel äußerst mühsam, einen kontroversen Standpunkt zu belegen. Um also überzeugend zu sein, müssen Sie in der Lage sein, die Ausgangslage des Falls angemessen zu analysieren.

Kein wissenschaftlicher Begründungsbedarf

Man braucht vielfältige Fähigkeiten, um eine erhärtende Argumentation zu entwickeln. Aber auch Selbstvertrauen hat viel damit zu tun. Was Sie sich einprägen sollten, ist: Bei der Arbeit an einer Fallstudie muss die Argumentation zur Erhärtung Ihrer These nachvollziehbar und handlungsorientiert sein, sie muss aber keine wissenschaftliche Sicherheit herstellen. Die Frage ist also: *Sind Sie sich ganz sicher, dass Sie bei Ihrer Argumentation die wichtigsten Belege der Fallstudie berücksichtigen?* Und nicht: *Sind Sie hinreichend überzeugt, dass Ihre Argumentation korrekt ist und alle anderen möglichen Argumente ausschließt?* Manche Studenten gehen bei der ersten Fallstudienarbeit automatisch davon aus, die »Beweisanforderungen« bei der Interpretation von Fallstudien seien die gleichen wie in der Wissenschaft, und versuchen daher, eine hieb- und stichfeste Beweiskette aufzubauen. Damit legen sie sich die Messlatte viel zu hoch, weil der Inhalt des Fallbeispiels das einfach nicht hergibt.

Konzentration auf das Positive

Eine weitere Sache, die Sie im Hinterkopf behalten sollten, ist eine Variante des Optimismus-Pessimismus-Tests: Ist das Glas halb voll oder halb leer? Manche Studenten konzentrieren sich ganz verbissen auf den halb leeren Teil des Glases, also das, was sie *nicht* über den Fall wissen. Sie sind viel besser beraten, sich auf das zu konzentrieren, was sie schon wissen, und sich von dieser Wissensbasis aus zusätzliches Wissen zu erschließen.

Kapitel 5

Problemsituationen

Resultate auf Ursachen zurückführen

Was erklärt den Erfolg eines Unternehmens und die Fehltritte eines anderen? In der amerikanischen Luftfahrtindustrie haben Traditionsunternehmen wie United und American seit einiger Zeit enorme Schwierigkeiten, während manche der neueren Fluggesellschaften, wie beispielsweise Southwest und Jet Blue, florieren. Warum geht es Jet Blue so viel besser als United? Wie sind solche Unternehmensergebnisse zu erklären? Wir gehen davon aus, dass sie nicht beliebig entstehen – also nicht dem Glück oder den Umständen zu verdanken sind. Wenn das so wäre, gäbe es keine Business Schools. Auf irgendeine Logik müssen diese Resultate zurückzuführen sein. Aber auf welche?

Erfolg verstehen

Diese Frage stellt sich bei einer ganzen Kategorie von Fallsituationen. Als Probleme bezeichnen wir hier Endergebnisse oder Resultate von Handlungen, Prozessen, Maßnahmen oder Einflüssen, die wir nicht zur Gänze verstehen. Viele Probleme gehören in den Bereich der Unternehmenspathologie: schlechte Manager, erfolglose Veränderungsprogramme, Unternehmen, die ihre Finanzziele nicht erreichen. Ebenso wichtig ist es aber auch, den geschäftlichen Erfolg zu verstehen. Denn auch Problemsituationen liegen zwischen den beiden Extrempunkten »stabiler Erfolg« und »kläglicher Misserfolg«.

Hoher Schwierigkeitsgrad

Für den Leser können Fallstudien des Typs »Problem« sehr schwierig sein, dass sie einfach eine Situation beschreiben – die Hauptpersonen und andere wichtige Akteure erzählen uns darüber. Manchmal ist ihnen das Problem schmerzhaft bewusst, andere Male überhaupt nicht. So weiß beispielsweise die Vorstandsvorsitzende eines Pharmaunternehmens, dass sie trotz eines sensationell erfolgreichen Jahres die Strategie ihrer Firma zügig anpassen muss, um weitere erfolgreiche Jahre erleben zu können. In einer anderen Fallstudie, die in Mexiko spielt, ist die Hauptperson – ein Bereichsleiter – völlig überzeugt vom Zukunftspotenzial eines Geschäfts, in welches das Unternehmen viel investiert hat, doch wenn wir ihm »über die Schulter schauen«, sehen wir eine ganze Menge potenzieller Probleme. In Fallstudien über Erfolgssituationen kennen die Personen häufig nicht die relevanten Erfolgsfaktoren, oder sie verraten sie nicht oder sind sich uneinig darüber.

Unabhängig davon, in welcher Relation die erfolgreichen und weniger erfolgreichen Resultate in einem Fallbeispiel stehen, Sie müssen ihnen auf den Grund gehen. Die Problemdiagnose, besonders die der Unternehmenspathologie, führt uns in eine kritische zweite Phase: die Überlegungen, wie das Problem gelöst werden kann. Es hilft wenig, Probleme zu verstehen, wenn man daran nichts ändern kann.

Die Problemanalyse umfasst fünf Elemente:

- Problemdefinition
- Diagnose
- Analyse von Ursache und Wirkung
- Konzepte und Denkmodelle
- Maßnahmen.

Problemdefinition

Probleme zu erkennen kann schon deshalb schwierig sein, weil sie in einer Fallstudie selten definiert sind. Mit einer kausalen Erläuterung aber kann man erst beginnen, wenn man das zu erläuternde Problem kennt. Eine Problemdefinition ordnet, konzentriert und beschreibt die kritischen Effekte, über die sich die Hauptpersonen der Fallstudie am meisten Gedanken machen sollten. Wenn Sie eine Fallstudie für die Diskussion aufbereiten, werden Sie vermutlich keine formale Definition schreiben, doch es kann nützlich sein, ihre wichtigsten Merkmale festzuhalten. Hier ein Beispiel:

Fehlgeschlagene Veränderungsprogramme:

- Zweiter misslungener Versuch
- Veränderung ist wichtig für Unternehmen
- Führungskraft könnte Stellung verlieren, wenn dritter Versuch fehlschlägt
- Gründe für Fehlschläge unbekannt.

Problemdiagnose

Ein *Problem* nach der Definition dieses Buches erfordert eine Diagnose auf Basis einer *Ursache-Wirkung-Analyse* (UWA). Eine *Diagnose* ist eine Zusammenfassung der wichtigen Ursachen. Die Problemsituation in einem Fallbeispiel enthält Auswirkungen sowie Informationen und Daten, welche eine Diagnose und eine kausale Erläuterung ermöglichen: Die und die Ursachen haben auf ganz bestimmte Weise die und die Effekte bewirkt.

Auswirkungen von Ursachen trennen

Die Problemanalyse besitzt eine grundlegende Stabilität: Die Maßnahmen oder Handlungen, welche zu den fraglichen Wirkungen führten, sind abgeschlossen. Die Auswirkungen stehen fest und sind in der Fallstudie beschrieben. Wie wir noch sehen werden, ist das ein wichtiger Punkt, denn bei der UWA geht es um eine rückwärtsgerichtete Argumentation. Ganz anders bei Fallstudien, in denen es um eine Entscheidung geht: Hier sind Entscheidungen von Haus aus zukunftsgerichtet und können daher nicht denselben Grad an Gewissheit haben wie solche, die sich auf zurückliegende Ereignisse beziehen. Typischerweise ist die Problemanalyse relativ komplex: Erstens müssen Auswirkungen und Ursachen klar voneinander getrennt werden, zweitens lassen komplexe Auswirkungen auf vielfältige Ursachen schließen.

Konzepte und Denkmodelle

Ursache-Wirkung-Analyse

Bei der UWA werden kausale Konzepte eingesetzt, die für das jeweilige Problem geeignet sind. Sie ermöglichen uns Aussagen wie »Verbündete und Allianzen helfen Managern, Veränderungen zu realisieren« oder »Externe und interne Kohärenz sind für eine effektive Strategie von höchster Bedeutung« und erlauben es uns, diese Erkenntnisse in die Untersuchung relevanter Situationen einfließen zu lassen. Fachspezifische Hilfsmittel wie betriebswirtschaftliche Konzepte, Theorien und Formeln erfüllen diese Funktion. Eines der ersten Dinge, die Sie sich zu einem Problem überlegen müssen, ist, welche kausalen Konzepte hier anwendbar sind. Im Rahmen eines Studiums gibt die Lehrkraft womöglich ein solches Konzept vor; unter Umständen müssen Sie auch unter denen, die Sie kennen, eines auswählen.

Maßnahmen

Analyse liefert Hinweise für Umsetzung

Die Problemanalyse liefert umsetzungsorientierte Informationen – häufig in großer Menge. So wird die Problemdefinition zum oben erwähnten fehlgeschlagenen Veränderungsprogramm zu einer Analyse führen, die viele direkt umsetzbare Dinge enthält. Beispiel:

> *Die Führungskraft sollte sich im Außendienst Verbündete suchen und Netzwerke aufbauen, sodass sie das Vertrauen der Leute gewinnt. Sie sollte über diese Netzwerke Feedback zu ihrem Vorschlag einholen, sodass sie die Bedingungen und Bedürfnisse der Mitarbeiter im Distributionszentrum in ihrem Vorschlag stärker berücksichtigen kann.*

Maßnahmenplan

Sie sollten gründlich über ihre Analyse nachdenken und Maßnahmen formulieren, welche die gegenwärtige, in der Problemdefinition beschriebene Situation verbessern. Maßnahmenpläne werden häufig bei Fallstudienbesprechungen thematisiert und bei Prüfungen verlangt.

Wie man eine Problemsituation erkennt

Schauen wir uns einige Möglichkeiten an, wie man Problemsituationen erkennt. Die Fallstudie »Allentown Materials Corporation: The Electronic Products Divison (gekürzte Fassung)« beginnt mit folgenden beiden Abschnitten:

Im Juli 1992 nahm sich Don Rogers eine Auszeit, um über die Lage seines Geschäftsbereichs nachzudenken. Er war vor zwei Jahren in die Gesamtunternehmensleitung berufen und zum Leiter der Electronic Products Divison (EPD) ernannt geworden, nachdem der bisherige Inhaber dieser Position plötzlich verstorben war. Die EPD sah sich mit mehreren Problemen konfrontiert, und Rogers war noch unschlüssig, wie er damit umgehen sollte. Die Zentrale übte zunehmenden Druck auf ihn aus. Man erwartete von der EPD, dass sie weiterhin die unternehmensweit vorgegebene Wachs-

tumsrate von durchschnittlich 10 Prozent pro Jahr erreichte und gleichzeitig sehr anspruchsvolle Ergebnisziele erfüllte, trotz eines zunehmend spürbaren Wettbewerbsdrucks bei elektronischen Bauteilen. Das Finanzergebnis des Bereichs war 1991 und 1992 rückläufig gewesen (siehe Schaubild 1: Operative Kennzahlen von EPD), und die meisten Komponentenhersteller stellten sich auf einen harten Konkurrenzkampf um einen schrumpfenden Gesamtmarkt ein. Hinzu kam, dass auch die Reputation der EPD in puncto Liefertreue und Servicequalität nachgelassen hatte und zahlreiche Zusagen nicht eingehalten worden waren. Dazu Rogers:
»Seit zwei Jahren haben wir mit Schwierigkeiten zu kämpfen. Das Geschäft wird immer wettbewerbsintensiver, infolgedessen sind die Umsätze zurückgegangen. Wir haben daraufhin drastische Kürzungen bei Personal und Kosten vorgenommen. Das war schmerzhaft, aber ich glaube, jetzt haben wir das Schlimmste hinter uns. Wir haben wieder alles im Griff, aber es herrscht immer noch harte Konkurrenz. Die Stimmung ist schlecht; es gibt viele Meinungsverschiedenheiten zwischen einzelnen Gruppen, die wir einfach nicht gelöst bekommen. Es fehlt an gegenseitigem Vertrauen. Da ist kein Zusammenhalt mehr in der Mitarbeiterschaft, und die mangelnde Abstimmung untereinander schadet unserer Innovationsfähigkeit. Die meisten meiner Leute glauben, das schlechte Geschäft sei schuld an diesen ganzen Auseinandersetzungen; wenn es besser laufen würde, so sagen sie, hätten die gegenseitigen Nörgeleien von alleine ein Ende. Ich bin mir da ehrlich gesagt nicht so sicher. Vielleicht kommen die Streitigkeiten wirklich von dem Druck, unter dem wir alle stehen, aber viel wahrscheinlicher ist doch, dass sie nur Symptome für ein tiefer liegendes Problem sind. Ich muss herausfinden, ob die Konflikte zwischen den Gruppen wirklich ernst sind, dann kann ich entscheiden, was ich tun soll.«[8]

Die EPD steckt offenbar in Schwierigkeiten. Man bemerke die lange Beschreibung des Bereichs im zweiten Abschnitt: Sie vermittelt uns zusätzliche Erkenntnisse wie unter anderem die, dass es Konflikte gibt und dass die Meinungen über mögliche Ursachen auseinandergehen. Die Führungskräfte des Bereichs schreiben sie der schlechten Geschäftslage zu; Rogers selbst glaubt an ein »tiefer liegendes Problem«, sagt aber nicht, was das für eines sein könnte. Vielleicht ist Ihnen aufgefallen, dass der zweite Abschnitt ausschließlich Rogers' eigene Meinung wiedergibt. Als Leiter des Bereichs hat er vielleicht ein ureigenes Interesse daran, die Situation in ein möglichst günstiges Licht zu rücken. Eine Möglichkeit dazu ist, externen Faktoren die Schuld zu geben und die eigene Verantwortung zu leugnen. Könnte das auf Rogers zutreffen?

Im ganzen Anfangsteil der Studie gibt es keine Hinweise auf eine Entscheidung oder Bewertung. Rogers muss Entscheidungen treffen, aber er ist noch nicht bereit dazu: »Rogers war unschlüssig, was er tun sollte.« Die Hauptfigur ist sich einer bestimmten Lage bewusst, und es steht viel für sie auf dem Spiel, doch hat sie keine Erklärung für diese Lage und damit auch keinen Ansatzpunkt für Gegenmaßnahmen.

Hier ein anonymisierter Auszug aus einer anderen Fallstudie:

> *Anfang des Jahres 2000 überprüfte Karl Bittelmann, Buchhalter bei dem europäischen Möbelhersteller StyleHouse, die Außenstände des Unternehmens. Er bemerkte größere Veränderungen in den Debitorenkonten von Softline und Stella, zwei etablierten Möbelhändlern. Beide wiesen größere Zahlungsrückstände auf. Bittelmann beschloss, diese Daten seinem Vorgesetzten vorzulegen.*

Dieser Ausschnitt zeigt eine ganz normale Geschäftssituation: Ein Lieferant hat zwei Kunden, die nicht bezahlen. Eine Entscheidung dazu ist erst möglich, wenn Bittelmann die beiden Kunden besser versteht. Dann kann er anfangen, sich die Antworten auf folgende Fragen zu überlegen:

- Was sollte er seinem Chef über die beiden Kunden sagen?
- Was ist aus den Finanzzahlen der beiden Händler zu schließen?
- Sind sie in der gleichen oder in unterschiedlichen Situationen, und sollte StyleHouse die beiden demnach gleich oder unterschiedlich behandeln?

Diese Fallstudie gleicht einem Krimi, für dessen Auflösung man finanzielle Analysen braucht. Wird die Analyse gut gemacht, enthüllt sie die Geschichten zweier Handelsunternehmen, die sehr unterschiedliche Stoßrichtungen verfolgen und für den Zulieferer mit sehr unterschiedlichen Risiken verbunden sind – was wiederum bedeuten kann, dass sie sehr unterschiedlich behandelt werden sollten. Welche Entscheidungen hier zu treffen sind, kann Gegenstand einer interessanten Diskussion sein.

Lesen Sie bitte die folgenden Auszüge aus zwei Fallstudien. Der erste Auszug stammt aus dem letzten Abschnitt eines fünfseitigen Fallbeispiels.

> *Nach der Einstellung neuer Führungskräfte, der jüngsten Umstrukturierung und dem Verkauf der Finesse-Produktlinie war Christine Bergmann zuversichtlich, dass das Unternehmen wieder in die Gewinnzone zurückfinden würde. Sie ging davon aus, dass die Wirtschaftsprüfer der Firma beste Zeugnisse ausstellen würden, doch es sollte anders kommen: In ihrem Bericht bezweifelten die Prüfer, ob Finesse tatsächlich ein »gesundes« Unternehmen sei. Eine solche Einschränkung könnte das Todesurteil für die Beziehungen zu Kreditgebern, Lieferanten und vor allem Kunden bedeuten.*

Der zweite Textauszug ist der dritte Abschnitt einer siebenseitigen Fallstudie.

> *Die Einsteinschule war in einer schwierigen finanziellen Lage, als Rektor Heckmayer die Leitung übernahm. Im Jahr zuvor hatte es mehrere Fälle von Gewalt gegeben, und die Schule musste zweimal schließen – einmal wegen einer Schülerdemonstration und einmal wegen Vertragsstreitigkeiten mit den Lehrern. Die Schülerleistungen waren in den unteren Klassen etwas besser, in den oberen Klassen aber rückläufig. Es stand außer Zweifel, dass die Schule ihre Ziele verfehlte.*

Der erste Textauszug beschreibt ein Problem, bei dem es um unterschiedliche Meinungen geht: Auf der einen Seite steht ein Unternehmen, das offenbar Veränderungen vorgenommen hat, um seine Finanzen in Ordnung zu bringen, auf der anderen Seite Wirtschaftsprüfer, welche den folgenschweren Schritt getan haben, die Überlebensfähigkeit des Unternehmens infrage zu stellen. Aufgabe des Lesers ist es, mithilfe von Finanzanalysten ein exaktes Bild von der finanziellen Situation und den Zukunftsaussichten der Firma Finesse zu gewinnen. Vielleicht haben die Wirtschaftsprüfer recht, und eine Auflösung des Unternehmens ist unumgänglich. Ist das Unternehmen jedoch im Recht, wird es überzeugende Beweise dafür bringen müssen, dass die Wirtschaftsprüfer die Daten falsch interpretiert haben. Vielleicht liegt die Wahrheit auch irgendwo dazwischen: Es gibt ernsthafte finanzielle Probleme, aber nicht den lebensbedrohlichen Zustand, von dem die Wirtschaftsprüfer sprachen.

Der zweite Text über die Einsteinschule ist ein Beispiel für eine Fallstudie, die das Problem direkt ausspricht: »Es stand außer Zweifel, dass die Schule ihre Ziele verfehlte.« Dennoch müssen wir über dieses Scheitern Genaueres wissen. Hauptaufgabe einer Schule ist es, Bildung zu vermitteln, und wenn die Benotung der Schulaufgaben Rückschlüsse zur Effektivität dieser Bildung zulassen, dann muss sich die Schule in der Tat Versäumnisse an ihren

Schülern vorwerfen lassen. Wir müssen aber bei der Problemdefinition noch weiter gehen: Das Versagen nimmt enorme Ausmaße an, denn die Schule kann ihren Schülern nicht einmal physische Sicherheit bieten, und der Unterricht musste mindestens einmal ausfallen. Bei diesem Fall besteht die Aufgabe des Lesers darin, die Problemursachen zu identifizieren und Maßnahmen zur raschen Abhilfe vorzuschlagen.

Problemsituation definieren

Wie bereits erwähnt, werden Sie nur sehr selten in einer Fallstudie eine saubere und umfassende Problembeschreibung finden; der Fall Einsteinschule ist eine der wenigen Ausnahmen. Um den Ursachen auf den Grund zu gehen, müssen Sie natürlich ihre Auswirkungen kennen. Der erste Schritt in einer problembezogenen Fallstudie wird folglich darin bestehen, das Problem zu beschreiben oder zu definieren. Eine allgemeine Definition einer Problemsituation geht ungefähr so: Welche Elemente der Situation, in der die Hauptperson steckt, geben am meisten Anlass zur Sorge?

Viele oder wenige Ursachen?

Komplexe Probleme

Die Probleme in Fallstudien sind komplex. Die EPD beispielsweise beschäftigt fast 1000 Mitarbeiter in unterschiedlichen Funktionen. Jeder davon hat seine eigenen Erfahrungen und Fähigkeiten, und jeder steuert einen Teil davon dazu bei, dass das Unternehmen in einem Markt präsent ist, welcher wiederum aus Kunden und Wettbewerbsunternehmen besteht. Das Problem der EPD wird daher vielfältige Ursachen haben, und das Gleiche gilt für andere problembezogene Fallstudien.

Zu wenig Information

Eine zentrale Frage im Rahmen der Diagnose ist: Wie viele Ursachen sind genug? Die erste Einschränkung ergibt sich aus der Fallstudie selbst. Wir werden noch im Detail sehen, wie sich die Belege in der Fallstudie »Allentown« zu einer Ursachenerklärung zusammenfügen. Eine weitere Einschränkung besteht darin, dass zu den Veränderungen im Markt und in den relevanten Technologien nur wenige Informationen geliefert werden. Eine letzte Einschränkung schließlich resultiert aus dem Mangel an Finanzdaten.

Nicht zu viele Ursachen

Trotz dieser Einschränkungen kann das Faktenmaterial einer Fallstudie Anhaltspunkte für viele Ursachen liefern. In einem Business-School-Seminar werden Sie unterschiedliche Theorien lernen und vielleicht versucht sein, alle auf ein und denselben Fall anzuwenden. Vielleicht meinen Sie, mehr Ursachen würden eine umfassendere Analyse ergeben. Aber: Ein Wildwuchs von Ursachen produziert nichts als Verwirrung; eine unnötig lange Liste verdeckt nur die wirklich wichtigen Problemursachen.

Handlungsorientierte Ursachenanalyse

Eine weitere Einschränkung ergibt sich daraus, dass die Analysen in Maßnahmen umgesetzt werden müssen. Eine Ursachenerläuterung muss überzeugend, aber auch handlungsorientiert sein. Eine Analyse mit einer Vielzahl von Problemursachen ist wenig hilfreich für die, die nachher das Problem beheben sollen, denn sie führt zu umfangreichen und komplexen Aufgaben.

Einflussorientierte Ursachenanalyse

Die Analyse sollte sich auf die Ursachen konzentrieren, die das Problem am stärksten beeinflussen. Wenn man das Problem zu 85 Prozent diagnostizieren und beheben kann, so ist das allemal besser, als es zu 99 Prozent zu diagnostizieren und gar nicht zu beheben. Es mag Fallstudienlehrer geben, die ihre Noten nach der Anzahl gefundener Problemursachen vergeben, aber ich persönlich würde Ihnen empfehlen, hier den Rat eines mittelalterlichen Denkers namens William of Ockham zu beherzigen. Er schuf ein Prinzip, das wir heute als »Ockhams Rasierklinge« kennen: Vermeide es, Einheiten (Ursachen) unnötig zu vervielfältigen.[9] Mit anderen Worten: Versuchen Sie, gerade so viele Ursachen zu identifizieren, wie sie zur Erklärung der wichtigsten Wirkungen (= Probleme) benötigen.

Schwierige Zeiten bei der EPD

Zu Anfang dieses Kapitels haben wir zwei Abschnitte aus der Fallstudie »Allentown Materials Corporation: Elektronik Products Divison (gekürzte Fassung)« zitiert. Wir werden nun anhand der vollständigen Fallstudie zeigen, wie Sie eine Problemsituation analysieren können. Bitte lesen Sie nun den Text zu Fallstudie, sonst werden Sie von den folgenden Erörterungen wenig profitieren.

1. Ausgangslage

Der erste Abschnitt von »Allentown« beschreibt die wichtigsten Probleme. Rogers ist der Leiter eines Bereichs, der mit Schwierigkeiten kämpft. Der Wettbewerbsdruck in der Branche ist größer denn je, und das Finanzergebnis des Bereichs ist in den letzten beiden Jahren eingebrochen. Dennoch hat die Unternehmenszentrale »sehr anspruchsvolle Ergebnisziele« vorgegeben. Innerhalb des Bereichs häufen sich die Konflikte, und es findet keinerlei Abstimmung zwischen den Funktionen statt. Der letzte Abschnitt der Fallstudie informiert uns, dass eine alljährliche Besprechung zu wichtigen organisatorischen Fragen bevorsteht. Wir können annehmen, dass Rogers bis dahin Antworten finden muss.

Implizite Elemente

Ein weiteres Elementen der Fallstudie ist leicht zu übersehen, da es nur implizit geschildert wird: es ist Rogers selbst. Die Fallstudie ist aus seiner Sicht geschrieben; alles, was wir über den Fall wissen, erfahren wir von ihm. Doch sollten wir uns nicht nur damit befassen, womit Rogers selbst zu kämpfen hat – vielmehr sollten wir aus Rogers Blickwinkel heraustreten und einen Blick auf ihn selbst werfen. Er ist bereits seit zwei Jahren in seiner gegenwärtigen Position, und dennoch hat er keine Antworten auf die offenen Fragen. Das ist an sich schon ein Problem. Bei der weiteren Untersuchung des Falles sollten wir uns daher anschauen, was er selber zur Krisensituation beiträgt.

Dem ersten Abschnitt des Textes können wir entnehmen, dass Rogers über die jüngsten Finanzzahlen besorgt ist, sie aber nur indirekt – durch interne Veränderungen – beeinflussen kann. Von den anfangs erwähnten Themen sollte er sich definitiv auf folgende konzentrieren:

- **Veraltete Wettbewerbsstrategie**
- **Finanzprobleme**
- **Ständige Konflikte und schlechte Stimmung**
- **Mangelnde Abstimmung**
- **Schleppende Produktentwicklung**
- **Druck vonseiten des Konzerns.**

Das sieht für den Anfang nach einer ganz brauchbaren Problemdefinition aus; selbstverständlich können wir die im Laufe unserer Arbeit noch abändern.

2. Fragen

Bei der Bestandsaufnahme zu einer Fallstudie des Problemtyps sucht man nach Informationen zur Problemdefinition. Die Bestandsaufnahme zu »Allentown« ergibt keine Abschnitte, die für die Analyse hilfreicher erscheinen als andere. Zudem ist die Fallstudie nicht besonders lang, wenngleich sie sehr viele detaillierte Informationen enthält. Am naheliegendsten erscheint es, die Fallstudie von Anfang bis Ende durchzulesen und dabei alles aufzuschreiben, was uns bei der Suche nach den Problemursachen hilft.

Problemdefinition

Die Problemdefinition umfasst im Grunde für jedes der Merkmale dieselben beiden Fragen:

> Gibt es genügend Informationen für eine kausale Erklärung dieses Merkmals?
> Wenn ja, was ist seine Ursache?

Nach dem Durchlesen der Fallstudie können wir zwei Untersuchungsfelder ausschließen. Zwar hat sich das Wettbewerbsumfeld geändert, und die Wettbewerbsstrategie von EPD ist möglicherweise überholt, doch finden wir keine Informationen, welche für eine Untersuchung der Strategie sprechen. Ebenso wenig gibt es Informationen zur Analyse eventueller finanzieller Ursachen. Die Fallstudie enthält lediglich ein paar wenige Zahlen zum Finanzergebnis des Bereichs. Auf der anderen Seite scheint es durchaus Informationen zu geben, welche für die anderen Facetten des Problems relevant sind.

In einem akademischen Studiengang gäbe es zweifellos betriebswirtschaftliche oder managementspezifische Konzepte und Methoden zur Diagnose der Ausgangslage. So gibt es beispielsweise Theorien zum Thema Führung, die auch die Charakteristika eines guten Managers beschreiben, und diese könnten wir nutzen, um Rogers' Führungsverhalten zu untersuchen. Ein großer Vorteil fachspezifischer Konzepte und Methoden besteht darin, dass man weiß, wonach man in einer Fallstudie suchen soll. Bei der folgenden beispielhaften Analyse werden zur Problemdiagnose einige weithin bekannte Prinzipien zu Führung und Organisation verhalten angewandt. Die Analyse würde mehr ergeben, wenn mehr einschlägige Konzepte und Methoden verwendet würden. Das wiederum würde allerdings voraussetzen, dass Sie sie zuerst kennenlernen, und das ist nicht der Sinn dieser Demonstration.

3. Hypothese

Hypothese = Diagnose

Eine Hypothese zu einer Problemsituation ist im Grunde das Gleiche wie eine Diagnose. Sie beschreibt das Problem und die wichtigsten Ursachen. Konkret bedeutet das, dass man die Hypothese zu einem Problem durch Akkumulation bildet: man identifiziert eine mögliche Ursache, sucht nach hinreichenden Belegen dafür, und wenn man diese findet, schließt man die Ursache in die Hypothese mit ein.

Die erste Ursache

Das anfängliche Auseinandersortieren von Ursachen, Wirkungen und sonstigen Informationen kann die Bestimmung der ersten Ursache ziemlich erschweren. Hilfreich ist dabei die Unterscheidung zwischen extern und intern – zwischen Ursachen, die außerhalb der Untersuchungseinheit (wie in diesem Fall EPD) liegen, und internen Ursachen. Wo die Ursachen angesiedelt sind, ist von Fall zu Fall verschieden. Sie sollten sich dessen bewusst sein und diesen Aspekt bei der Untersuchung der Fallstudie berücksichtigen. So wird es bei einer Fallstudie zum Thema Strategie sowohl interne Ursachen geben (zum Beispiel die Strategie selbst und wie gut sie an der übergreifenden Unternehmensstrategie ausgerichtet ist) als auch einige externe Ursachen (wie beispielsweise die Branche, den Markt und den Wettbewerb).

Im Fallbeispiel »Allentown« sind die Wettbewerbsveränderungen im Markt eine der externen Ursachen – und ein guter Ansatzpunkt für die Analyse, weil sie nicht erst aus anderen Informationen abgeleitet werden müssen, sondern im Fallbeispiel explizit erwähnt werden. Die Veränderung der Wettbewerbsbedingungen und die neue Gewichtung der Produktentwicklung – einer Funktion, in der die EPD ihre Schwächen hat – setzen das Unternehmen unter Wettbewerbs- und wirtschaftlichen Druck. Ein weiterer negativer Einflussfaktor ist das Insistieren des Konzerns auf anspruchsvollen Ertragszielen, während der Bereich doch in Schwierigkeiten steckt.

Von der Wirkung zur Ursache

In dieser Fallstudie scheint allerdings die Mehrheit der Problemursachen interner Natur zu sein. Die Ursache-Wirkung-Analyse ist eine rückwärtsgerichtete Betrachtung – von der Wirkung zur Ursache. Bei »Allentown« sehen wir in Don Rogers eine der Ursachen für die Ergebnisprobleme des Bereichs; damit haben wir eine Ausgangsbasis für unsere Hypothese und einen Ansatzpunkt zur Untersuchung interner Problemursachen. Selbst wenn wir zu dem Schluss kommen, dass Rogers das Problem nicht wesentlich verursacht hat, können wir doch sehr viel über die Situation lernen, wenn wir mit unserer Untersuchung hier ansetzen.

4. Belege und Maßnahmen

Der Nachweis der Diagnose beginnt, wenn wir eine mögliche Problemursache benennen können. Unsere Hypothese ist, dass Rogers selbst zu dem Problemursachen gehört. Prüfen wir also, ob es dafür Belege gibt.

Belege für die Hypothese suchen

Rogers hat ausgeprägte persönliche Stärken: Er ist technisch versiert, sehr intelligent, hat eine gewinnende Persönlichkeit und verfolgt bei seiner Aufgabe offenbar keine Hintergedanken. Als Manager und Führungsperson hat er jedoch Schwächen, die seinen guten Absichten im Wege stehen. Ganz offensichtlich hat er die bevorstehenden Veränderungen in den Wettbewerbsbedingungen nicht vorhergesehen, was vermuten lässt, dass er dem Vertrieb nicht besonders nahe steht. Und selbst jetzt, da die Veränderungen nicht mehr zu übersehen sind, hat er es versäumt, die Mitarbeiter seines Bereichs um sich zu versammeln und den gewaltigen Wandel in Angriff zu nehmen – von der Berechenbarkeit eines Fast-Monopols zu den Anforderungen echter Konkurrenz. Niemandem im gesamten Unternehmensbereich – Rogers selbst mit eingeschlossen – scheint klar zu sein, wie dringlich dieses Thema ist.

Weiterhin wird gesagt, dass Rogers bei Besprechungen nicht zuhört und sich nicht für die Ansichten seiner Mitarbeiter interessiert. So entgehen ihm wertvolle Informationen, welche ihm bei der Leitung seines Bereichs nützlich sein könnten. Rogers macht seine Führungskräfte nicht für die Erreichung ihrer Ziele verantwortlich. Angesichts seines Werdegangs verwundert es nicht, dass er sich nach wie vor für technische Fragen interessiert, doch scheint er den übrigen Funktionen seines Bereichs nicht das gleiche Interesse entgegenzubringen. Er ist häufig wegen konzernübergreifender Angelegenheiten unterwegs – trotz der Tatsache, dass sein Bereich in ernsten Schwierigkeiten steckt. Mit dem Produktentwicklungsprozess, dem Schlüssel zur Zukunft des Unternehmens, liegt einiges im Argen, und Rogers tut nichts, um das zu ändern. Nicht einmal an den monatlichen Besprechungen zur Produktentwicklung hat er teilgenommen. Die Teilnehmer kamen aufgrund ihrer kontroversen Standpunkte nicht voran, bis ihn sein Marketingleiter in seiner Verzweiflung bat zu kommen.

Rogers verlegte den Sitz der Bereichsleitung zurück in die Zentrale und nahm damit sich und den Marketingleuten die Möglichkeit, mit anderen Einheiten der EPD engen Kontakt zu halten. Ebenso trennte er das Marketing vom Vertrieb und der Produktentwicklung. All diese organisatorischen Veränderungen stellten sich als Fehlschläge heraus. Rogers muss persönlich anwesend sein, um seine zersplitterte Organisation besser kennenzulernen und zu führen. Und das Marktumfeld erfordert es, dass sich das Marketing eng mit Vertrieb und Werken abstimmt und alle Beteiligten eng miteinander kommunizieren.

Anscheinend misstraut Rogers allem, was mit seinem Vorgänger zu tun hat. Er hat eine Reihe von Topmanagern durch Quereinsteiger ersetzt, dadurch ging ihm die Erfahrung und Expertise der bisherigen Manager verloren, und für die verbleibenden Mitarbeitern war es ein Signal, dass er Leute, die von Bennett gefördert worden waren, nicht besonders hoch schätzt. Mit solchen Aktionen hat er die schlechte Stimmung in der Organisation geradezu herbeibeschworen. Außerdem brach er ein Organisationsentwicklungsprojekt ab, in dem eine Reihe der Probleme von EPD adressiert werden sollten. Zwei weitere Informationen über Rogers können wir uns herleiten. Seine vermutlich größte Schwäche ist, dass er so wenig über die vielen Probleme weiß, die das Finanzergebnis von EPD drücken. Er wird an der Problematik nur wenig ändern können, solange er sich nicht dazu aufraffen kann, sich die Organisation, die er eigentlich führen soll, genauer anzusehen. Unsere zweite Erkenntnis basiert auf den Informationen über Rogers' beruflichen Werdegang: Er wurde in den Vorstand berufen und zum Bereichsleiter gemacht, weil er technisches Know-how mitbrachte, nicht wegen seiner Managementerfahrung oder seiner Führungsqualitäten. Bezüglich dieser Faktoren entspricht er den Bedürfnissen des Bereichs nicht besonders gut.

Weitere Ursachen

Auf Basis der gefundenen Informationen können wir festhalten, dass Rogers eine der Problemursachen ist. Nun müssen wir nach weiteren Ursachen suchen.

Fehler des Konzerns. Dass Rogers für seine Position nicht besonders gut qualifiziert war, wirft die Frage auf, warum er überhaupt befördert wurde. Diese Frage führt uns zur Rolle der Unternehmenszentrale in Allentown.

Rogers' mangelnde Managementerfahrung ist nicht sein Fehler. Wir können davon ausgehen, dass der Konzern ihm beim Wechsel in die neue Stellung keine spezielle Schulung oder Unterstützung gewährte; auch tat man offenbar nichts, um dem Bereich zu helfen, den plötzlichen Verlust des energischen früheren Leiters Joe Bennett zu bewältigen. Man ließ stillschweigend zu, dass Rogers ein neues Führungsteam mit erschreckend wenig Erfahrung einsetzte und gab unrealistische Ergebnisziele vor, die der Bereich unmöglich realisieren kann. Wenn wir uns die Verhaltensweisen des Konzerns genauer anschauen, scheinen hier bedeutende Problemursachen zu liegen. Wohlgemerkt: Die Fallstudie enthält relativ wenig Informationen über diese Verhaltensweisen, und sie sind kreuz und quer über den Text verteilt.

Damit hätten wir nun zwei Problemursachen, für die es in der Fallstudie Belege gibt: Rogers und den Konzern.

Unternehmenskultur und Konflikte. Anhand der Informationen zu Joe Bennett können wir einen Vergleich anstellen zwischen der EPD unter Bennett und der EPD unter Rogers. Bennett war der Gründer des Unternehmensbereichs, ein kluger und kreativer Geschäftsmann. Er verlegt den Sitz der Bereichsleitung weg von Allentown, und es steht zu vermuten, dass er damit einen möglichst guten Durchgriff auf den Bereich sicherstellen wollte. Er traf alle wichtigen Entscheidungen, die anderen mussten sie realisieren. Mit anderen Worten: EPD war der Inbegriff einer Top-down-Organisation, mit einem autoritären Führer an der Spitze und »politischen und manipulativen« Managern unter ihm.

Rogers hatte in Allentown gearbeitet und die Bereichsleitung der EPD dorthin zurückverlegt, als er in die Position berufen wurde. Die Unternehmenskultur von Allentown ist geprägt durch »enge und familiäre« Beziehungen. Hierarchie ist unwichtig, und die Führungskräfte und Mitarbeiter auf allen Ebenen pflegen einen offenen und informellen Kommunikationsstil. Der Unterschied zwischen der Unternehmens- und der Bereichskultur könnte also nicht größer sein. Bei der EPD scheint Rogers davon auszugehen, dass der Bereich in demselben kooperativen Stil wie der Konzern geführt werden sollte. Allerdings: Der Bereich ist nach wie vor die von Bennett geformte Organisation. Abgesehen von der starken Hierarchiegläubigkeit und schlechten Gewohnheiten wie Kungelei und manipulativem Verhalten, haben die Abteilungen in der EPD gar kein Interesse an einer Zusammenarbeit. Sie sind eben keine Familie, die zusammenhält – das steht außer Frage. Dieser Zusammenprall der Kulturen kommt also auch als Problemursache infrage, verbunden mit Rogers' Managementfehlern.

Weitere Informationen

Was sie bislang kaum genutzt haben, sind die Informationen aus den Übersichtsblättern zu jeder EPD-Abteilung, die im Abschnitt »Übersicht über die Abteilungen 1992« enthalten sind. Da sie jedoch fast die Hälfte der Fallstudie ausmachen, müssen diese Beschreibungen für die Analyse wichtig sein – es sei denn, sie sollen uns nur verwirren. Ein Großteil der dort enthaltenen Detailinformationen scheint nicht besonders wichtig zu sein und könnte uns gewaltig aufhalten, wenn wir ihn in die Analyse einbeziehen wollten. Nachdem wir all diese Beschreibungen durchgelesen haben, müssen wir einmal innehalten und uns überlegen, ob es irgendwelche Probleme gibt, die für alle Abteilungen zu gelten scheinen – oder ob es abteilungsspezifische Probleme gibt, die von Bedeutung sein könnten.

Gemeinsame Themen

Unterschiedliche Ausrichtung. Es gibt tatsächlich einige gemeinsame Themen, und sie sind in dem Wust von Details leicht zu übersehen. Buchstäblich jede Abteilung oder Funktion hat Differenzen mit den anderen. Im Grunde gleicht EPD eher eine Ansammlung kriegerischer Stämme als einem Unternehmen. Zum Teil lässt sich das durch den kulturellen Zusammenbruch erklären: Die Top-down-Organisation hat ihre Galionsfigur, die autoritäre Führungspersönlichkeit Bennett, verloren. Es gibt jedoch noch einen weiteren Faktor: All diese Funktionen sind in mehrfacher Hinsicht unterschiedlich ausgerichtet. Erstens haben sie unterschiedliche Anreizsysteme; zweitens sind die Verantwortlichkeiten nicht klar definiert; drittens gibt es äußerst unterschiedliche Vorstellungen zur Bedeutung der Funktionen innerhalb des Bereichs und des Konzerns sowie große Unterschiede in der Erfahrung und Betriebszugehörigkeit der Führungskräfte. Und schließlich sind die Funktionen physisch so verteilt, wie es überhaupt nicht zu ihrer Aufgabenstellung passt.

An dieser Stelle wollen wir es mit der Analyse bewenden lassen, obwohl wir bei Weitem noch nicht alle Möglichkeiten ausgeschöpft haben. Unsere Argumentation für die primären Problemursachen sieht folgendermaßen aus:

Problem
- Rückläufiges wirtschaftliches Ergebnis
- Offene Konflikte
- Mangelnde Koordination
- Stagnierende Produktentwicklung
- Mangelhafte Führung

Externe Ursachen
- Neue Wettbewerbsbedingungen
- Konzernfehler

Interne Ursachen
- Rogers' Fehler und Limitationen
- Kulturelle Unterschiede
- Konflikte
- Unterschiedliche Ausrichtung.

Es steht zu vermuten, dass in der Fallstudie »Allentown« noch mehr Problemursachen zu finden wären. Ein führungsorientiertes Konzept würde völlig andere Begriffe verwenden, um Rogers' Handlungen und Bennetts Vermächtnis zu diagnostizieren. Ein anderes Denkgerüst könnte sich mit den relevanten Aspekten der Organisationsstruktur befassen. Diese Perspektiven würden unsere Betrachtung jedoch nicht ersetzen, sondern nur ergänzen.

Von der Problemdiagnose zu den Maßnahmen

Maßnahmen. Aus der Problemdiagnose für die EPD ergeben sich schon die notwendigen Handlungen. Jede Problemursache ist in sich ein Ansatzpunkt für Veränderungen. Der Maßnahmenplan sollte Vorgehensschritte für sämtliche Problemursachen enthalten, mit Ausnahme der neuen Wettbewerbsbedingungen; für eine mögliche Veränderung der Bereichsstrategie haben wir nicht genügend Informationen. Da Rogers der Leiter des Bereichs ist, muss sich ein Großteil der Maßnahmenplanung auf ihn konzentrieren. Er ist ein wichtiger Schlüssel zur Lösung der internen Konflikte und der unterschiedlichen Ausrichtung. Um Letzteres zu verbessern, kann er eine Veränderung der Anreizsysteme einleiten, sodass sie zur Verfolgung derselben Ziele motivieren, und zudem den Umzug seiner Mitarbeiter (und seinen eigenen) von der Zentrale zurück zum Firmensitz der EPD veranlassen. Außerdem sollte er eher eine Veränderung der Unternehmenskultur in Angriff nehmen, aber dieser Prozess wird einige Zeit in Anspruch nehmen.

Rogers' allererste Schritte sollten sich jedoch auf sich selbst konzentrieren. Da er keine klare Vorstellung von seinen Stärken und Schwächen zu haben scheint, muss er beides einschätzen lernen. Ein externer Coach könnte ihm eine neutrale Perspektive vermitteln. Ebenso kann er beginnen, den Zusammenhalt bei der EPD zu stärken, indem er den gemeinsamen Handlungsbedarf betont und womöglich auch mit Nachdruck einfordert. Der Unternehmensbereich ist auf einem falschen Weg, die Marktbedingungen sind ungünstig, und die Arbeitsplätze aller Mitarbeiter könnten gefährdet sein. Das scheint jedoch nicht jedermann bewusst zu sein, und Rogers sollte diesen Gedanken durchgängig in den Köpfen verankern. Er muss aus der selbst gewählten Isolation ausbrechen, um sich Verbündete zu schaffen und den gesamten Bereich in die Gestaltung einer Zukunftsvision einzubinden.

Seine Beziehungen in die Konzernzentrale sollte er nutzen und sich dafür einsetzen, dass der Konzern den Ergebnisdruck verringert und die anstehenden Veränderungen unterstützt.

Und das sind nur einige der Maßnahmen für Rogers, die in Betracht zu ziehen wären. Der schwierigste Teil an der Erarbeitung eines Plans für Rogers und seinen Bereich besteht darin, ihn nicht zu umfangreich werden zu lassen.

Alternativen und offene Fragen

Einfluss der Ursachen

Neben der Ermittlung von Problemursachen könnte sich die Analyse von »Allentown« nun darauf konzentrieren, die Einflussstärke der einzelnen Ursachen zu vergleichen: Welche tragen am meisten zur Problematik bei? Hierzu gibt es meist sehr abweichende Meinungen.

Jedes Mal, wenn ich den Fall durchlese, nimmt meine Überzeugung zu, dass der Konzern die größte Schuld an den Schwierigkeiten der EPD trägt. Natürlich kann man Rogers' zahlreiche Fehler niemand anderem zuschreiben, aber er hätte sie nie machen können, wenn die Konzernleitung seinen Unternehmensbereich und dessen Bedürfnisse besser verstanden hätte. Sie machte gute Miene zu Bennetts Alleingang, vermutlich, weil er durchgängig gute Ergebnisse brachte. Eine Nachfolgeregelung für Bennett gab es offenbar nicht, und das ist ein weiterer Hinweis für die Distanz der Konzernleitung zu diesem Unternehmensbereich.

Auf der anderen Seite enthalten die Informationen über die einzelnen Abteilungen der EPD Hinweise auf spezifische Schwächen bei allen. Angesichts dieses Gesamtbildes muss man sich fragen, ob ein erfahrener Manager mit realistischer Sicht dieser Organisation in nur zwei Jahren mehr erreicht hätte als Rogers. Bennett hatte eine Organisation geschaffen, die als Extrembeispiel einer Alleinherrschaft angesehen werden kann. Mit Sicherheit kontrollierte er auch Neueinstellungen und Beförderungen, so wie alles andere bei der EPD. Möglicherweise sind Mitarbeiter, die bereit sind, für ein Unternehmen zu arbeiten, in dem sie nichts zu sagen haben und nicht kreativ denken müssen, ohnehin nicht die richtigen, um sich mit so etwas wie neuen Marktbedingungen zu befassen. Auf alle Fälle wäre der Wechsel zu einem neuen Bereichsleiter nicht einfach gewesen.

Alles in allem können wir festhalten: Bei aller Klarheit, die wir durch sorgfältiges Studium der Fallstudie schaffen können, bleiben doch genügend Graubereiche, die ein Mehr an Studium, Reflexion und Diskussion erfordern.

Kapitel 6

Entscheidungssituationen

Entscheidungen sind zentral

Fallstudien, bei denen es um eine explizite Entscheidung geht, sind in der Management-Ausbildung ein zentrales Thema. Wenn ich »explizite Entscheidung« sage, meine ich damit, dass die Entscheidung im Text klar aus- und angesprochen wird – sie wird also nicht nur impliziert, und sie ist auch nicht einem anderen Themenkreis (wie beispielsweise einer Problemdiagnose) untergeordnet. Diese Unterscheidung ist äußerst wichtig, denn fast jedes Fallbeispiel, das von einem Unternehmen handelte, lässt sich in Bezug zu einer Entscheidung setzen. Nachfolgend ein Satz aus dem ersten Abschnitt der Fallstudie, die wir als Beispielfall für dieses Kapitel heranziehen, »General Motors: Packard Electric Divison«.

Der Ausschuss »Produkt, Prozess und Betriebssicherheit« (PPB), der für den Produktentwicklungsprozess verantwortlich war, hatte [David] Schramm um seine Analyse und Empfehlung gebeten, ob Packard Electric bei einem Fahrzeug des Modelljahrs 1992 auf die RIM-Kabeldurchführung umstellen sollte.[10]

Entscheidungsprozesse

David Schramm muss sich entscheiden, welche Empfehlung er diesem unternehmensinternen Ausschuss geben soll, und der Rest des Textes dreht sich um diese Entscheidung – das ist genau das, was ich als Entscheidungssituation bezeichne. Bei dieser Art von Fallstudien geht es ebenso sehr um die Entscheidungsfindung im Allgemeinen als um die Entscheidung im Speziellen. Man lernt also möglicherweise etwas über, sagen wir, Vertrieb oder Hedgefonds – aber auch einiges über Entscheidungsprozesse.

Die Entscheidungsanalyse umfasst fünf Elemente:

- Optionen
- Kriterien
- Analyse von Optionen
- Empfehlungen
- Maßnahmen.

Optionen

Entscheidungen brauchen Optionen

Eine Entscheidung setzt konkrete Optionen voraus, andernfalls gibt es nichts zu entscheiden. Nicht alle Fallstudien definieren die Entscheidungsoptionen, aber manche tun es. Wenn sie beim ersten Lesen des Falles stur von vorne nach hinten durchmarschieren, dann kann es sein, dass sie die Entscheidungsoptionen erst am Ende der Fallstudie kennenlernen. Das kann den Nutzen dieses ersten Durchgangs beeinträchtigen. Sie nehmen sich die Möglichkeit, gleich von Anfang an zu überlegen, welche Entscheidung hier angebracht sein könnte und was Sie sonst noch wissen müssen, um eine Wahl zu treffen, es sei denn, Sie kennen die zur Verfügung stehenden Alternativen.

Entscheidungsoptionen werden häufig nicht in den ersten Abschnitten verraten, oder es sieht so aus, als würden bedeutende Zusatzinformationen ausgelassen. Hier die wichtigen Sätze aus dem Anfangsteil einer Fallstudie zum Thema Marketing:

> *Im Jahr 1990 überlegte man sich bei Nestlé Refrigerated Food Company (NRFC), ein Tiefkühl-Pizzaprodukt auf den US-Markt zu bringen … Cunliffe [der Hauptentscheider] war bestrebt, die Wachstumschancen für Nestle im Bereich Tiefkühl-Pasta auszubauen. Er wusste jedoch, dass er vor Einführung eines Pizzaproduktes durch sorgfältige Analysen sicherstellen musste, dass wirklich attraktive Geschäftschancen damit verbunden waren.*[11]

Komplikationer

Dieser Einstieg in die Geschichte scheint auf eine einfachere Ja-Nein-Entscheidung hinzuweisen: Soll die Firma ein Tiefkühl-Pizzaprodukt herausbringen oder nicht? Doch diese Entscheidung hat eine zweite Ebene: Sollte das Unternehmen eine Tiefkühlpizza mit nur einem Belag auf den Markt bringen oder die Pizza im Set mit unterschiedlichen Belägen anbieten? Wenn man diese Fallstudie vor der ersten gründlichen Analyse nicht rasch überfliegt, dann ist man sich dieser zusätzlichen Komplikation nicht bewusst und wird das Ganze anschließend nochmals unter diesem Aspekt durchlesen müssen. Gleichzeitig müssen Sie sich überlegen, ob diese zusätzliche Komplikation vielleicht nur dazu da ist, Ihre Aufmerksamkeit von der zentralen Entscheidung abzulenken: Sollte dieses Unternehmen überhaupt ein Tiefkühl-Pizzaprodukt auf den Markt bringen?

Der Satz, den wir aus der Fallstudie »General Motors: Packard Electric Divison« zitiert haben, bezieht sich auf eine innovative neue Komponente, welche die bisher eingebaute ersetzen würde. Wer hier das Fallbeispiel von vorne nach hinten durcharbeitet, dem werden die drei spezifischen Entscheidungsoptionen, über die Schramm nachdenkt, erst im letzten Abschnitt auffallen.

Entscheidungen priorisieren

Wenn Sie feststellen, dass die Fallstudie, die Sie gerade lesen, von einer Entscheidungssituation handelt, dann sollten Sie gezielt nach den Entscheidungsalternativen suchen. Im Fall des Pizzaherstellers sind Sie gut beraten, einen Moment über die Prioritätsfolge der erwähnten Entscheidungen nachzudenken. Die Einführung eines neuartigen Pizzaproduktes mag für NRFC ein geschickter Zug sein und dem Unternehmen überdies ermöglichen, seinen Erfolg als Pionier im Markt für Tiefkühl-Pastaprodukte zu verdoppeln. Vielleicht ist sie aber auch ein Fehler. Wenn Sie sich nun zu lange mit der Frage aufhalten, welches der unterschiedlichen Pizzaprodukte es sein soll, bevor Sie als Erstes diese Grundsatzentscheidung getroffen haben, dann geht vielleicht ein großer Teil dieser Fallstudie an ihnen vorbei. Natürlich kann es sein, dass die beiden Entscheidungen zwei Aspekte ein und derselben Entscheidung sind. In der Fallstudie mit der Kabeldurchführung gilt es, möglichst bald die spezifischen Entscheidungsoptionen für das Unternehmen zu kennen. Der Anfangsteil dieser Fallstudie impliziert eine Ja-Nein-Entscheidung, doch am Ende werden Sie merken, dass es auch eine Entscheidungsoptionen dazwischen gibt. Das mag eine furchtbar schlechte Alternative sein, aber Sie müssen wissen, dass es sie gibt, und ebenso müssen Sie wissen, ob sie Ihre Kriterien vielleicht besser erfüllt als die anderen Entscheidungsoptionen.

Kriterien

Eine rationale Entscheidung kann nicht ohne Entscheidungskriterien getroffen werden.

Wenn beispielsweise ein Hersteller zu entscheiden hat, ob er einem Händler mehr Kredit gewähren soll, dann wird er vielleicht die folgenden Überlegungen anstellen:

- Der Händler muss sich im gesunden finanziellen Verhältnissen befinden.
- Das Unternehmen muss gut gemanagt sein.
- Es muss eine gute Kredithistorie aufweisen.
- Es muss für den Hersteller langfristig von Nutzen sein.

Rahmenbedingungen

Welche Kriterien Sie zur Auflösung von Entscheidungssituationen verwenden, hängt zum einen davon ab, welche Hilfsmittel Sie verwenden, und zum anderen von den Rahmenbedingungen, die im Fallbeispiel beschrieben sind. Der Ausdruck »gesunde finanzielle Lage« ist nicht sehr aussagekräftig, solange Sie nicht auf finanziellen Eckdaten wie Cashflow oder Kapitalstruktur zurückgreifen können. Ähnlich abstrakt ist der »langfristige Nutzen für den Hersteller«, doch hier geben die Umsatzhistorie sowie die Informationen über das Zukunftspotenzial des Händlers und die Marktsituation den Worten konkrete Bedeutung.

Relevanz der Kriterien

Kriterien haben ganz erheblichen Einfluss auf die Entscheidungsfindung. Sie sollten relevant sein, es sollten gerade so viele sein, wie man für eine fundierte Entscheidung braucht, und sie sollten geeignet sein, einen Großteil der vorhandenen Belege in Bezug zu den verfügbaren Entscheidungsoptionen zu setzen. Zuallererst müssen die Kriterien für die Entscheidung und die Situation relevant sein. Die Relevanz richtet sich nach den Rahmenbedingungen des Fallbeispiels: Auf einige Kriterien, wie zum Beispiel Kosten oder Profitabilität, wird man immer wieder stoßen; andere werden spezifisch für eine Fallstudie oder eine Kategorie von Fallstudien relevant sein. Eine Fallstudie, die wir uns an späterer Stelle in diesem Kapitel anschauen werden, hat als Kriterium die Zuverlässigkeit des neuen Fertigungsprozesses. Zweitens sollte man bei Entscheidungsanalysen nur so viele Kriterien ansetzen, wie man für eine glaubwürdige Empfehlung braucht. Zu viele Kriterien sind genauso von

Übel wie zu wenige: Letzteres führt zu einer inadäquaten Empfehlung und einer schwachen Datenbasis; Ersteres verursacht so viel Fragmentierung und Verwirrung, dass eine klare und eindeutige Empfehlung unmöglich wird. Und noch etwas: Nur weil ein Kriterium für eine Entscheidung relevant ist, heißt das noch lange nicht, dass dieses Kriterium auch hilfreich ist. Vielmehr muss es in der Lage sein, wichtige Fakten in Bezug zu der fraglichen Entscheidung zu setzen.

Auswahl der Kriterien

Zu einem gewissen Grad ist die Auswahl von Kriterien immer auch ein Ratespiel. Sie sollten in der Fallbeschreibung nach Hinweisen Ausschau halten, welches Kriterium voraussichtlich die aussagekräftigsten Informationen liefern wird. Nehmen wir an, die Fallstudie über die Kreditentscheidung unseres Herstellers enthält wenig Text, nur eine Abbildung über den Markt und mehrere Abbildungen zu den Finanzen. Das ist ein Hinweis darauf, dass das produktivste Kriterium wahrscheinlich eines sein wird, dass mit der Analyse von Finanzdaten einhergeht. Dennoch sollten Sie nicht darauf verzichten, auch andere Kriterien anzuwenden, die Sie für relevant halten, selbst wenn es dazu nicht allzu viele Informationen zu geben scheint. Zuweilen wird ein Kriterium auch helfen, einen Bezug zwischen zusammengehörige Belegen herzustellen, die anfangs nicht zusammengehörig erschienen, weil sie in völlig unterschiedlichen Textabschnitten und Abbildungen auftauchten.

Analyse von Entscheidungsoptionen

Optionen – Kriterien – Fakten

Sobald Sie die Entscheidungsoptionen kennen und einige Entscheidungskriterien definiert haben (Sie brauchen nicht alle, um mit der Arbeit zu beginnen), schauen Sie sich die Informationen zum Fall im Hinblick auf die Kriterien an. Nach und nach werden Sie so die Entscheidungsoptionen herausarbeiten, welche den Kriterien und Fakten offenbar am besten gerecht werden.

Nehmen wir an, es geht darum, ob man einem Händler zusätzlichen Kredit einräumen soll. »Gesunde finanzielle Verhältnisse« ist eine der üblichen Anforderungen. Anhand der Daten aus der Fallstudie lassen sich mit finanzspezifischen Methoden einige Informationen zur finanziellen Gesundheit des Unternehmens herausarbeiten. Nehmen wir weiter an, der Händler hat ein gravierendes kurzfristiges Liquiditätsproblem. Weiterhin stellen Sie fest, dass sein Betriebsergebnis im letzten Jahr negativ war, offenbar deshalb, weil er die Preise gesenkt hat, um seine Lager räumen zu können. Das klingt alles nicht sehr gut, aber in der Fallstudie ist ebenso erwähnt, dass in den letzten Jahren eine leichte Konjunkturschwäche zu verzeichnen war; darüber hinaus zeigen die Zahlen in einer der Abbildungen einen branchenweiten Umsatzeinbruch. Als Nächstes sehen wir uns die Daten zur Kapitalstruktur an und erkennen, dass es dieses Unternehmen geschafft hat, seine Bilanzen weitgehend schuldenfrei zu halten. Auf diese Weise konnte es geschickt seine Kreditwürdigkeit aufrechterhalten, um in Situationen wie der jetzigen leichte Ergebnisrückgänge ausgleichen zu können. Außerdem scheint es mit der Konjunktur wieder aufwärtszugehen. Zusammengenommen weisen die Finanzdaten also darauf hin, dass sich das Management des betroffenen Unternehmens unter schwierigen Umständen klug verhält.

Entscheidungsfindung

Wir sehen an diesem Beispiel, wie das Kriterium »gesunde finanzielle Lage« die vorhandenen Fakten mit der Kreditentscheidung in Bezug setzt. Dennoch ergibt die Anwendung des Kriteriums auch negative Resultate (eine Zusammenfassung der positiven und negativen Faktoren findet sich in Abbildung 6-1). Kriterien und betriebswirtschaftliche Methoden anzuwenden ist noch keine Entscheidungsfindung – man muss auch die Ergebnisse interpretieren. Häufig wird man für jedes Kriterium einen Mix von Resultaten vorfinden, wie es gerade auch im Beispiel der Finanzdaten der Fall war. Auch kann es vorkommen, dass die Resultate unterschiedlicher Kriterien einander widersprechen. Nehmen wir an, die Kriterien Finanzdaten und Management sprechen für die Verlängerung des Kredits, aber die Kredithistorie des Händlers sieht weitaus schlechter aus, und sein langfristiger Wert für den Hersteller ist fraglich. Dann liegt es an ihnen zu entscheiden: Welche dieser Kriterien sind die wichtigsten, und sind die entsprechenden Belege aussagekräftig und verlässlich?

Faktenhürde

Wenn Sie unter Zeitdruck stehen, wie beispielsweise in einer Prüfung, dann müssen Sie sich möglichst schnell auf eine Hypothese festlegen. In solchen Situationen müssen Sie so viel Zeit wie möglich für das Schreiben reservieren. Sie müssen dabei auf die Faktenhürde achten, ab der Sie sich auf eine Hypothese zur Entscheidung festlegen können. *Faktenhürde* heißt ganz einfach, dass Sie genügend Belege haben müssen, die für die jeweiligen Entscheidungsoption sprechen, um Sie von dieser Option zu überzeugen. An dieser Stelle ändert sich Ihre Aufgabe: Anstatt zu testen, wie gut Kriterien und Fakten zu einer möglichen Entscheidung passen, versuchen Sie nun, so viele Belege wie möglich für die von Ihnen bevorzugte Entscheidungsoptionen zu finden.

Abbildung 6-1

Kriterium: Gesunde finanzielle Verhältnisse

Negative Faktoren	Positive Faktoren
• Verringerter Cashflow • Derzeit negatives Betriebsergebnis	• Bestandsreduktion während schwacher Absatzperiode • Geringe Verschuldung; hohe finanzielle Flexibilität • Ende der Rezession – voraussichtlich steigende Umsätze

Empfehlung

Die Hypothese ist der Fokus auf die Fakten

Ziel einer Entscheidungsanalyse ist es, die beste unter den verfügbaren Alternativen zu empfehlen. Als Hypothese formuliert, ermöglicht Ihnen eine spezifische Empfehlung, über die Fakten des Falls so nachzudenken, wie Sie es nie tun würden, wenn Sie sich nicht festgelegt hätten. Mit anderen Worten: Die Formulierung einer Hypothese verschärft Ihren Fokus und stellt Sie vor die Herausforderung, sie zu beweisen. Wenn es Ihnen dann noch gelingt, die aus Ihrer Sicht stichhaltigen Nachweise mit einer Entscheidungsoption in Verbindung zu bringen, dann wird die Hypothese zur Empfehlung.

Nachteile nennen

Sich für eine Entscheidung auszusprechen heißt nicht, dass man ihre Nachteile verschweigen sollte. Im Gegenteil: durch Berücksichtigung dieser Nachteile erhöhen Sie den Wert Ihrer Empfehlung, da Sie dem Entscheidungsträger helfen, sie gut vorbereitet anzugehen.

Maßnahmen

Entscheidungsumsetzung

Der Sinn eines Maßnahmenplans liegt darin, eine möglichst effektive Umsetzung der getroffenen Entscheidung sicherzustellen. Hier liegt ein wesentlicher Unterschied zwischen entscheidungsorientierten Maßnahmenplänen und Maßnahmenplänen für Problem- oder Bewertungssituationen, die häufig mehrere Ziele verfolgen.

Kreativität für Maßnahmenformulierung

Die Bestimmung der Einzelmaßnahmen kann eine frustrierende Sache sein, denn mitunter enthält die Fallstudie dazu nur wenige eindeutige Informationen. Hier kann etwas Kreativität für jemanden, der sich mit Fallstudie nicht so gut auskennt, hilfreich sein. Auch sollte man auf Rahmenbedingungen in der Fallstudie achten, die für die Umsetzung relevant sein können. In der Fallstudie »General Motors« wird das innovative Produkt, um das es bei der Entscheidung geht, der Fertigung des Unternehmens mit Sicherheit Probleme bereiten. Und das ist unabhängig davon, ob das Produkt sofort eingeführt wird oder erst in einem Jahr. Folglich wird die Umsetzungsplanung auf jeden Fall Schritte zur Lösung dieser Probleme beinhalten müssen.

Die Kontroverse um die RIM-Komponente

In der Fallstudie »General Motors: Packard Electric Division« geht es um einen Zulieferer und gleichzeitig eine 100-prozentige Tochter des Automobilriesen General Motors und um eine innovative neue Komponente mit dem seltsamen Namen »RIM-Kabeldurchführung«. Bitte lesen Sie die Fallstudie jetzt durch, da Sie sonst von der folgenden Erörterungen nur wenig profitieren können.

1. Ausgangslage

Erst Überblick, dann Details

Die Einleitung ist ein regelrechtes Minenfeld für Fallstudien-Ungeübte. Schon im ersten Satz finden wir einen Hinweis auf ein Glossar im Anhang. Einem gewissenhaften Leser kann es damit leicht passieren, dass er beim Studium des Glossars verweilt, weil er die Begriffe kennen möchte, wenn sie im Text erwähnt werden. Der nächste Textabschnitt enthält einen Verweis auf Abbildung 1, ein GANTT-Diagramm – und auch das kann eine Falle sein. Denn beide haben eines gemeinsam: Sie sind an dieser Stelle erst einmal ohne Bedeutung, können aber die Zeit zum Lesen des Einleitungsteils leicht verdoppeln oder sogar verdreifachen. Die Einleitung dieser Fallstudie ist das beste Beispiel dafür, warum man bei der Fallstudienarbeit weitaus besser vorankommt, wenn man sich zunächst einen Überblick verschafft und sich erst dann den Details zuwendet.

Wer direkt zum Ende springt, wird feststellen, dass es sich in der Tat um eine Entscheidungssituation handelt: Im letzten Abschnitt mit dem Titel »Entscheidungsoptionen für Schramm« sind die drei Alternativen aufgelistet, die er zur Auswahl hat. Was ist nun der Unterschied, ob Sie zuerst Einleitung und Schluss lesen oder den ganzen Fall von A bis Z? Wenn Sie Letzteres tun, werden Sie bei der gesamten Lektüre nur wissen, dass Schramm sich irgendwie entscheiden muss. Sie werden nach Entscheidungsmöglichkeiten suchen und sich möglicherweise relevante Informationen merken. Am Ende des Textes werden Sie dann feststellen, dass alles für die Katz war. Lesen Sie aber Einleitung und Schluss im Zusammenhang, dann können Sie Ihre gesamte Lektüre um die verfügbaren Optionen herum aufbauen. Natürlich werden Sie nicht in jeder Fallstudie die Entscheidungsoptionen säuberlich verpackt am Ende des Textes vorfinden, aber häufig sind sie doch irgendwo zusammengefasst.

Alternativen zurückstellen

Um sich die Entscheidungsanalyse zu vereinfachen, können Sie weiterhin prüfen, ob Sie eine der Alternativen schon frühzeitig ausschließen oder zumindest zurückstellen können. Die Zahl 3 ist irgendwie magisch. Sie werden bei Fallstudien häufig drei Wahlmöglichkeiten vorfinden. Wenn Sie eine streichen können, macht das die Sache für Sie weitaus einfacher. Zwei Alternativen sind eben leichter miteinander zu vergleichen als drei.

2. Fragen

Kompromisslösung

Fassen wir einmal zusammen, was wir aus Einleitung und Schluss des Fallstudientextes wissen und uns herleiten können. Wir wissen, dass es zwei Gruppen mit unterschiedlichen Meinungen gibt. Die Entscheidungsoptionen für Schramm korrelieren mit diesem Konflikt: Je eine Option steht für die Ansicht einer der Streitparteien, und die dritte stellt einen Kompromiss dar. Wenn Sie sich die Beschreibung dieser Kompromisslösung mit dem Titel »Parallelentwicklung« anschauen, dann klingt sie recht komplex. Sie würde die Anzahl der Lagereinheiten erhöhen, und damit auch die Entwicklungszeit und -kosten – beides Probleme, welche die streitenden Parteien lösen wollen. Diese Lösung würde Packard Electric zwingen, zwei getrennte Montageeinheiten unter einen Hut zu bringen und damit die Fertigung einem noch größeren Druck aussetzen. Zudem könnte es für den Kunden von Packard Electrics, General Motors, schwierig sein, mit zwei unterschiedlichen Versionen derselben Komponente zurechtzukommen. Damit muss sich Schramm als Entscheidungsträger auf jeden Fall die Frage stellen, ob der neue Prozess die notwendige Unterstützung von der Fertigung bekommen würde, wenn gleichzeitig der alte Prozess ebenfalls noch läuft. Die Kompromisslösung scheint also genau das zu sein: ein Kompromiss.

Weitere Möglichkeiten

Natürlich kann man die Optionen auch unter einem völlig anderen Aspekt bewerten: Es könnte zu riskant sein, sich ausschließlich auf die neue Komponente festzulegen, und sowohl Packard Electric selbst als auch den Kunden würde ein fehlerhafter Fertigungsprozess teuer zu stehen kommen. Vor diesem Hintergrund wäre die Lösung mit dem geringsten Risiko die, die Einführung der Komponente um ein Jahr zu verschieben, sodass man mehr Zeit hätte, um den Prozess zu optimieren und die Ausbeute zu steigern. Oder aber die mittlere Lösung könnte neu definiert werden, indem man RIM zum Hauptprodukt macht und die alte Komponente als mögliche Rückfallposition beibehält für den Fall, dass es mit der RIM-Technologie Probleme gibt.

Die beiden unterschiedlichen Szenarien machen die Analyse zu einer relativ verwirrenden Angelegenheit. Anstatt also alle drei Entscheidungsmöglichkeiten gleichzeitig zu prüfen, können wir uns zunächst auf die beiden »reinen« Optionen konzentrieren: die RIM-Komponente im kommenden Fertigungsjahr erst einmal wegzulassen oder sich komplett darauf festzulegen. Bei der Untersuchung dieser beiden Alternativen sind folgende Fragen zu stellen:

- Was sind die Vorteile der RIM-Komponente für Packard und seine Kunden?
- Was sind ihre Nachteile?

Auf diese Fragen sollten wir Antworten suchen. Dabei wäre es allerdings hilfreich, die Begriffe »Vorteile« und »Nachteile« genauer zu definieren. Im Einleitung- und im Schlussteil gibt es dazu genügend Informationen:

- Die neue Komponente muss einen beträchtlichen Kundennutzen bieten. Sie scheint das zu einem gewissen Grad zu tun, denn der Kunde will sie.
- Die Komponente muss sich zumindest mittel- bis langfristig positiv auf die Kosten von Packard Electric auswirken. Das Thema Kosten kommt im Anfangs- und Schlussteil nicht vor, aber es kann nie schaden, es mit zu berücksichtigen.
- Die resultierenden Probleme für die Fertigungsprozesse bei Packard Electric und beim Kunden müssen bewältigbar sein.

Um bei der Fallstudienanalyse hilfreicher zu sein, können die möglichen Kriterien in Fragen umgewandelt werden:

- Wie viel Nutzen bietet die RIM-Komponente dem Kunden?
- Wie stark lassen sich mit der Komponente die Kosten bei Packard Electric senken?
- Wie groß sind die Fertigungsprobleme, die durch die RIM-Komponente bedingt sind, und lassen Sie sich vor dem neuen Modelljahr lösen?

3. Hypothese

Beim Überfliegen der Fallstudie finden wir mehrere Abschnitte, die offenbar Informationen enthalten, die wir brauchen werden:

- »Die Produkte von Packard Electric«
- »Die RIM-Kabeldurchführung«
- »Ansichten zur RIM-Kabeldurchführung«

Zielorientiert lesen

Wir versuchen, spezifische Fragen zu dem neuen Produkt zu beantworten. Wir haben ein Ziel vor Augen und wollen es so schnell wie möglich erreichen. Sie können nun entweder nur die genannten Abschnitte durchlesen, oder Sie können den ganzen Text lesen und dabei versuchen, irrelevante Informationen so weit als möglich auszublenden. Wenn Sie diszipliniert und fokussiert bleiben, dann können Sie eine Fallstudie auf jede beliebige Weise lesen. Am besten probieren Sie es aus und sehen selber, mit welcher Methode Sie am besten zurechtkommen.

Beim Lesen der genannten Abschnitte erfahren wir die folgenden Dinge, die weitere Fragen aufwerfen:

Nutzen

- Die RIM-Komponente kommt mit dem zunehmenden Anteil der Elektrik in Automobilen besser zurecht
- Sie dichtet besser gegen Wasser ab (und reduziert dadurch die Werkstattkosten bzw. erhöht die Kundenzufriedenheit)
- Haben der zunehmende Anteil der Elektrik und die bessere Qualität einen besonderen Nutzen für GM, abgesehen von dem, der auf der Hand liegt?

Kosten
- Kosteneinsparungen bei Reparaturen an der Wasserabdichtung
- Beträchtliche Reduktion der Lagereinheiten
- Beträchtliche Reduktion der Konstruktionszeit (Entwicklungszeit?)
- Lassen sich die Gesamteinsparungen quantifizieren?

Fertigung
- Erfordert zusätzliche Investitionen, neue Technologie und Schulung des Personals
- Führt zu erheblicher Verminderung der Lagereinheiten
- Wie gravierend sind die fertigungsspezifischen Probleme?

Es mag verfrüht erscheinen, aber wir haben nun genügend Informationen zusammen, um eine Hypothese aufzustellen: Die RIM-Kabelführung sollte schon im kommenden Modelljahr eingeführt werden. Alle nun folgenden Analysen zur Fallstudie können sich auf die Erhärtung dieser Hypothese konzentrieren.

4. Belege und Maßnahmen

Rauscheffekt

Aus diesem Fallmaterial eine Beweisführung zusammenzustellen, ist nicht einfach. Die Abbildungen sind schwierig zu interpretieren; zudem behandeln sie zwei unterschiedliche Themen, von denen eines im Text nie direkt erwähnt oder angesprochen wird. Die Abbildungen zu diesem impliziten Thema sind nur dazu da, bei der Analyse des ersten Themas – der RIM-Kabeldurchführung – »Rausch« zu erzeugen. Und schließlich enthält die Fallstudie noch diverse Fallen für den gewissenhaften Studenten; sie schaffen zusätzliche Rauscheffekte zur Ablenkung des Lesers und überlagern die wichtigen Daten und Informationen.

Die Arbeit mit den Abbildungen wird erheblich leichter, wenn Sie wissen, wonach Sie suchen müssen. Den drei aussagekräftigen Abschnitten können wir entnehmen, dass die RIM-Komponente viele Vorteile bietet – davon einige relativ offensichtlich, andere weniger.

- Die RIM-Komponente bietet doppelt so viel Kabelkapazität wie die alte Komponente – ein wichtiger Faktor angesichts des rapide zunehmenden Elektrikanteils in Automobilen.

- Die Komponente dichtet besser gegen Nässe ab als die alte. Sickerschäden – in der Vergangenheit oft Gegenstand von Kundenbeschwerden – sind für Händler teuer in der Reparatur; zudem könnten Kundenzufriedenheit und Markentreue darunter leiden.
- Die Komponente ist weniger anfällig für Bruchschäden.
- Sie vereinfacht den Fertigungsprozess des Kunden und ermöglicht mehr Designflexibilität, um Kundenwünsche zu den Fahrzeugeigenschaften zu berücksichtigen.
- Bestes Anzeichen für den Kundennutzen ist die Tatsache, dass GM gewillt ist, für die RIM einen Aufpreis zu bezahlen.
- Die RIM-Komponente wird die Gesamtkosten von Packard senken, da sowohl die anfänglichen Entwicklungskosten als auch die Anzahl der Konstruktionsänderungen und der Lagereinheiten sinken wird.

So klar diese Vorteile auch sein mögen, sie wären noch stärker, wenn sie durch Schätzungen über mögliche Einsparungen untermauert werden könnten. Ein finanzielles Argument ohne Zahlen ist nicht überzeugend. In der gesamten Fallstudie finden sich Hinweise auf Kosten, und es werden auch ein paar Zahlen angegeben, die zur Erstellung von Schätzungen genutzt werden können. Die Analysearbeit besteht nun darin, Zahlen herauszuziehen, der jeweils passenden Kategorie zuzuordnen und daraus Ersparnisse zu errechnen. Es scheint, als gäbe es vier Bereiche für Kosteneinsparungen:

Neugestaltung
Die alte Komponente SHK muss alle zwei bis drei Jahre neu entwickelt werden. Dafür fallen 30.000 Dollar an Entwicklungskosten an, mit der Umrüstung der Fertigungswerkzeuge sind das insgesamt 43.000 Dollar. Für die Entwicklung der RIM-Komponente fallen 5.000 Dollar Entwicklungskosten an, die sich mit der Umrüstung auf 12.000 Dollar erhöhen. RIM braucht weniger Durchläufe zur Neugestaltung; auch ist es dank seiner Flexibilität in unterschiedlichen Fahrzeugmodellen einsetzbar. Nehmen wir an, die RIM-Kabeldurchführung wird halb so oft umgestaltet wie die bisherige Komponente – also alle 6 Jahre –, dann liegen die Einsparungen bei 74.000 Dollar (43.000 Dollar x 2 – 12.000 Dollar).

Konstruktionsänderung
Dank ihrer Flexibilität wird die neue Komponente die Anzahl der Änderungsanweisungen um einen unbekannten Prozentsatz vermindern. Gegenwärtig ist dies ein gewaltiger Kostenfaktor: 24 Millionen Dollar pro Jahr

(50 Dollar pro Stunde x 500 Entwicklungsingenieure x 50 Prozent Zeit oder 960 Stunden pro Jahr). Werden hier nur 25 Prozent eingespart, entspricht dies pro Jahr einer Summe von 6 Millionen Dollar.

Lagereinheiten
Die Anzahl der Lagereinheiten wird von 45.000 zurückgehen. Nehmen wir als jährliche Lagerkosten pro Lagereinheit eine beliebig Hausnummer von 5 Dollar an, und nehmen wir weiter an, dass sich die Lagereinheiten um 50 Prozent verringern. Das entspricht einer jährlichen Einsparung von 112.000 Dollar.

Reparaturkosten für SHK versus RIM
SHK
- Die Fehlerrate für die SHK lag im mexikanischen Werk zum Jahresende (KW 52) bei 12 Prozent. Bei Produktionskosten von 4,40 Dollar und einer Stückzahl von 70.000 entspricht das einer Kostenhöhe von 36.960 Dollar.
- Die Fehlerrate in der Montage ist 1 Prozent in Woche 48 nach Fertigungsstart. Bei 2 Arbeitsstunden à 45 Dollar und einer Stückzahl von 70.000 liegt der Verlust bei 63.000 Euro.
- Laut den Unterlagen der Händler wurden 1989 250 Reparaturen an der SHK durchgeführt. Das entspricht 35.000 Dollar (4 Arbeitsstunden à 35 Dollar x 250.)
- Insgesamt ergeben sich damit Reparaturkosten für die SHK von 134.960 Dollar.

RIM
- Die Reparaturkosten für die RIM-Komponente liegen bei 180 Dollar. Die Komponente ist zuverlässiger. Wird die Fehlerrate gegenüber der SHK auf die Hälfte reduziert, liegen die Reparaturkosten bei 63.000 Dollar.
- Die Einsparungen an den Reparaturkosten erreichen demnach 71.960 Dollar.

Gesamt-Kostenersparnis durch RIM
- 6,296 Millionen jährlich.

Das Thema Konstruktionsänderungen zeigt sich als wahre Fundgrube für die RIM-Befürworter: Selbst wenn die Einsparungen hier weit geringer ausfallen sollten als geschätzt, werden sie doch eine stolze Höhe erreichen.

Weitere Belege

Wenn wir die Analyse auf andere Textabschnitte und Abbildungen ausdehnen, finden wir weitere Belege für unsere Hypothese. So steht beispielsweise im zweiten Abschnitt, »Hintergrundinformationen zu Packard Electric«, dass GM schon seit Langem Marktanteile an japanische Autohersteller verliert. Die innovative RIM-Komponente kann folglich für die Verbesserung der Wettbewerbsposition von GM eine kleine, aber wichtige Rolle spielen. Sie kann die Qualität der Karosserie verbessern (weniger Schäden durch Eindringen von Nässe, weniger Bruch) und erlaubt den Einbau von mehr Elektrik. Die Kombination aus besserer Qualität und mehr Funktionalität trägt dazu bei, die Wettbewerbsposition von GM in einem zunehmend globalen Markt zu stärken.

Noch wichtiger als die technischen und finanziellen Vorteile der RIM-Komponente könnte ihre Bedeutung für Emotionen und Einstellungen sein. General Electric, die Muttergesellschaft von Packard Electric, scheint unter Wettbewerbsdruck zu stehen – ein Anzeichen dafür sind die 11 Prozent Marktanteilsverlust in neun Jahren. Gleichzeitig weist Packard Electric gesunde Wachstumsraten auf. Ist PE vielleicht etwas zu selbstzufrieden, erkennt man dort womöglich nicht die Bedeutung von Innovation für den eigenen dauerhaften Erfolg und den der Konzernmutter? Auf jeden Fall hat man als Leser nicht gerade den Eindruck, dass das Thema als dringlich erachtet wird.

Ein Maßnahmenplan für die sofortige Einführung der RIM-Komponente würde den offenen Fragen der Fertigung mehr Dringlichkeit verleihen. Die Produktentwickler sollten der Fertigung helfen, den RIM-Prozess skalierbar und verlässlich zu machen und damit die beiden wichtigsten Fragen zu lösen. Schramm sollte selbst ein Beispiel geben, indem er sich einer funktionsübergreifenden Arbeitsgruppe anschließt, die für die Fertigung der RIM-Kabeldurchführung zuständig ist, und sämtliche betroffenen Produktentwickler sollten sich nach Kräften bemühen, mit dieser Arbeitsgruppe zusammenzuarbeiten.

Die potenziellen Einsparungen durch die RIM-Innovation rechtfertigen die Einstellung zusätzlicher Ingenieure. Packard Electric könnte sogar die Akquisition des kleinen Zulieferers in Betracht ziehen, der RIM-Anlagen herstellt, und dessen Mitarbeiter komplett auf den Prozess und dessen Betriebssicherheit fokussieren. Der Maßnahmenprogramm müsste einen Zeitplan mit

Meilensteinen enthalten. Angesichts der Umstände sollte die Arbeitsgruppe die größten Risiken identifizieren und einen Notfallplan für deren Bewältigung erarbeiten. Die Einsparungen würden auch die Zurückstellung entsprechender Budgetreserven rechtfertigen.

Und schließlich ist es gar keine Frage, dass Packard Electric – unabhängig von der Entscheidung zur RIM-Kabeldurchführung – etwas an seiner Produktentwicklung tun muss, insbesondere an der allzu lässigen, ja gleichgültigen Einstellung zum Thema Innovation. Ein wichtiger Teil des Maßnahmenplans sollte darin bestehen, eine neue Struktur für die Produktentwicklung zu erarbeiten und ein unternehmensweites Programm zu initiieren, in dem den Mitarbeitern über die Bedeutung von Innovation überzeugend vermittelt wird.

5. Alternativen und offene Fragen

Kundennutzen wie auch Kostenerwägungen sprechen deutlich für die erste Entscheidungsoption. Ist sie also die richtige Antwort zu diesem Fall? Streng genommen geht es bei der Entscheidung hier nicht darum, ob man sich auf die RIM-Geschichte festlegen sollte (obgleich Schramm ja befürchtet, dass sie völlig in Vergessenheit geraten könnte, wenn sie nicht 1992 aktiv verfolgt wird). Es geht eher darum, *wann* die RIM-Komponente eingeführt werden sollte. Und das ist immer noch eine strittige Frage, zu der man aus unterschiedlicher Sicht argumentieren kann.

In diesem Fallbeispiel gibt es aus Fertigungssicht ein Problem mit der sofortigen Umstellung auf RIM: Der neue Fertigungsprozess ist noch nicht skalierbar, und es gibt ernsthafte Fragen zur Zuverlässigkeit der Prozesssicherheit. Die Fertigung bei Packard Electric hat damit keine Erfahrung, und die Fertigungswerkzeuge müssen ausgetauscht werden. Nur ein Zulieferer stellt die benötigte Anlage her, aber der ist so klein, dass er vermutlich bei den genannten Prozessproblemen wenig helfen kann.

Zwar wird im Text suggeriert, dass diese Probleme nicht unüberwindbar sind, aber andererseits spricht auch wenig dafür, dass sie rechtzeitig für das kommende Modelljahr gelöst werden können. Angesichts des unterkühlten Verhältnisses zwischen Produktentwicklung und Fertigung ist es gut möglich, dass die Zusammenarbeit hier kaum vorankommt. Die Fertigung hat gute Gründe, mit der Situation unzufrieden zu sein: Sie hat dem Kunden nichts versprochen, muss aber den Kopf dafür herhalten, dass die Versprechen der Produktentwickler eingelöst werden. Und schließlich könnten Stillstände und Störungen bei der RIM-Produktion für GM ernsthafte Schwierigkeiten nach sich ziehen, die sich das Unternehmen nicht leisten kann. Die mittlere Option mit den beiden parallelen Fertigungsprozessen dürfte immer noch sicherer sein als die komplette Umstellung auf RIM im kommenden Modelljahr. Die sicherste Option aber wird wohl sein, noch ein weiteres Jahr bei der bisherigen Kabeldurchführung zu bleiben. Befürworter dieser Option könnten zu Recht fragen, ob eine einjährige Verzögerung wirklich ein so gravierendes Problem ist, verglichen mit den Risiken einer sofortigen Umstellung.

Im Fallbeispiel »Allentown«, ebenfalls im letzten Kapitel zu finden, liegt eine Problemursache zweifellos in der Führungsschwäche der Hauptperson. Man kann aber trefflich darüber streiten, inwieweit sie zu dem Problem beiträgt und wie weit andere Faktoren schuld sind – etwa die Topmanager in der Zentrale und die plötzlichen Veränderungen im Wettbewerbsumfeld. Glauben Sie nicht, dass Sie, nur wie Sie aus den Fakten eines Falls die entsprechenden Schlussfolgerungen gezogen haben – und sei sie auch so stark wie die Argumente für die RIM-Komponente – damit schon alles gelöst und geklärt haben. Jede Fallstudie enthält ein gewisses Maß an Unsicherheit, und man kann jede unterschiedlich betrachten und unterschiedlich handhaben.

Kapitel 7

Bewertungssituationen

Explizite und implizite Bewertungen

Bewertungen sind Urteile über den Wert, den Nutzen oder die Effektivität einer Leistung, einer Handlung oder eines Resultats irgendwelcher Art. In einer Fallstudie kann explizit erwähnt sein, was bewertet werden soll. So handelt der Fall »Rob Parson at Morgan Stanely (A)« von der schwierigen Situation, in der Paul Nasr steckt, weil er Parson bewerten soll – einen Top-Leistungsträger, der nichtsdestotrotz »mit die schlechtesten« Bewertungen von Kollegen, Untergebenen und Vorgesetzten erhalten hat, die Nasr je untergekommen sind.[12] Die verlangte Bewertung kann aber auch nur implizit erwähnt sein, wie etwa in der Fallstudie »Empresas ICA und das mexikanische Straßenprivatisierungsprogramm«: Die Mitglieder der ICA-Firmenleitung sind ganz aus dem Häuschen angesichts des vermeintlichen Geschäftspotenzials von Straßenkonzessionen und glauben, der Erfolg ihres Unternehmens sei nun auf Jahre hinaus gesichert.[13] Der Fall wirft implizit eine Frage auf: Ist der Bau und Betrieb privater Mautstraßen wirklich ein derart sicheres Geschäft? Der Leser muss also bewerten, wie gut dieses Geschäft heute läuft und wie gut es in Zukunft laufen wird, ausgehend von dem vorhandenen Faktenmaterial.

Eine Bewertung ist keine Zusammenfassung von Für und Wider, Stärken und Schwächen. Um schlüssig zu sein, braucht eine Bewertung ein klares und prägnantes Fazit:

- Die Strategie des Unternehmens war so lange erfolgreich, bis neue Marktteilnehmer die gleichen Leistungen zu besseren Preisen bieten konnten.
- Trotz einiger Misserfolge und Fehlstarts hat Carrie Liu seit ihrer Beförderung ihre Führungsaufgabe hervorragend gemeistert.
- Unter Abwägung aller Vor- und Nachteile war die Entscheidung des Finanzministers die beste aller denkbaren Alternativen, wenngleich sie erhebliche Risiken mit sich bringt.

Elemente einer bewertenden Analyse

Bewertung ist Pro und Contra

Wie jede Schlussfolgerung über eine Fallstudie müssen auch bewertende Aussagen durch eine Analyse gestützt sein. Diese muss sowohl Pro- als auch Contra-Elemente beinhalten – eine Bedingung, die wohl für jede bewertende Fallstudie und Analyse gilt. Auch im wirklichen Leben gibt es nur selten perfekte Leistung und einwandfreies Verhalten; zuweilen sind sogar die negativen Seiten einer Bewertung die aussagekräftigeren. Bestes Beispiel ist die Leistungsbeurteilung für eine Person. Würden Sie beispielsweise im Fall »Rob Parson at Morgan Standley (A)« zu einem positiven Gesamturteil kommen, müssten Sie die schlechten Bewertungen, die er erhalten hat, mit aufnehmen und kommentieren. Fiele Ihr Urteil aber negativ aus, müssten Sie seine Stärken erwähnen. Ein Grund dafür, warum in einer Leistungsbewertung auch die Schwächen genannt werden, ist: Man gibt damit der betreffenden Person, Arbeitsgruppe oder Organisation eine Hilfe zur Leistungsverbesserung an die Hand.

Eine Bewertung enthält sechs Elemente:

- Kriterien
- Bewertungsbegriffe
- Bewertende Analyse
- Gesamturteil
- Einschränkungen
- Maßnahmen.

Kriterien

Eindeutige und angemessene Kriterien sind wichtig und haben wie bei der Entscheidungsanalyse großen Einfluss auf das Ergebnis.

Alles, was in Kapitel 6 über Entscheidungskriterien gesagt wurde, gilt ebenso für Bewertungskriterien. Sie sollten also

- relevant für die Leistung und Situation sein
- auf die Anzahl beschränkt werden, die man für ein überzeugendes Ergebnis braucht
- bei Anwendung auf die Fallstudie brauchbare Ergebnisse bringen.

Kriterien finden

Quellen für mögliche Kriterien sind zum einen die Situationsbeschreibung in der Fallstudie, zum anderen fachspezifische Methoden. Interessanterweise gibt es zur Beurteilung verschiedener Arten von Leistung im Wirtschaftsleben zahlreiche Studien und Untersuchungen. Hat man beispielsweise Kriterien für die Bewertung eines Unternehmens(teils) oder Geschäfts auszuwählen, wird man auf eine Reihe einschlägiger Theorien oder Konzepte zurückgreifen können. Das größere Problem wird häufig sein, unter den Möglichkeiten auszuwählen, als welche zu finden. Beim Hochschulstudium wird Ihnen die Qual der Wahl womöglich durch entsprechende Vorgaben erspart. Aufgrund der geforderten Relevanz für die Fallsituation werden einige Konzepte ganz oder teilweise auszuschließen sein. Machen Sie aber dann nicht den Fehler, so viele wie möglich anzuwenden – frei nach dem Motto »mehr bringt mehr« –, sondern denken Sie daran, dass zu viele Kriterien leicht die Stringenz der Analyse beeinträchtigen. Als Faustregel sollten sie nur so viele Kriterien anwenden, wie Sie zur Erfassung der wichtigen Fragestellungen benötigen.

Quantitative Kriterien

Quantitativ messbare Kriterien sind ein guter Ausgangspunkt für die Bewertung. Mit ihrer Hilfe können Sie sich eine hilfreiche erste Meinung zur Situation bilden, sodass Sie eine solide Basis für die weitere Arbeit haben. So könnte man die Arbeit am Fallbeispiel »Empresas ICA und das mexikanische Straßenprivatisierungsprogramm« damit beginnen, dass man die Wirtschaftlichkeit des Geschäfts mit Straßenkonzessionen analysiert.

Bewertungsbegriffe

Bewertungen ausdrücken

Eine Bewertung sollte in geeigneten Begriffen ausgedrückt werden. Leistungsbeurteilungen nutzen oft ein Punktesystem, um das Abschneiden einer Person zu bewerten, aber bei Fallstudien werden Sie wohl eher Begriffe wie »gut«, »schlecht«, »effektiv« oder »ineffektiv« verwenden. Häufig werden Sie zusätzliche Begriffe brauchen, die zwischen die beiden Extreme fallen; beispielsweise, wenn ein Element der Marketingstrategie eines Unternehmens sowohl positive als auch negative Aspekte hat. Vielleicht brauchen Sie auch einen Ausdruck, mit dem Sie weniger eindeutige Aspekte der betreffenden Leistung oder Handlung beschreiben können. Nicht immer kann man alles positiv, negativ oder irgendwo dazwischen einstufen. So kann ein Manager Maßnahmen ergreifen, die weder als effektive noch als ineffektive Führung zu interpretieren sind, etwa weil die Resultate noch ausstehen.

Bewertende Analyse

Nach Kriterien ordnen

Bewertungen werden anhand von Kriterien eingeordnet, wie beispielsweise »wirtschaftliche Konsequenzen« oder »Auswirkung auf Zusammenarbeit«. Die Diskussion jedes Kriteriums wird nach den verwandten Begriffen unterteilt, wie etwa »Vorteile« oder »Nachteile«. Die Analyse arbeitet die Kriterien ab und sammelt Belege für die positiven und negativen Ausprägungen jedes Kriteriums. Eine einseitige Analyse – eine, die jeden Faktor auslässt, der gegen das übergreifende Urteil spricht – erfüllt nicht ihre Aufgabe. Und die Gesamtbewertung hängt nicht etwa von der *Quantität* positiver beziehungsweise negativer Belege ab, sondern von der relativen *Bedeutung* der Kriterien und Belege.

Gesamturteil

Fazit für Umsetzung

Eine Bewertung ohne Gesamt- oder übergreifendes Urteil ist wie eine Entscheidungsanalyse ohne Empfehlung. Eine bewertende Analyse führt ebenso wie Entscheidungs- und Problemanalysen zu einem Fazit, einer übergreifenden These. Andernfalls wäre sie nichts anderes als eine Sammlung von Aussagen zum fraglichen Thema. In Fallbeispielen wie auch im richtigen Leben sind solche Gesamturteile wichtig, da erst sie die Bewertung umsetzbar machen. So könnte eine Bewertung von Rob Parson aufzeigen, wie er seinen Erfolg innerhalb der Firma und damit seinen Nutzen für die Firma verbessern kann (und, nicht weniger wichtig, wie er den Stress für sich und andere reduzieren kann, der aus dem Wirbel um seine Person resultiert). Der Optimismus der ICA-Firmenleitung über Straßenkonzessionen mag nachvollziehbar sein, doch könnte eine sachgerechte Bewertung mögliche Schwachstellen aufzeigen, derer sich das Management bewusst und auf die es gefasst sein sollte.

Einschränkungen

Einflussfaktoren für Bewertung

Hier handelt es sich um Faktoren, die an sich nicht Teil der Bewertung sind, diese aber stark beeinflussen. Das könnte zum Beispiel eine Bedingung sein, welche erfüllt werden muss, damit die übergreifende Bewertung gilt. Nehmen wir etwa an, ein Marketingprogramm wird insgesamt als effektiv bewertet – dann könnte die Einschränkung hier lauten: »Sofern das Unternehmen bereit ist, dafür eine eigene Vertriebseinheit abzustellen, ist das Programm zu empfehlen.« Oder ein geplanter politischer Regierungskurs könnte mit folgender Einschränkung gutgeheißen werden: »Der Erfolg dieser Maßnahmen setzt eine straffe Inflationskontrolle voraus.«

Maßnahmen

Im wirklichen Leben wie auch in Fallbeispielen können sich aus einer Bewertung wichtige Maßnahmen ergeben: Eine Führungskraft wird befördert oder eben nicht; ein Unternehmen ändert seine Strategie oder behält sie bei; die Führung eines Landes kann guten Gewissens die Umsetzung einer Entscheidung anstoßen, oder sie kann sie umgehend rückgängig machen.

Beide Seiten beachten

Alles berücksichtigen

Eine Bewertung anhand von Fakten setzt Gründlichkeit voraus: Das zu bewertende Objekt muss sorgfältig an den gewählten Kriterien gemessen werden, und es muss klar werden, wo es die Anforderungen erfüllt und wo nicht. Bewertungen unterscheiden sich auch sehr stark von anderen Analysearten: Bei der Problemdiagnose geht es darum, die Hauptursachen eines Problems zu finden und nachzuweisen; man wird – und sollte – sich aber nicht darüber auslassen, warum eine Ursache *nicht* zu dieser Wirkung führt. Und bei der Entscheidungsanalyse ist das Ziel, die beste Option zu finden und zu belegen; dabei erwähnt man auch die wichtigsten Gegenargumente zur ausgesprochenen Empfehlung und geht darauf ein. Bei Bewertungen aber muss alles erfasst werden, was für die bewertete Leistung oder Handlung oder das erzielte Ergebnis relevant ist – sei es gut, schlecht, irgendwo dazwischen oder (noch) unklar.

Die bewertende Analyse von Fallstudien fördert zwei Denkweisen, welche für MBA-Studenten außerordentlich wichtig sind:

- Sie zwingt zu analytischer Ehrlichkeit, denn man muss eine weit komplexere Überzeugungsleistung erbringen, als nur einen einzigen Standpunkt uneingeschränkt (oder zumindest fast uneingeschränkt) zu vertreten.
- Sie zwingt außerdem dazu, sich auch mit den Belegen auseinanderzusetzen, die *gegen* das eigene Urteil sprechen.

Widerstände und Widerstand

Die Fallstudie »Allentown Materials Corporation: Die Electronic Products Division (gekürzte Fassung)« – siehe Abdruck im letzten Teil des Buches – handelt von einem Unternehmensbereich, der in Schwierigkeiten steckt, und gibt die Sicht des Bereichsleiters Don Rogers wieder. In Kapitel 5 wird anhand dieses Falls eine Problemsituation erläutert. Wenn Sie die Fallstudie noch nicht gelesen haben, sollten Sie das jetzt tun, denn zum Verständnis der folgenden Diskussion sollten Sie damit vertraut sein.

1. Ausgangslage

Viele Informationen sind bewertend

»Allentown« ist ein Beispiel für eine Problemsituation. Rogers, die Hauptperson, beschreibt die zahlreichen Widrigkeiten, denen er sich bei der Leitung des Bereichs gegenübersieht. In einem Großteil der Fallstudie geht es darum, was Rogers in den zwei Jahren seit seiner Beförderung zum Leiter der EPD getan (und nicht getan) hat. Da die Geschichte viele Informationen über Rogers Leistung enthält, können wir sie auch als Bewertung betrachten: Wie gut ist Don Rogers als Manager? Fallstudien über Leistungen, vergangene Handlungen und deren Resultate können bewertend sein, wenn eine Frage nach dieser Art von Analyse verlangt.

2. Fragen

Klarheit der Bewertung

Für die Bewertung von Rogers' Führungsleistung können wir einfache Begriffe wählen. Mein Vorschlag ist »effektiv«, »ineffektiv«, »ungewiss« und »zweideutig«. Einfache Begriffe, und davon möglichst wenige, verleihen einer Bewertung Klarheit.

Beizug von Managementkonzepten

Ich sagte bereits an früherer Stelle, dass für Bewertungen im Unternehmenskontext viele Theorien und Konzepte zur Verfügung stehen. Wohl wenige Facetten des Geschäftslebens sind so gründlich untersucht worden wie das Phänomen Führung. Anstatt also hier eine neue Führungstheorie aufzustellen, werde ich einfach ein paar naheliegende Führungsanforderungen nennen und ein Element aus einem bekannten Konzept zu Hilfe nehmen.

Der Leiter eines Unternehmens oder Unternehmensbereichs muss für dessen wirtschaftliches Ergebnis geradestehen, und wir finden dazu in der Fallstudie einige Informationen. Allerdings kommen Finanzergebnisse als Kriterium nicht infrage, da sie neben der Führung von vielen anderen Faktoren beeinflusst sind. Brauchbar sind sie jedoch als partielle und indirekte Belege für die Qualität der Führung.

Eine Führungsperson braucht besondere Fähigkeiten:

Sie sollte kommunizieren und motivieren können, sie sollte ihr unternehmerisches Wissen, ihre technischen Kenntnisse und ihr Umweltbewusstsein in Entscheidungen übersetzen, welche die Wettbewerbsfähigkeit des Unternehmens stärken. Unternehmen und Organisationen stoßen immer wieder auf Hindernisse, und ihre Führer müssen in der Lage sein, sie zu erkennen und Mitarbeiter und Ressourcen so zu mobilisieren, dass diese Hindernisse überwunden oder umgangen werden können. Zusätzlich erfahren wir auf der ersten Seite des Fallbeispiels, dass die EPD offenbar eine Veränderung braucht. Um zu beurteilen, wie gut Rogers diesen Wandel anführt, ist das Konzept von John Kotter sehr gut geeignet. Es umfasst acht Schritte:

1. Die Dringlichkeit des Wandels bewusst machen
2. Eine starke Koalition für den Wandel bilden
3. Eine Vision entwickeln
4. Diese Vision kommunizieren
5. Anderen die Mittel und Möglichkeiten geben, diese Vision umzusetzen
6. Schnelle (Teil-)Erfolge einplanen und sicherstellen
7. Verbesserungen zusammenfassen und die Änderungsdynamik erhalten
8. Neue Vorgehensweisen fest verankern.[14]

Wir werden diese Schritte hier unter dem Begriff »Fähigkeiten zum Wandel« zusammenfassen und nur auf diejenigen zurückgreifen, die jeweils in den Kontext passen.

Zusätzlich sollten wir schauen, ob unsere Bewertung irgendwelche Einschränkungen enthalten muss – nicht nur, um der Wahrheit Genüge zu tun, sondern auch, damit die aus der Bewertung resultierenden Maßnahmen ihren Zweck erfüllen. Es hätte wenig Sinn, die Leistungen eines Managers in einem Bereich verbessern zu wollen, für den er gar nicht verantwortlich ist. Stellen wir uns beispielsweise vor, einige Mitarbeiter würden für Unruhe sorgen und er könnte sie nicht in den Griff bekommen. Nehmen wir weiter an, diese Mitarbeiter hätten bei seinen Vorgesetzten eine Sonderstellung und würden alle seine Schlichtungsversuche ignorieren. Wenn wir nun die Einmischung der Vorgesetzten außer Acht lassen, führt das zu einem verzerrten Bewertungsergebnis, und es könnten Maßnahmen herauskommen, die an der Situation nichts ändern oder sie sogar verschlimmern.

Wir beginnen also mit drei Kriterien zur Beurteilung von Rogers, die wir als Fragen formulieren:

- Wie gut sind seine Führungsfähigkeiten?
- Wie gut überwindet er Hindernisse?
- Beherrscht er die Fähigkeiten zum Wandel?

Darüber hinaus werden wir bei dieser Analyse Einschränkungen zulassen.

3. Hypothese

Kriterien sind analytischer Filter

Jedes Einzelne der Bewertungskriterien ist eine Art analytischer Filter der Ausgangssituation. Wenn wir die Fakten des Fallbeispiels aus dem Blickwinkel der relevanten Leistungsstandards betrachten, sollten wir die entsprechenden Informationen leicht finden.

Die Leistung des Unternehmensbereichs ist nicht gut. Der Umsatz ist in den zwei Jahren unter Rogers' Leitung um 10 Prozent zurückgegangen, das Betriebsergebnis sogar um 160 Prozent. Hinter diesen Zahlen steht eine Reihe von Faktoren: Der Wettbewerb im Markt ist in jüngster Zeit intensiver geworden; Rogers' Vorgänger Joe Bennett hatte eine Quasi-Monopolstellung errungen und gehalten und sich offenbar kaum mit den Entwicklungen im Wettbewerbsumfeld befassen müssen. Ein Hauptauslöser dieser Veränderungen, das Ende des Kalten Krieges, überraschte selbst die Experten, ebenso wie das rapide Wachstum des PC-Marktes. Wir haben keine Hinweise darauf, dass die Firmenleitung die Veränderungen im Markt vorhersah und Rogers darauf vorbereitete. Wenn also Rogers' Führung ein Grund für die Verschlechterung der Finanzergebnisse ist, dann sicherlich nicht der einzige. Dennoch: Die Finanzzahlen, verbunden mit den Problemen, die am Anfang des Fallbeispiels beschrieben werden, lassen die Hypothese zu, dass Rogers' Führungsleistung nicht besonders gut war.

4. Beweis

Material zu den Kriterien sammeln

In dieser Phase besteht unsere Aufgabe darin, durch die Fallstudie hindurchzugehen und dabei Material zu jedem der Kriterien zu sammeln. Ausgehend von unserer Hypothese erwarten wir, eher negative Belege zu finden.

Führungsqualitäten. Rogers hat hier durchaus Stärken. Er hat ein ansprechendes Wesen und erweckt Sympathie und Vertrauen. Er ist klug, sein geschäftsspezifisches Wissen ist umfassend und fundiert, und er ist gut in der verbalen Kommunikation. Er ist zuvorkommend, was die Weitergabe von Informationen angeht und bewirkt bei den Menschen in seiner Umgebung das Gleiche. Diese Kombination aus Wissen, Fähigkeiten und Charakterzügen sollte eine solide Grundlage abgeben, um mit anderen zusammenzuarbeiten, einen freien Informationsfluss zu fördern und technisch fundierte Entscheidungen zu fällen.

Auf der anderen Seite stoßen wir aber auch auf ernsthafte Schwächen. Rogers hört bei Besprechungen nicht zu, und das könnte ein Hinweis darauf sein, wie er gegenüber dem Bereich insgesamt eingestellt ist: Er hat kein echtes Interesse daran. Wenn er jetzt, nach zwei Jahren, gerade erst merkt, dass es da ernsthafte Auseinandersetzungen gibt, dann muss er zuvor mit Scheuklappen herumgelaufen sein. Aus der Beschreibung der Produktentwicklungs-Sitzungen wissen wir, dass Rogers heftige Auseinandersetzungen zwischen wichtigen Funktionen miterlebte und einen erschreckenden Mangel an Verantwortungsgefühl zeigte. Außerdem gibt es Hinweise darauf, dass sich Rogers nur ungern mit tatsächlichen oder potenziellen Konflikten auseinandersetzt.[15] Das ist eine klare Führungsschwäche. Rogers wird nachgesagt, dass er Führungsthemen intellektuell gut erfasst, er verfügt aber nur über begrenzte Managementerfahrung. Ein Beispiel dafür ist, dass er überhaupt nicht zu merken scheint, wie schlecht sein Führungsstil und der seines Vorgängers zusammenpassen. Unter Bennett wurden Führungskräfte und Mitarbeiter so konditioniert, dass sie ihm sämtliche Entscheidungen überließen, und es ist anzunehmen, dass er ihnen Verantwortung aufzwang. Rogers aber soll die Kultur des Gesamtunternehmens – informell, unhierarchisch und kollegial – in den Bereich bringen, doch er scheint nichts in der Richtung zu unternehmen, obwohl die beiden Kulturen extrem gegensätzlich sind.

Kurz: Rogers zeigt in dieser Kategorie zwar einige Stärken, doch insgesamt sind seine Führungsqualitäten eher schwach.

Überwindung von Hindernissen. Voraussetzung für die Bewältigung von Hindernissen ist, dass man sie wahrnimmt. Rogers hat einige sinnvolle

Schritte unternommen, um Service und Liefertreue des Bereichs zu verbessern. Seine Überprüfung der Funktionsbereiche zeigt, dass er Faktenmaterial zur Verfügung hat, doch ist er seltsamerweise nicht in der Lage, sich einen Reim darauf zu machen.

Konflikte erkennen

Zwei große Hindernisse sind der Konflikt zwischen den wichtigsten Funktionen sowie die fehlende Verantwortung. Der Konflikt resultiert zum Teil aus der unterschiedlichen Ausrichtung: Die Ziele und Anreize der Funktionen sind vielfach nicht kompatibel, und die Mitarbeiter verfügen über äußerst unterschiedliche Erfahrungshorizonte. Hinzu kommt – und das ist ein zentraler Punkt –, dass sich niemand für die Lösung von Problemen zuständig fühlt: Immer ist es das Problem der anderen.

Fehler identifizieren

Rogers hat seine eigenen Fehler gemacht und damit unabsichtlich das Konfliktpotenzial noch vergrößert. Für Marketing und Vertrieb wäre es von Vorteil, wenn sie am gleichen Standort untergebracht wären, sodass sie voneinander lernen und direkt zusammenarbeiten könnten, doch Rogers hat beide getrennt und das Marketing in die Zentrale verlagert. Aus der Entfernung ist es viel leichter, selbstgerecht Kritik an anderen zu üben. Rogers hat sein Büro nach Allentown verlagert, anstatt in unmittelbarer Nähe der Leute zu bleiben, die er führen sollte. Auch trennte er die Produktentwicklung von ihrem Leiter, und das ist für die Bemühungen dieser Gruppe sicherlich nicht gerade förderlich. Und schließlich hat Rogers das Organisationsentwicklungsprogramm, das von Bennett angestoßen wurde, abgebrochen – und zwar genau zu dem Zeitpunkt, als es für den Bereich besonders hilfreich gewesen wäre. Die fadenscheinige Begründung dafür lässt auf ein heimliches Motiv schließen, das oft hinter falschen Managemententscheidungen steckt: Wenn ein Projekt vom Vorgänger angefangen wurde, muss etwas damit verkehrt sein.

Grundproblem erfassen

Insgesamt also ist festzuhalten, dass Rogers erschreckend unfähig ist, Hindernisse zu überwinden.

Fähigkeiten zum Wandel. Die EPD ist von zwei unterschiedlichen, aber vergleichbar gravierenden Veränderungen betroffen: in der Führung und im Wettbewerbsumfeld. Vom plötzlichen Verlust des früheren Bereichsleiters Bennett müsste man sich inzwischen erholt haben, aber die Umstellung umfasst viel mehr als das Verwinden des Verlustes: Auf einen autokratischen Führer folgte einer, der offenbar mehr auf Mitsprache setzt, doch haben die Mitarbeiter in dieser Hinsicht noch kein einziges klares Wort vernommen, und so machen sie weiter wie bisher – nur, dass es keine dominierende Figur mehr gibt, die Entscheidungen fällt und Konflikte unterdrückt. Der neue

Leiter scheint nicht gewillt, für sie zu entscheiden, und sie sind nicht gewillt, das Risiko auf sich zu nehmen. Hinzu kommt die prekäre Finanzlage – der Veränderungsbedarf liegt auf der Hand.

Bestätigung der bisherigen Erkenntnisse

Rogers Fähigkeit, Veränderungen voranzutreiben, sind daher für unsere Bewertung von zentraler Bedeutung. Umfassender Wandel braucht Motivation, und die ist zumindest teilweise zu erreichen, indem man die Dringlichkeit der Sache ins Bewusstsein ruft. Um der Motivation eine Richtung zu geben, braucht man eine Vision. Im Fallbeispiel aber weist nichts darauf hin, dass Rogers versucht hätte, seine Mitarbeiter und Führungskräfte mit ihrer misslichen Lage zu konfrontieren. Und was die Schaffung und Vermittlung einer Vision anbelangt, so scheinen die wichtigen Funktionsbereiche in der zweiten Hälfte der Geschichte alle unterschiedliche Ziele zu verfolgen, und in den Produktentwicklungs-Sitzungen prallen diese unterschiedlichen Sichtweisen aufeinander. Rogers brauchte Verbündete, als er diese Position angetreten hat. Nachdem er fast alle Führungskräfte ausgewechselt hat, hätte er nun die Kandidaten für eine mögliche Koalition des Wandels zusammen, ergänzt um einige wichtige Leute, die schon unter Bennett gearbeitet haben. Soweit wir jedoch der Fallstudie entnehmen können, scheint er eher ein Einzelgänger zu sein; zudem ist er häufig in unternehmensübergreifenden Angelegenheiten unterwegs, und das geht ihm von der Zeit ab, in der er sich Verbündete in seinem Bereich suchen könnte.

Auch in diesem Kriterium schneidet Rogers also schlecht ab.

5. Einschränkungen

Schlussfolgerung

Keine Führungsperson hat alle Einflussfaktoren der Unternehmensleistung unter Kontrolle. Das Faktenmaterial des Falls lässt darauf schließen, dass Rogers aus den falschen Gründen befördert wurde – nämlich wegen seiner Intelligenz und seiner technischen Kenntnisse, und nicht wegen seiner Führungsqualitäten. Die Firmenleitung beförderte ihn auf einen Posten, für den er nicht vorbereitet war, und trägt daher einen Teil der Verantwortung für seine schwache Leistung. Zur besseren Vorbereitung hätte die Zentrale dafür sorgen müssen, dass Rogers eine gewisse Einarbeitung erhält – idealerweise eine passende Schulung vor dem Wechsel in die neue Position, und nach dem Wechsel ein Coaching beziehungsweise Betreuung durch einen Mentor. Es kann nicht im Interesse eines Unternehmens sein, die Topführungskräfte einfach ins kalte Wasser zu werfen, und doch hat man mit Rogers genau dieses gemacht.

Verwunderlich ist auch, dass Rogers auf die Veränderungen im geschäftlichen Umfeld nicht besser eingestellt war; schließlich hatte die Unternehmensleitung alle Möglichkeiten, Branchentrends und finanzielle Kennzahlen zu verfolgen. Sie verlangt jeden Monat einen formalen Finanzbericht von jedem EDP-Werk; dennoch bestand sie auf anspruchsvollen Ergebniszielen, die der Bereich in seiner gegenwärtigen Lage gar nicht erfüllen kann. Die EDP hat der Muttergesellschaft all die Jahre verlässliche Ergebnisbeiträge geliefert, und die plötzliche Verschlechterung des Betriebsergebnisses hätte in der Zentrale die Alarmglocken schrillen lassen müssen. Insofern ist nicht nachvollziehbar, warum man in der Zentrale die räumliche Trennung zwischen Rogers und seinem Stab einerseits und den operativen Einheiten andererseits so stark gefördert hat.

Die Entfremdung zwischen dem Gesamtunternehmen und dem Bereich ist deutlich zu spüren. Das könnte entweder bedeuten, dass die Manager der Zentrale ebenfalls schlecht sind oder dass sie von anderen Problemen abgelenkt werden. Was auch immer der Grund sein mag – das mangelnde Verständnis von Seiten der Muttergesellschaft und deren Verhaltensweise gegenüber der EDP haben ganz eindeutig – wenn auch nicht auf den ersten Blick erkennbar – zu Rogers schwachem Abschneiden beigetragen.

Auf Abbildung 7-1 sehen wir Rogers' »Zeugnis«:

Abbildung 7-1

Bewertung von Rogers' Führungsleistung

Kriterien	Bewertung
Führungsqualitäten	schlecht
Überwindung von Hindernissen	sehr schlecht
Fähigkeiten zum Wandel	schlecht
Einschränkungen	Externe Faktoren trugen zur schwachen Leistung bei

Übergreifende Beurteilung

Wir schließen mit folgender übergreifender Beurteilung von Rogers' Leistung: Er ist ein schlechter Manager, wobei seine Leistung jedoch von einigen starken Faktoren außerhalb seiner Kontrolle beeinflusst war.

6. Maßnahmen

Schwachpunkte adressieren

Rogers selbst sagt auf der ersten Seite der Fallstudie, dass er etwas tun muss. Auf der letzten Seite wird diese Aussage wiederholt, und wir erfahren, dass er zur Besprechung der Problemfelder mit seinem Führungsteam zusammentreffen will. Diese Besprechung ist eine hervorragende Gelegenheit, um den Veränderungsprozess anzustoßen. Ein Maßnahmenplan wird die Schwachpunkte adressieren, die sich bei der Bewertung herauskristallisierten, und Rogers' erster Schritt könnte darin bestehen, diese Sitzung als Forum zu nutzen, um die wichtigsten Probleme anzusprechen, die Dringlichkeit des Wandels zu vermitteln und seine Führungskräfte um Mitarbeit bei der Lösungsfindung zu bitten. Wichtig wird sein, dass er der Gruppe zeigt, dass er genau zuhört – und sie nicht nur reden lässt, um anschließend seine eigenen Lösungen zu präsentieren. Eingedenk der acht Schritte von Kotter ist das Führungsteam der ideale Ansatzpunkt, um mit dem Aufbau einer Koalition des Wandels zu beginnen und eine Vision zu prägen, die die neuen Gegebenheiten bei der EPD widerspiegelt.

Alle Bewertungskategorien berücksichtigen

Auf längere Sicht muss sich Rogers viel klarer über die wichtigsten Hindernisse werden, deren Überwindung einige Zeit brauchen wird. Die Kultur einer Organisation lässt sich nicht von heute auf morgen verändern, doch sollte dieser Veränderung auf der Liste langfristiger Maßnahmen ganz oben stehen. Das Gleiche gilt für die durchgängige Ausrichtung der Anreizsysteme, sodass alle in der Organisation an einem Strang ziehen. Jede Bewertungskategorie wirft eigene Fragen auf, die im Maßnahmenplan adressiert werden müssen. Einzige Ausnahme sind die Finanzergebnisse, denn sie werden durch die Maßnahmen indirekt beeinflusst.

Alternativen und offene Fragen

Die Fallstudie »Allentown« kann man als die Geschichte von jemandem betrachten, der am falschen Platz ist und an den Umständen scheitert. Rogers kann auch als typisches Beispiel für das Peter-Prinzip gelten, nach dem jeder so lange befördert wird, bis er die Ebene seiner Inkompetenz erreicht hat – eine ironische Umschreibung, die meint, dass man eine Ebene oberhalb seiner eigentlichen Fähigkeiten landet.

Kontext einbeziehen

Und doch lässt sich dieses Bild des persönlichen Versagens unter vielen verschiedenen Aspekten diskutieren. Wie viel Verantwortung trägt die Zentrale dafür, dass sie jemanden befördert, der die erfolgskritischen Fähigkeiten und Kenntnisse nicht mitbringt? Musste der Firmenleitung nicht klar sein, dass es für die von Bennett (mit ihrem stillschweigenden Einverständnis) geprägte Organisation sehr schwer sein würde, den Wechsel zu einer neuen, stärker an der Gesamtunternehmenskultur orientierten Leitung zu bewältigen? Die Führungskräfte, die Rogers hereinholte, scheinen die organisatorischen Probleme in ihren Einheiten auch nicht anzugehen. Offenbar hat niemand Rogers über seine Sorgen und Frustrationen informiert. Glen Johnson, der Vorsitzende der stets turbulenten Produktentwicklungs-Besprechungen, empfindet sie als derartige Belastung, dass er es schon bereut, die Stellung bei der EPD angenommen zu haben. Er spricht aber mit Rogers nicht über seine Sorgen. Rogers erhält von seinen Führungskräften keine nützlichen Informationen, die ihm helfen könnten, seinen Eindruck von den Leuten und ihren Handlungsweisen zu revidieren und seine eigenen Beobachtungen in einem anderen Kontext zu sehen.

Viele der handelnden Personen – nicht nur ein paar – scheinen sehr wenig Verantwortungsgefühl zu besitzen. Hat Bennett nur Leute eingestellt, von denen er glaubte, dass sie seinen Anweisungen folgen würden? Hat er sich je Gedanken darüber gemacht, ob sie überhaupt Verantwortungsbewusstsein besaßen, bevor er ihnen die Verantwortung durch Einschüchterung und seine starke Persönlichkeit aufzwang? Könnte es ein, dass der Bereich überwiegend mit Personen besetzt ist, die zu lange in einer autoritären Struktur gearbeitet haben?

Die Verantwortung für das Geschehene lässt sich also unterschiedlich zuordnen, je nachdem, wie man die Situation interpretiert und welche Schlussfolgerungen man aus dem Faktenmaterial zieht.

Teil II

Diskussion

Kapitel 8

Wie man Fallstudien diskutiert

Die allein beeinflussbare Variable

Diskussionen von Fallstudien können spannend und aufschlussreich sein – aber auch planlos und scheinbar sinnlos. Sie können sich an konkreten Daten orientieren und zügig vorankommen oder auch vage bleiben und eher schleppend vorankommen. Oder sie sind im Laufe von ein, zwei Stunden einmal so und einmal so. Qualität und Verlauf einer Fallstudienbesprechung hängen ab von der Lehrkraft, den Studenten, der Fallstudie und einer ganzen Reihe anderer Faktoren, wie etwa der physischen Umgebung, der Tageszeit oder wann die nächste Prüfung ins Haus steht. In diesem Kapitel geht es um die einzige Variable, die Sie beeinflussen können: Sie selbst. Dabei gehen wir sehr selektiv vor und konzentrieren uns auf wenige Punkte, die für den Fallstudien-Neuling besonders hilfreich sein können.

Wichtige Managementfähigkeit

Diskussionsfähigkeiten sind ein wichtiges Thema, denn an Business Schools entfällt oft ein Großteil der Unterrichtszeit auf Fallstudienbesprechungen – sie sind bei Managementstudiengängen eine essenzielle Lehrmethode. Man lernt dabei, Konzepte und Methoden aus verschiedenen Themenbereichen wie Marketing, Strategie, Verhandlung oder Unternehmertum anzuwenden – bekommt also genau das Wissen vermittelt, was meist mit einer fundierten Managementausbildung assoziiert wird. Gleichzeitig lernt man, eigenständig und als Teil einer Gruppe über Managementfragen nachzudenken. Mit der Zeit werden Sie feststellen, dass das *Wie* mindestens genau so wichtig ist wie das *Was*.

Zusammenarbeit

Sinninhalte konstruieren

Die Fähigkeiten, die man zur Fallstudienbesprechung benötigt, leiten sich aus den besonderen Merkmalen der Methode ab: Ziel der Diskussion ist es, für das Fallbeispiel Sinninhalte zu konstruieren, basierend auf den vorhandenen Informationen und Daten, und die inhärenten Unsicherheiten in diesen Sinninhalten zu erkennen. Dieses Ziel kann Ihren bisherigen Erfahrungen in Schule und Beruf zuwiderlaufen.

Im herkömmlichen Unterricht vermitteln Fachleute ihr Wissen an Studenten; diese nehmen es auf und demonstrieren bei Prüfungen und anderen Gelegenheiten, dass sie es verstanden haben. Studenten, die zum ersten Mal an Fallstudienbesprechungen teilnehmen, könnten sie für eine verfremdete Version des herkömmlichen Lernmodells halten. Sie würden dann aber zu völlig falschen Annahmen gelangen.

Falsche Annahmen:

- Fallstudien seien Geschichten voller verborgener Wissensinhalte, die der Student zuvor aus einem Text, von einem Experten oder von beiden gelernt habe – also quasi Behälter, in denen die Wahrheit (sprich: ein lang und breit beschriebenes Problem mit einer richtigen Lösung) verborgen sei.
- Die Fallstudienanalyse sei eine Methode, die richtige Lösung zu finden
- Die Fallstudienbesprechung sei die Gelegenheit für Studenten, der Lehrkraft zu zeigen, dass sie die richtige Lösung kennen.

Studenten, die sich ihrer »richtigen Lösung« sehr sicher sind, werden sich eifrig zu Wort melden; die Selbstsicheren werden sich aus der Diskussion heraushalten. Die, welche sich melden, glauben, in einem Wettbewerb zu stehen und dem Dozenten beweisen zu müssen, dass sie die Wahrheit gefunden haben. Sie haben keinen reellen Grund, ihren Kommilitonen aufmerksam zuzuhören, denn nur beim Dozenten ist sicher, dass er die Antworten kennt. Und so wird die Gruppen»diskussion« zu einer Reihe von Dialogen zwischen einzelnen Studenten und dem Dozenten.

All diese Ansichten sind verständlich – und für die Fallstudienmethode völlig falsch. Wenn Sie sie beiseiteschieben und stattdessen Ihre akademischen Fähigkeiten den Gegebenheiten anpassen, werden Sie von den Fallstudienbesprechungen am meisten profitieren.

Diskussion schafft Wissen

Fallstudiendiskussionen sind nicht dazu da, erlerntes Wissen herunterzubeten. Sie sind ein Forum, um die eigenen Kenntnisse und Intuition einzusetzen und dadurch neues Wissen zu schaffen. Jeder Teilnehmer am Fallstudienunterricht muss sich von dem hoffnungsvollen Gedanken verabschieden, eine Fallstudie sei eine Verpackung für *die* richtige Lösung. Sie ist vielmehr eine Beschreibung einer meist komplexen Situation, die viele, zum Teil auch widersprüchliche Bedeutungen haben kann. Natürlich gibt es in einem Fallbeispiel auch Wahrheiten. Die Zahlen, welche das Finanzergebnis eines Unternehmens im Verlauf der letzten zehn Jahre wiedergeben, sind Tatsachen und können nicht beliebig abgeändert werden. Warum aber diese Zahlen so sind und nicht anders, und was für das betreffende Unternehmen die beste Strategie wäre – darüber lässt sich trefflich debattieren.

Verantwortung übernehmen

Im Fallstudienunterricht wird etwas von Ihnen verlangt, was Ihnen vermutlich zu Anfang nicht behagen wird: Sie müssen Verantwortung für Ihre eigene Sicht des Falls übernehmen, eine Begründung dafür aufbauen, sich darauf vorbereiten, Ihre Argumente zu erläutern und zu verteidigen, und denen zuhören, die Ihnen widersprechen. Dieser sehr öffentliche Prozess kann jeden nervös machen, aber das legt sich, je mehr man sich daran gewöhnt, im Zentrum der Diskussion zu stehen – wenn auch nur kurze Zeit –, und je mehr man merkt, dass Widerspruch den eigenen Lernprozess fördert.

Bandbreite der Beiträge

Wichtig ist, dass Sie an Ihre eigene Leistung in der Diskussion keine übertriebenen Erwartungen stellen. Im Regelfall muss und wird ein Kommentar keine scharfsinnige Erkenntnis sein, die in meisterlicher Redekunst vorgetragen wird. Einen Sachverhalt aus der Fallstudie beizusteuern, wenn der gerade gebraucht wird, das ist zweifellos hilfreich. Sehr nützlich kann es auch sein, eine vermeintlich »dumme« Frage zu stellen – dieselbe Frage, die vielleicht viele Ihrer Kommilitonen beschäftigt, die sich aber bisher keiner zu fragen traute. Von Studenten höre ich häufig, dass die richtige Frage zur richtigen Zeit der beste Diskussionsbeitrag sein kann. Natürlich legt keiner Wert darauf, ständig Kommentare zu hören, die nichts bringen, aber die Bandbreite konstruktiver Anmerkungen ist sehr groß. Und wenn Ihre Bemerkung zeigt, dass Sie etwas im Fallbeispiel falsch verstanden haben, dann sind Sie häufig nicht der Einzige. Wird das Missverständnis in Worte gefasst, kann es aufgeklärt werden, und das wäre vielleicht andernfalls nicht passiert.

Mut zur Zusammenarbeit

Zusammenarbeit – das ist es, worum es bei der Fallstudienmethode geht. Der Erfolg steht und fällt mit der Bereitschaft der Studierenden, etwas zu wagen und zum allmählich entstehenden Verständnis der Fallsituation beizutragen. Wenn nur wenige zu diesem Wagnis bereit sind, funktioniert die Methode nicht; wenn aber die ganze Gruppe mitmacht, dann kann die Methode mehr erreichen, als alle für möglich gehalten hätten. Bei der Fallstudienmethode liegen die Last, die Verantwortung und das Privileg des Lernens in erster Linie bei den Studenten, nicht bei der Lehrkraft, und das ist die völlige Umkehrung des Vorlesungsmodells.

Wie im Fußball

Die Studierenden und die Lehrkraft gleichen bei der Fallstudienbesprechung einer Arbeitsgruppe. Damit es gute Leistung zeigen kann, muss sich jedes Gruppenmitglied einbringen. Eine Fußballmannschaft aus lauter Einzelkämpfern, von denen einige zeigen wollen, was sie draufhaben, und andere sich möglichst heraushalten wollen, kann nicht erfolgreich sein. Das Gleiche gilt für eine Studiengruppe, die eine Fallstudie bespricht. Der Trainer (hier: der Dozent) kann das Team lenken und unterstützen. Er kann aber kein Tor schießen und keines verhindern.

Risiken für den Einzelnen

Bei der Fallstudienmethode riskiert jeder Student, sich zu blamieren. Daneben können auch persönliche Faktoren das empfundene Risiko erhöhen:

- Der Unterricht wird vielleicht in einer anderen Sprache abgehalten, und Sie fühlen sich in der freien Diskussion nicht so sicher wie die Muttersprachler. Sie haben Angst, bei schwierigen Wörtern hängen zu bleiben und sie vielleicht falsch auszusprechen, sodass Ihre Kommilitonen Sie nicht so gut verstehen. Oder – schlimmer noch – dass Sie womöglich ausgelacht werden.
- Vielleicht haben Sie auch Schwierigkeiten damit, in einer Gruppe mit Mitgliedern des anderen Geschlechts offen zu sprechen. Oder die gesellschaftlichen Normen Ihrer Kultur passen nicht zum Rahmen der Fallstudienbesprechung, beispielsweise weil in der Öffentlichkeit der

Gruppenkonsens über allem steht und offener Widerspruch verpönt ist. Oder vielleicht haben Sie einen akademischen Kommunikationsstil gelernt, der eher auf indirekten Bemerkungen und Andeutungen beruht als auf klaren Aussagen und Erläuterungen. Mancher Student in einer internationalen Gruppe muss sich vielleicht mit mehreren solcher sprachlichen, kulturellen und rhetorischen Schwierigkeiten herumschlagen.

- Vielleicht haben Sie einen Abschluss in einer ganz anderen Fachrichtung und nur wenig Erfahrung mit Managementthemen, und nun fürchten Sie, deswegen im Nachteil zu sein
- Oder vielleicht zweifeln Sie an Ihren allgemeinen intellektuellen Fähigkeiten und glauben, Sie seien überfordert und gehörten eigentlich gar nicht in ein Management-Studium.

Risiken verringern: So nicht!

Jeder neue Student hätte gerne das Gefühl, etwas Nützliches zu den Diskussionen im Unterricht beitragen zu können. Ein naheliegender Ansatz besteht darin, Situationen, in denen man improvisieren muss, nach Möglichkeit zu meiden. Das kann man auf verschiedene Arten erreichen.

Vorbereitung für die Diskussion

Vorgefertigte Kommentare. Sie können sich einen Vorrat von Stellungnahmen zu einem Fallbeispiel zulegen – Punkte, von denen Sie glauben, dass sie wirkungsvolle Diskussionsbeiträge abgeben könnten. Die gliedern Sie nicht als zusammenhängenden Vortrag, sondern Sie machen sich einfach eine Liste von Anmerkungen zu diversen Aspekten des Falls, die im Unterricht voraussichtlich zur Sprache kommen werden. Die Abdeckung möglichst vieler Themenbereiche ist naheliegend: So glauben Sie, immer etwas dazu sagen zu können, ganz gleich, in welche Richtung die Diskussion sich entwickelt.

Unpassende Kommentare

Bei der Ankunft im Seminarraum fühlen Sie neues Selbstvertrauen. Sie glauben, Sie seien jetzt dafür gerüstet, einen wertvollen Beitrag zu leisten. Jedoch – in den nächsten paar Stunden nimmt die Diskussion Wendungen, mit denen Sie nicht gerechnet hatten; trotz der Breite der vorbereiteten Themen will keine der Anmerkungen auf Ihrer Liste zum Gesprächsverlauf passen. Dann, endlich, läuft eine Unterrichtsstunde einmal so, wie Sie es erhofft hatten. Sie schauen sich Ihre Anmerkungen zum Fallbeispiel durch, während die Besprechung weitergeht. Unglücklicherweise aber kommen Ihnen andere Studenten zuvor, oder Ihre Anmerkungen passen einfach nicht in die Diskussion, und Sie zögern, sie spontan anzupassen – denn das ist ja genau das, was

Sie vermeiden wollten. Die Zeit vergeht, und Sie haben das Gefühl, unbedingt irgendetwas beisteuern zu müssen, auch wenn es jetzt nicht hundertprozentig passt. Schließlich sind Sie sich ganz sicher, wertvolle Erkenntnisse zum Fall gewonnen zu haben; daher hoffen Sie, dass die Gruppe den Gesprächsverlauf anpassen und auf Ihr Thema eingehen wird. Also äußern Sie einen Ihrer vorbereiteten Punkte, sobald Sie aufgerufen werden. Sie tragen ihn gut vor – aber er klingt trotzdem einstudiert.

Die Dozentin sagt nichts dazu. Ihre Reaktion ist schwer zu durchschauen, aber sie scheint nicht sehr beeindruckt. Die anderen sind ebenfalls still – zu still. Der Nächste, der sich meldet, lenkt die Diskussion zurück zu dem Thema, das vor Ihrem Beitrag besprochen wurde. Die Dozentin unterstützt das und geht auf Ihre Bemerkung nicht mehr ein.

Vvivi Rongrong Hu, eine MBA-Studentin, hat dieses Szenario in knappen Worten umrissen: »Das Allerschlimmste ist ein guter Kommentar zur falschen Zeit.«[16] Selbst ein hervorragender Gedanke, der im falschen Augenblick geäußert wird, behindert die Diskussion und wird wahrscheinlich übergangen. Das ist ein Verlust für alle, denn der Nutzwert des Gedankens geht verloren, und die Wahl des falschen Zeitpunkts wirft ein schlechtes Licht auf den Sprecher.

Der Vortrag

Vorträge. Eine damit verwandte Technik zur Risikominderung ist die Vorbereitung eines kleinen Vortrags. Diese Option scheint noch sicherer als eine Liste vorbereiteter Punkte: Sie suchen sich ein zentrales Thema aus dem Fallbeispiel und schreiben darüber einen erweiterten Kommentar. Dank Ihrer Notizen werden Sie keinen der Sachverhalte vergessen, und Sie werden nicht nach Worten suchen müssen, da Sie sie ja schon gefunden haben. Auch hier liegt jedoch die Herausforderung darin, den richtigen Zeitpunkt zu finden – und wieder ist es meist so, dass dieser Moment nie kommt. Das ist auch ein Glück, denn egal, wie sehr Sie es zu verbergen suchen – ein Vortrag klingt immer wie ein Vortrag.

Die schlimmste Auswirkung vorgefertigter Kommentare ist die Wirkung auf Sie selbst: Ihre Mitarbeit in der Gruppe wird ständig darauf ausgerichtet sein, *deren* Gespräche an *Ihre* Denkweisen anzupassen, und das schafft Distanz. Was letztendlich am meisten darunter leiden wird, sind Ihre Lernfortschritte.

Verzögerungstaktik zum Eingewöhnen

Verzögerungstaktik. Diese Technik zur Risikominderung erscheint gemäßigt und klug: Sie vermeiden jede Beteiligung an der Diskussion, bis Sie sich mit den Fallbeispielen, dem Meinungsaustausch, Ihren Kommilitonen und dem Dozenten wohlfühlen. Diese »Eingewöhnungszeit« muss nicht bedeuten, dass Sie sich nicht intensiv mit dem Fall beschäftigen; Sie schauen ihn sich genau an und verfolgen aufmerksam, was die anderen in der Gruppe dazu sagen; und beim Vergleich ihrer Kommentare mit Ihren Gedanken zum Fallbeispiel stellen Sie zu Ihrer Beruhigung fest, dass Sie der Aufgabe gewachsen sind. Vielleicht haben Sie sogar einige der Bemerkungen kommen sehen, womöglich erkennen Sie wichtige Themen oder merken, dass bestimmte Informationen aus dem Fallbeispiel in der Diskussion überhaupt nicht zur Sprache kommen.

Effekt der Nichtbeteiligung

Allerdings: Je länger Sie schweigen, desto schwerer wird der Einstieg in die Gruppendiskussion werden. Der kumulierte Effekt der Nichtbeteiligung kann sehr subtil sein. Wer sich regelmäßig beteiligt, baut sich mit der Zeit ein Guthaben an Kooperationswillen und Glaubwürdigkeit auf, und als Folge wird das (empfundene) Risiko einer Beteiligung immer geringer. Außerdem wirkt das Wohlwollen der Gruppe wie eine Art Puffer, der die weniger glücklichen Kommentare – die jeder früher oder später macht – abfedert.

Wer bisher kaum Mitarbeit gezeigt hat, wird mit der Zeit quasi unsichtbar für Studienkollegen und Dozenten und kann daher auch nicht auf das Wohlwollen der Gruppe zählen. Es kann auch vorkommen, dass Kommilitonen ungehalten werden, weil sie mit ihren Beiträgen etwas riskieren und diejenigen, die schweigen, dem Risiko aus dem Weg gehen. Und wenn jemand sich schon sehr lange herausgehalten hat, dann glaubt er meistens, mit nur einem sehr schlauen Kommentar zum vollwertigen Diskussionsteilnehmer werden zu können. Man setzt sich selber sehr hohe Hürden – und das nimmt einem die Möglichkeit, ganz en passant einzusteigen, indem man beispielsweise einen relevanten Sachverhalt beisteuert. Schafft es der/die Betreffende nicht, sich von dieser selbst gesetzten Hürde frei zu machen, kann es zu einem regelrechten Teufelskreis kommen: Je länger das Schweigen oder die sporadische Beteiligung andauert, desto mehr meint man, in Vorlage gehen zu müssen – und umso schwieriger fällt es einem, sich zu Wort zu melden –, und so wird die Hürde noch höher.

Manche haben Glück: Kommilitonen, die sich außerhalb des Unterrichts mit ihnen über die Fallstudie unterhalten haben, reden ihnen vielleicht gut zu, sich zu Wort zu melden, und versuchen Ihr Selbstvertrauen aufzubauen: »Wenn wir uns nach dem Unterricht über die Fallstudie unterhalten, hast du

Problem selbst lösen

immer interessante Sachen dazu zu sagen. Es gibt keinen Grund, warum du die nicht im Unterricht sagen solltest.« Manchmal macht auch die Lehrkraft Vorschläge, wie man sich in die Diskussion einbringen kann. Dennoch – Sie sollten niemals darauf warten, dass andere das Problem für Sie lösen. Der beste Ausweg aus dem Dilemma ist, es gar nicht erst so weit kommen zu lassen.

Risiken verringern: So ist es richtig!

Ein gewisses Maß an Unbehagen ist bei der Fallstudienmethode unvermeidlich. Vor über 2000 Jahren machte Sokrates den griechischen Studenten mit pointierten Fragen und unerbittlicher Logik das Leben schwer. Die Fallstudienmethode birgt ein gewisses Risiko für alle Beteiligten, einschließlich der Lehrkraft. Sie sollten das realistisch sehen, aber immer daran denken, dass es für jeden gilt – nicht nur für Sie. Risiko ist auch nichts rein Negatives. Es motiviert dazu, die schwierigen Aufgaben zu erfüllen, die zur Fallstudienmethode gehören.

Umgang mit Angst

Übertreiben Sie es aber nicht mit dem Risiko. Ein künstliches Risikoempfinden führt auf direktem Weg in die Angst, und die macht Sie zu einem schlechten Zuhörer und nimmt Ihnen die Selbstsicherheit, vor der Gruppe zu sprechen. Was ist das Schlimmste, was Ihnen passieren kann, wenn Sie sich zu Wort melden? Triviale Anmerkungen zu machen, Sachverhalte nicht korrekt wiederzugeben oder etwas falsch zu verstehen, was die Dozentin oder ein Kommilitone gesagt hat – all das kann zwar peinlich sein, aber einem aktiven Gesprächsteilnehmer wird es nicht dauerhaft schaden, denn solche Fehler macht jeder einmal. Nach einem solchen Beitrag wird die Diskussion einfach fortgesetzt. Im Grunde ist Schweigen sogar schädlicher als Anmerkungen, die danebengehen. Maureen Walker, an der Harvard Business School für die Betreuung von MBA-Kandidaten zuständig, schrieb dazu: »Schweigen sagt durchaus etwas.«[17]

Trau Dich von Anfang an!

Machen Sie von Anfang an mit. Der wertvollste Tipp für die Fallstudienbesprechung lautet: Beteiligen Sie sich möglichst früh an den Diskussionen, idealerweise schon im ersten Seminar. Das reduziert nicht nur die Nervosität, wenn man im Zentrum der Aufmerksamkeit steht, sondern es hilft auch, an sich selbst realistische Erwartungen zu stellen. Die MBA-Studentin Chris Cagne hat dazu folgenden Tipp:

> *Trau Dich! Nur den allerwenigsten gelingt es, schon im ersten Seminar eine brillante Lösung oder nur einen wirklich guten Diskussionsbeitrag*

> *zu liefern. Viel wahrscheinlicher ist, dass man zu Anfang nur mäßige bis mittelmäßige Kommentare beisteuert. Aber das ist eben eine von vielen Hürden, die man überwinden muss, um die Qualität der eigenen Beiträge zu steigern. Hör nie auf, dich zu Wort zu melden, nur weil du im letzten Seminar etwas Dummes von dir gegeben hast.*

Chris spielt darauf an, dass die Beteiligung am Unterricht für sich schon ein Lernprozess ist. Keiner ist zum effektiven Gesprächsteilnehmer bei Fallstudiendiskussionen geboren. Daraus folgert ein weiterer Grund, warum man früh damit anfangen sollte: um ein guter Diskussionsteilnehmer zu werden, muss man sich beteiligen.

Gute Vorbereitung

Bereiten Sie sich gut vor. Da die Diskussion über ein und dieselbe Fallstudie auf vielerlei Weise ablaufen kann, kann man sich nicht auf jede denkbare Möglichkeit vorbereiten – selbst wenn man sie alle bestimmen könnte. Um einen vollwertigen Diskussionsbeitrag zu leisten, sollten Sie Ihre Vorbereitung gründlich, aber flexibel halten. Grundlage kann der in Kapitel 3 beschriebene Prozess der Fallanalyse sein. Er umfasst eine Reihe von Phasen, jede mit einem anderen Ziel. Damit haben Sie einen Vorgehensplan, und das macht Ihre Untersuchungen effizienter und vermindert die Gefahr, dass Sie sich durch die Fallstudien verwirren lassen. Die ersten Schritte des Prozesses sind die wichtigsten, denn an dem Punkt wissen Sie noch wenig über das Fallbeispiel, und in diesen Schritten stellen Sie grundlegende Fragen dazu.

Was sollten Sie wissen, wenn Sie zum Unterricht kommen? Hier eine Antwort aus Kapitel 3:

> *Sie kennen die Informationen aus dem Fallbeispiel, Sie haben eine These zum Hauptthema des Falls formuliert, Sie haben Belege dafür, dass Ihre These plausibel ist, und Sie haben über andere mögliche Thesen nachgedacht und sich überlegt, warum die Ihre vorzuziehen ist.*

Was man vorher wissen muss

Vielleicht haben Sie noch keine vollständige Argumentation für Ihre Schlussfolgerung aufgebaut, aber Sie werden zumindest spezifische Belege benötigen. Eine Idee, was als Beleg dienen könnte, oder ein Teil der Belege reicht nicht aus. Falls das Fallbeispiel sowohl quantitative als auch qualitative Belege enthält, sollten Sie beide nutzen. Es mag überraschen, aber wenn Sie nur ein paar der elementarsten Berechnungen machen, die Sie für Ihre Fallanalyse brauchen, kann das schon eine hervorragende Grundlage für die spätere Teilnahme an der Gruppendiskussion sein.

Ein MBA-Absolvent namens E. Ciprian Vatasescu fand für sich eine ganz spezielle Rolle in der Fallstudienbesprechung, indem er seinen Standpunkt auf Zahlen aufbaute:

> *Was ich nicht verstehen kann, ist, dass sich manche nicht die Mühe machen, wenigstens ein paar grundlegende Zahlen auszurechnen, und sich lieber auf ihre Intuition verlassen. So kommt es, dass man oft mit einer simplen Rechnung der Diskussion eine völlig andere Richtung geben kann.*

Keine Fallstudie enthält perfekte Informationen oder Daten, denn die gibt es auch im wirklichen Leben nicht. In jedem Fallbeispiel gibt es mehrdeutige Stellen und blinde Flecken. Sie sollten sie kennen und sich ein paar Gedanken darüber machen, was sie für die zentrale Problemstellung des Falls bedeuten.

Mehrdeutigkeit

Vielleicht kommt es im Unterricht nie dazu, dass Sie aufgerufen werden und Ihre Empfehlung und die Argumente dafür präsentieren können. Trotzdem: Ihre Anstrengungen, eine Regel, eine Entscheidung, ein Problem oder eine Bewertung zu verstehen, die unterschiedlichen Arten von Belegen und Fakten zu erkennen und sich über das Ob und Wie einer näheren Analyse zu entscheiden, werden Ihnen sehr tiefe Einblicke in das Fallbeispiel ermöglichen und Ihnen Kenntnisse vermitteln, welche dem Verlauf der Diskussion jederzeit angepasst werden können. Eine Vorbereitung, die zum besseren Verständnis beiträgt und auf offene Fragen hinweist, hilft Ihnen weitaus mehr als vorgefertigte Anmerkungen oder zusammenhanglose Notizen.

Der Vorbereitung vernünftige Grenzen setzen

Eigenes Verständnis als Vorbereitung

Sorgfältige Vorbereitung ist die Grundlage für eine sinnvolle Beteiligung am Unterricht, aber Sie sollten es damit nicht übertreiben. Das mag zunächst seltsam klingen: Kann man in einem akademischen Umfeld *zu* viel studieren? Was die Fallstudienanalyse angeht, so ist die Antwort ein klares Ja.

Nicht zu lange lesen!

Machen Sie nicht den Fehler zu glauben, je mehr Stunden Sie in eine Fallstudie stecken, desto besser seien Sie vorbereitet. Als ich zum ersten Mal mit einem Fallbeispiel zu tun hatte, hatte ich keine Ahnung, was da passierte. Ich verbrachte viel Zeit damit, sie zu lesen und wieder zu lesen, und das brachte mir so gut wie nichts, außer Erschöpfung. Aber wenigstens kannte ich den Text sehr gut. Als ich mit der Arbeit fertig wurde – besser gesagt: als ich aufgab – konnte ich den Text fast auswendig hersagen! Man hat immer eine gute Ausrede, wenn man viel Zeit in seine Studien steckt, wenn man sich sagt, dass das Wissen proportional zur Zeit anwächst. Maureen Walker hält das für falsch. Sie sagt, das macht einen nur müde, nicht schlauer. Und Rastislav »Rasto« Kulich, einer unserer MBA-Absolventen, sieht in einem ausgeglichenen Verhältnis zwischen Vorbereitungs- und Ruhephasen den wichtigsten Faktor für gute Mitarbeit im Unterricht.

Effizienz durch Zeitdruck

Eine Fallstudie »mit offenem Ausgang« zu untersuchen heißt, dass man keine Entscheidung über die Aufteilung seiner knappen Zeit trifft. Der Vorbereitung aber von vornherein Grenzen zu setzen hat mehrere Vorteile: Es bewirkt einen heilsamen Druck, die Zeit effizient zu nutzen; es hilft einem, sein Leben im Gleichgewicht zu halten und fit zu bleiben; und es trägt dazu bei, dass man sich Gedanken darüber macht, wie man an den Fall herangeht. Fallstudienanalyse ist eine Fertigkeit, ebenso wie die Beteiligung am Unterricht. Man kann sie sich auf dem schwierigen Weg aneignen, indem man sehr viel Zeit mit dem Fallbeispiel verbringt, bis man sich von den enttäuschenden Resultaten, der Müdigkeit oder beiden davon überzeugen lässt, einen besseren Weg zu suchen.

Zeitgrenze

Eine Alternative besteht darin, sich gleich zu Anfang für einen Analyseansatz zu entscheiden und mit zunehmender Erfahrung die nötigen Anpassungen vorzunehmen. Ein Großteil dieses Buches befasst sich damit, wie man zu fundierten Entscheidungen über das Analysevorgehen kommt. Eine dieser Entscheidungen ist eine Zeitgrenze. Wenn Sie zwei oder mehr Fallstudien vorzubereiten haben, dann sind zweieinhalb Stunden pro Fall ein ganz guter Anfang; Sie sollten versuchen, das mit der Zeit auf zwei Stunden pro Fall zu reduzieren. Bereiten Sie nur eine einzige Fallstudie vor, dann können Sie sich drei Stunden leisten, und ein sinnvolles Ziel kann darin liegen, diese Zeit allmählich auf zwei oder zweieinhalb Stunden zu reduzieren.

Aktiv lesen

Passives Lesen ist eine der größten Hürden für effiziente (und produktive) Analyse. Ein vage formuliertes Ziel wie »das Fallbeispiel verstehen« kann auf direktem Weg ins passive Lesen führen – das Lesen ohne Nachdenken. Passives Lesen ist heimtückisch, denn Sie sind sich vielleicht nicht einmal dessen bewusst, dass Sie es tun. Um sicherzustellen, dass Sie aktiv lesen, sollten Sie mit einem klar festgelegten Prozess für die Fallstudienanalyse beginnen. Kapitel 3 enthält ein Modell, dass Sie ausprobieren und bei Bedarf anpassen beziehungsweise mit der Zeit durch ein anderes ersetzen können.

Den sozialen Faktor erkennen

Ich habe seit über 16 Jahren mit Business-School-Studenten zu tun und war schon immer beeindruckt davon, wie sie feiern können. Ich gebe zu: Meine Einstellung dazu war zuerst negativ. Über viele der Studenten dachte ich, dass sie mit zu viel Eifer beim Feiern seien und beim Lernen zu wenig Engagement zeigten. Ich kam gar nicht auf die Idee, dass der Aufbau sozialer Beziehungen ebenfalls für die Fallstudiendiskussion wichtig ist – bis mich ein Student namens Agam Sharma darauf brachte.

Faktoren der Verunsicherung

Ein Fallstudien-Seminarraum kann einen verunsichern. Das Material ist nicht einfach zu bearbeiten; der Einstieg in die Fallstudiendiskussion kann schwierig sein, und zum Fallbeispiel selbst kann es große Meinungsverschiedenheiten geben. Es kann vorkommen, dass sich Studenten vom Widerspruch der Kommilitonen einschüchtern lassen. Und Meinungsverschiedenheiten über Fallbeispiele, die beispielsweise ethische Werte ansprechen, können leicht ins Persönliche gehen. Dazu noch der Wettbewerb um gute Noten – das sind schon einige gute Gründe, warum den Studenten zuweilen nicht sehr wohl in ihrer Haut ist.

Studienkollegen, die einander auch außerhalb des Unterrichts kennenlernen, können auch die Atmosphäre im Unterricht verändern. Was zuvor eine

Gruppe von Fremden war, die um gute Noten konkurriert, kann dann eine Gruppe von Bekannten und sogar Freunden werden, die feststellt, dass sie zwar miteinander konkurriert, aber auch kooperiert, und dass das allen zugutekommt. Wer von Kommilitonen umringt ist, die ihn eindeutig respektieren, wird sich in Diskussionen schon eher etwas trauen. Und die Zuhörer werden vermutlich einfühlsamer sein – eher gewillt auszuhelfen, wenn der oder die Betreffende sich in seinen/ihren Ausführungen verheddert, und verständnisvoller, wenn der Beitrag die Diskussion nicht voranbringt. Der häufig subtile, aber schädliche Einfluss von Klischees über das andere Geschlecht, über das Aussehen oder über andere solche Eigenschaften wird unterbunden, wenn sich Menschen gegenseitig als das erkennen, was sie wirklich sind, und nicht als Projektion bestimmter Meinungen. Ein Studienkollege kann ein eher schweigsames Gruppenmitglied aus der Reserve locken und dazu bringen, dass er oder sie sich meldet oder mutigere Beiträge wagt.

Der Sozialfaktor hilft

Ob Bowling, Kartenspiel, gemeinsame Restaurantbesuche oder Sport – es gibt viele Möglichkeiten, einander fernab vom Unterrichtsstress kennenzulernen. Das Bewusstsein, dass soziale Bindungen auch im Unterricht hilfreich sein können, ist vor allem für die wichtig, die meinen, gesellschaftliche Aktivitäten seien nur eine Abwechslung zum einsamen Studium.

Das Lachen nicht vergessen

An Business Schools kann es sehr ernst zugehen. Und Neulinge sind bei aller Begeisterung auch gespannt darauf, wie sie sich wohl schlagen werden. Dass bei Fallstudiendiskussionen scheinbar viel auf dem Spiel steht, kann die Beklemmung noch verstärken, und der Sinn für Humor bleibt auf der Strecke. Erfolgreiche Absolventen der Fallstudienmethode geben Anfängern den Rat: Vergesst das Lachen nicht. Hören wir dazu nochmals Rato Kulich:

> *Die Fähigkeit, die Sache auch einmal leichter anzugehen, ist sehr wichtig. Viele Studenten – vor allem die aus nicht englischsprachigen Ländern – sind extrem bemüht und angespannt und nehmen sich selber zu ernst. Das macht ihren Vortrag steif und ihre Reaktionen auf die Kommentare der Zuhörer schwerfällig. Humor, vor allem Selbstironie,*

kommt dagegen sehr gut an und ist auch oft nötig. Wer die Diskussion damit würzen kann und auch mal in der Lage ist, über sich selbst zu lachen, hat aufmerksamere Zuhörer und findet mit seinen Ausführungen eher Akzeptanz.

Keiner will von Ihnen, dass Sie ein paar Witze auswendig lernen und in Ihre Kommentare einbauen. Aber spontaner und natürlicher Humor gehört aus vielen Gründen dazu.

Zuhören ist teilnehmen

Tipps für die Diskussion

Fragt man MBA-Studenten nach Tipps zur Fallstudienbesprechung, dann fällt häufig der Begriff Zuhören. In den zwei Studienjahren an der Business School verbringen die Studenten bei Fallstudiendiskussionen viel mehr Zeit mit Zuhören als mit Sprechen. Einer meiner Studenten sagt zu dieser häufig unterschätzten Fähigkeit Folgendes:

Hör immer genau zu, was die anderen Studenten und die Lehrkraft sagen. Das ist nicht nur wichtig, um die unterschiedlichen Standpunkte zu verstehen, sondern auch, um dem Verlauf der Diskussion zu folgen.

Ein Absolvent beschreibt, wie er in Fallstudienseminaren zuhörte:

Es ist eine hervorragende Übung, die Kommentare der anderen im Unterricht anzuhören und sich zu überlegen, ob man damit übereinstimmt oder nicht. Und wenn Du ein gutes Argument für Deine Zustimmung oder Ablehnung hast, melde Dich zu Wort und sag es!

Zuhören *ist* Teilnehmen (solange es nicht allein dabei bleibt). Sie hören zu, um mit der Diskussion Schritt zu halten und Gelegenheit für Beiträge zu finden. Ein wertvoller Beitrag ist nicht möglich, wenn Sie nicht aufmerksam zugehört haben. Ein guter Kommentar passt genau in dem Moment in die Diskussion. Ein paar Augenblicke später wäre er redundant; ein paar Augenblicke früher wäre er unlogisch.

Gute Diskussionen

Eine gute Fallstudienbesprechung ist mehr als die Summe einer Reihe zusammengehöriger, aber separater Diskussionen. So kann ein Kommentar oder eine Beobachtung, die zu Anfang gemacht wurde, zum Ende hin eine völlig andere Bedeutung erhalten. Eine Theorie zum Fall kann aufleben, in den Hintergrund treten und dann ganz verschwinden. Ein Kommentar, der auf halbem Weg im Prozess gemacht wurde, kann eine Frage beantworten, die erst am Ende gestellt wird. Eine gute Fallstudienbesprechung ist inhaltsreich und komplex und erfordert daher gekonntes und anhaltendes Zuhören.

Wissen durch Zuhören

Zuhören hilft Ihnen aber nicht nur, Ihren Platz in der Diskussion zu finden – es ist auch unabdingbar für das Lernen. Bei einer Vorlesung kommt das Wissen vom Zuhören. Der Prozess verlangt vom Zuhörer nicht viel, und dieser kann auch vorübergehende Unaufmerksamkeit dadurch wettmachen, dass er sich die Notizen von jemand anderem ausborgt. Bei einer Fallstudienbesprechung hingegen vermittelt Ihnen das Zuhören die Denkweise anderer und setzt sie in Bezug zu Ihrem eigenen Denken. Das Lernen folgert aus dieser Dynamik, die nicht linear ist wie bei einer Vorlesung. Es kann vorkommen, dass Sie mit einem Standpunkt in den Unterricht gehen und diesen nicht ändern. Es kann aber auch sein, das Ihr Standpunkt im Zuge der Diskussion auf den Kopf gestellt oder modifiziert wird. Oder die Gruppe arbeitet sich durch das Fallbeispiel und einigt sich auf eine Handvoll Thesen, und das alles kann plötzlich durch eine neue Perspektive zunichte gemacht werden. Womöglich kommen die Studenten dann frustriert aus dem Unterricht, aber sie werden feststellen, dass sie durch Verfolgung der falschen Fährte mehr gelernt haben, als das bei direktem Einschlagen des richtigen Kurses der Fall gewesen wäre.

Zuhören lernen

Zuhören im Fallstudienunterricht ist keine Fähigkeit, die einem so einfach zufliegt. Eine oder zwei Stunden lang ein Gespräch zu verfolgen, das unvorhersehbare Wendungen nimmt, ist für viele Stundeten eine Aufgabe, auf die sie sich erst einstellen müssen, da es in ihrer bisherigen Laufbahn nichts Vergleichbares gab. Sie müssen das Zuhören erst *lernen*. Interessanterweise haben dabei Selbstzufriedenheit und innere Anspannung das gleiche Resultat: Wer selbstzufrieden ist, hört nicht zu, da er oder sie nicht merkt, dass die Diskussion Wissen erzeugt. Wer angespannt ist, kann nicht zuhören, da er zu viele Gedanken und Sorgen wälzt. Um im Unterricht einen Lernerfolg zu erzielen, muss man eine Stelle zwischen den zwei Extremen finden.

Das Gelernte reflektieren

Eine lohnende Methode

Managementstudenten sind viel beschäftigte Leute, und in ihrem Leben tut sich meist mehr als Studium und Unterricht. Wenn sie aus dem Seminarraum kommen, sind sie mit den Gedanken meist schon beim nächsten Thema und nicht mehr bei der gerade geführten Diskussion. Dennoch – wenn Sie sich nach dem Unterricht etwas Zeit nehmen, um nochmals über die Diskussion nachzudenken, bevor Ihre Erinnerung daran verblasst, dann werden Sie weit mehr davon haben. Die MBA-Absolventin Yusuke Watanae empfiehlt dazu eine Methodik, die sich kurz- und auch langfristig auszahlt:

> *Schreib dir zu jedem Fallbeispiel zwei, drei Erkenntnisse auf und denk später darüber nach. Das Aufschreiben dauert nur wenige Minuten, aber es hilft, das Erlebte viel länger im Gedächtnis zu behalten.*

Im Unterricht werden Sie sich Notizen über einige der neuen Erkenntnisse machen, die Sie bei der Diskussion gewinnen; es kann jedoch schwierig sein, sie zu erkennen, wenn Sie dem Gespräch aufmerksam folgen. Zudem nehmen die neuen Erkenntnisse oft erst dann konkrete Form an, wenn die Stunde ihrem Ende zugeht – oder sogar erst im Anschluss an den Unterricht, wenn Sie ein paar Augenblicke über alles nachdenken. Denken Sie übergreifend und filtern Sie die Punkte heraus, die auch jenseits des gerade behandelten Fallbeispiels wertvoll erscheinen.

Mehr Klarheit

Der kurzfristige Nutzen ist mehr Klarheit über die Themen, die eine Fallstudie mit der anderen verknüpfen, und das schafft Durchgängigkeit im Seminar. Diese Klarheit ist eine Hilfe bei der zukünftigen Fallstudienanalyse, Beteiligung an Gruppendiskussionen und bei Prüfungen. Laut Yusuke ist auch ein langfristiger Nutzen möglich: »Viele … Absolventen sagen mir heute, dass diese Notizen über ihre wichtigen Erkenntnisse zu ihrer persönlichen Managementbibel geworden sind.«

Geduld mit sich selbst haben

Aus Diskussionen alles herausholen

Dieses Kapitel soll Ihnen helfen, so viel wie möglich aus Fallstudiendiskussionen herauszuholen. Dazu gäbe es noch mehr zu sagen, doch ich möchte lieber zu wenig als zu viel abdecken. Die Fallstudienmethode zu erlernen ist schwierig genug, auch ohne dass man mit »unverzichtbaren« Ratschlägen bombardiert wird.

Setzen Sie sich zum Ziel, schon in der ersten Stunde jeder Veranstaltung über Fallstudien einen Kommentar beizusteuern. Denken Sie daran, dass jeder Beitrag im Unterricht auf Zuhören beruhen muss. Gehen Sie zur ersten Veranstaltung mit dem Vorsatz, anderen aufmerksam zuzuhören anstatt nur abzuwarten, bis Sie dran sind. Wenn Sie aktiv zuhören, fallen Ihnen automatisch mögliche Antworten ein; versuchen Sie dann nicht, diese Antworten schon im Voraus zu bewerten, sondern melden Sie sich.

Neben der Bereitschaft, auch Fehlschläge wegzustecken, brauchen Sie Geduld. Betrachten Sie Ihre ersten Beiträge nicht als Mittel, um Kommilitonen und Dozenten Ihre Brillanz zu demonstrieren. Und während Sie in der Kunst der Fallstudienbesprechung immer besser werden, halten Sie Ihre Nervosität im Zaum, indem Sie sich längerfristig ausrichten: Effektive Zusammenarbeit entsteht aus nützlichen Beiträgen im Verlauf einer Zeitperiode, nicht durch gelegentliche bravouröse Leistungen.

Keine Angst vor dummen Fragen

Ich wiederhole diese Ratschläge hier als Fazit, denn ich habe die neuen MBA-Studenten häufig mit auf den Weg gegeben – ebenso wie auch andere, die schon länger mit Studenten arbeiten als ich. Wir haben die positiven Resultate gesehen, und wir haben auch gesehen, wie genau die Probleme, die wir verhüten wollten, irgendwann doch eingetreten sind. Aber hören wir nochmals jemanden, der gerade zwei Jahre Business School – und damit einen Marathon von 500 Fallstudien – hinter sich gebracht hat: Yusuke Watanabe rät Ihnen dringend, keine »Angst vor trivialen Kommentaren und dummen Fragen« zu haben. Yusuke weiter:

> *In Diskussionen geht es um Selbstvertrauen. Wenn du schüchtern bist und im Semester nicht vor den anderen sprechen willst, dann wird es immer schwerer. Du setzt dich dann selber unter Druck, besonders clevere Erkenntnisse beizusteuern, und sagst so lange nichts, bis du eine hast. Es wird einfach alles immer schlimmer. Trau dich, deine dumme*

Frage zu stellen oder deine triviale Bemerkung zu machen … Meistens ist die dumme Frage eine, die jeder insgeheim hat. Sobald du angefangen hast zu sprechen, fühlst du dich sicherer und kannst freier und klarer denken, und dann werden auch deine Beiträge immer besser.

Teil III

Schreiben

Kapitel 9

Wie man über Fallstudien schreibt

Man arbeitet allein

Über eine Fallstudie zu schreiben ist etwas ganz anderes als darüber zu sprechen. Bei einer Diskussion arbeitet man mit anderen zusammen, sodass die fachlichen Vorkenntnisse und fallspezifischen Vorbereitungen aller eingebracht werden; hinzu kommen das Wissen und die Moderationsfähigkeiten des Dozenten. Wenn Sie aber über eine Fallstudie schreiben, tun Sie das meistens alleine. Sie müssen die gesamte Analyse selber machen und Ihre Gedanken für den Leser ordnen und zum Ausdruck bringen.

In Managementausbildungen im deutschsprachigen Raum, insbesondere bei Executive-MBA-Ausbildungen, wird zudem oft die gesamte Auswertung der Fallstudie als fixfertiger Business-Case in Form einer Powerpoint-Präsentation verlangt, die wie eine schriftliche Arbeit im logischen Aufbau überzeugen muss.[18]

Höhere Erwartungen

Aber das ist noch nicht alles: Leser stellen viel höhere Erwartungen an einen Text als Zuhörer an mündliche Anmerkungen. Logische Lücken und die nachträglichen Erläuterungen, wie sie bei Reden und Präsentationen ganz normal sind, können bei einer schriftlichen Arbeit sehr problematisch sein, da sie die Leser verwirren und die Glaubwürdigkeit des Schreibers unterminieren. Die Leserschaft will keine Niederschrift vom Denkprozess des Schreibers – sie erwartet das Ergebnis dieses Denkprozesses, logisch aufgebaut und prägnant formuliert.

Unterschiedliche Aufbaulogik

Das Schreiben über eine Fallstudie baut auf der vorherigen Fallstudienanalyse auf. Die in den vorangegangenen Kapiteln beschriebenen Typen von Ausgangssituationen können zur Strukturierung des Textes benutzt werden. So wird eine Arbeit über eine Entscheidungssituation anders aufgebaut als eine, in der es um eine Problemdiagnose geht. In den Kapiteln 10 bis 12 ist der Aufbau von Arbeiten über Problem-, Entscheidungs- und Bewertungssituationen beschrieben. Die Kapitel enthalten auch Fallbeispiele sowie Textbeispiele, die auf echten Arbeiten von MBA-Studenten aufbauen.

Merkmale einer überzeugenden schriftlichen Arbeit über Fallstudien
Damit eine Schlussfolgerung zu einer Fallstudie stichhaltig ist, muss der Schreiber überzeugende Belege liefern. Daraus ergibt sich, welche Bedingungen eine schriftliche Arbeit über eine Fallstudie erfüllen muss:

1. **sie beantwortet die beiden Fragen »Was?« und »Warum?«, häufig auch die Frage »Wie?«,**
2. **sie macht einen Standpunkt klar (Was?),**
3. **sie führt Belege an, um den Leser von dem Standpunkt zu überzeugen (Warum?),**
4. **sie schlägt gegebenenfalls einen Maßnahmenplan vor (Weiß).**

Drei Fragen

Effiziente Antworten

Auch wenn viele MBA-Studenten das offenbar glauben – die meisten Dozenten erwarten keine langatmige Zusammenfassung oder endlose Auflistungen von Erkenntnissen und Beobachtungen. Sie müssen ihnen nicht beweisen, dass Sie das Fallbeispiel sorgfältig gelesen haben, indem Sie alles hinschreiben, was Sie darüber wissen. Vielmehr erwartet man von Ihnen, dass Sie bestimmte Fragen zur Fallstudie beantworten – und das so effizient wie möglich.

Was? – Warum? – Wie?

Eine schriftliche Arbeit über eine Fallstudie kann nach dem Was, Warum und Wie unterteilt werden. Die Frage »Was?« wird durch Darlegung des vertretenen Standpunkts – der These – beantwortet; das Warum wird in der Argumentation erläutert; das Wie verweist auf notwendige Maßnahmen: Wie sollte die Entscheidung umgesetzt werden? Wie ist das Problem zu lösen?

Abbildung 9-1 fasst die Fragen zur Strukturierung einer Arbeit zusammen.

Abbildung 9-1

Schriftliche Arbeiten über Fallstudien: Fragen und Antworten

Frage	Antwort
Was?	These (drückt die eigene Schlussfolgerung zum Fall aus)
Warum?	Argumentation
Wie?	Maßnahmenplan

Übergreifende These

Klarer Standpunkt

Ein klarer Standpunkt gibt der gesamten Arbeit Struktur. Ohne ihn hat sie für den Leser weder Ziel noch Zweck. Nach meinen Beobachtungen in den letzten Jahren scheitern Studenten meist deshalb an der Fallstudienprüfungen, weil sie versuchen, eine Situation aus allen Blickwinkeln zu beleuchten, und daher viele mögliche Lesarten ansprechen, ohne sich für eine zu entscheiden. Ich will hier nicht mehr als ein Negativbeispiel bringen, aber es ist einfach lehrreich zu sehen, wie man es dem Leser von Anfang an schwer machen kann. Die Arbeit bezieht sich auf die Entscheidungssituation in der Fallstudie »General Electric: Major Appliance Business Group (gekürzte Fassung)«, die auch in Kapitel 11 als Grundlage der Ausführungen dient.[19]

A. Entscheidung
Ich empfehle, dass das Projektleitungsteam von Projekt C (nachfolgend PJC genannt) bei der Konzernleitung eine zusätzliche Investition beantragt, die folgendermaßen strukturiert ist:

+10% = 2,8 Mio. $ für die Management-Informations- und -Unterstützungssysteme, die keine offizielle Genehmigung erfordern
+5% = 1,5 Mio. $ für die Arbeitskräfteschulung in technischer Problemlösung, welche offizielle Genehmigung erfordert.

Darüber hinaus empfehle ich, dass das PJC-Team die geplante Investition von 1 Mio. $ für die computergestützte Leitstelle nicht streicht, da sie für die Prozesse des Geschäftsbereichs sehr wichtig ist.

Die zusätzliche Ausgabe von 1,5 Mio. $ für die Verbesserung des Arbeitsumfelds im Werk würde ich nicht befürworten, da sie keine unmittelbaren Vorteile bringt. Ich sehe sie lediglich als Versuch, die Unterstützung der Gewerkschaften zu bekommen. Diese kann man jedoch auf anderem Wege sichern, beispielsweise durch verstärkte Maßnahmen zur Aufgabenanreicherung an den Arbeitsplätzen.

Ebenso bin ich dagegen, eine zusätzliche Schleife im Produktentwicklungsprozess (nachfolgend PE genannt) vorzusehen, denn dies würde den Prozess nur verlängern, ohne klare Vorteile zu bieten, und damit dem Ingenieurteam einen Präzedenzfall für weitere Verzögerungen liefern. Strikte Fertigstellungstermine fördern Innovation und Engagement.

Zusammenhang herstellen

In der Fallstudie geht es um die Entwicklung eines neuen Geschirrspülers der Marke GE. Mit den beiden letzten Modellen konnten die Umsatzziele nicht erreicht werden. Jack Welch hat die Manager des Produktentwicklungsprozesses (Projekt C) aufgefordert, einen Vorzeigebetrieb mit Weltklasseniveau aufzubauen und gleichzeitig ein Produkt zu schaffen, dass dem Wettbewerb überlegen ist. Die Manager müssen sich entscheiden, ob sie von fünf möglichen Änderungen am Projekt eines oder mehrere hinzunehmen und welchen zusätzlichen Investitions- und Zeitaufwand das erfordern wird. Die Einleitung, die Sie gerade gelesen haben, empfiehlt eine Entscheidung zu jeder der fünf Anpassungen, doch scheinen die Entscheidungen nichts miteinander zu tun zu haben, und die Gründe des Autors für seine Empfehlungen werden nur angedeutet oder gar nicht angesprochen.

Der erste Abschnitt einer anderen Arbeit zur selben Fallstudie ist dagegen eine Offenbarung: Die Entscheidungen werden hier in Bezug zu einer übergreifenden Fragestellung gesetzt. Dieser Schreiber empfiehlt fünf andere Entscheidungen – aber er bringt sie in einen Zusammenhang:

> *Das Projektleitungsteam für Projekt C sollte sich bei der Konzern- und Geschäftsbereichsleitung dafür einsetzen, dass das Budget um 15 Prozent (entsprechend 4,2 Mio. Dollar) aufgestockt und die Projektlaufzeit um vier Monate verlängert wird. Vier der fünf Änderungen am Projekt sollten durchgeführt werden, während die Verbesserungen an den Management-Informations- und -Unterstützungssystemen auf einen späteren Zeitpunkt verschoben werden können. Die strategische Bedeutung von Projekt C für den Erfolg von GE im Spülmaschinenmarkt verlangt es, dass sämtliche Projektziele erreicht werden, und dafür sind die vier Änderungen unabdingbar. Andernfalls würde GE nicht nur die Anfangsinvestitionen für das Projekt, sondern seine ganze Wettbewerbsposition in der Spülmaschinenbranche aufs Spiel setzen.*

Beispiel für klares Denken

Wenn Sie diesen Abschnitt gelesen haben, ist klar, wie der Schreiber denkt. Dieses hervorragende Beispiel für eine Thesenformulierung liefert auch einen übergreifenden Grund für sämtliche Entscheidungen.

Den eigenen Standpunkt gleich zu Anfang zu erläutern hat mehrere Vorteile: Erstens erwartet der Leser, dass Sie die gestellten Fragen beantworten. Warum ihn also warten lassen? Zweitens bewerten kritische Leser die Argumentationsführung beim weiteren Lesen. Dozenten tun das, um eine Note zu bestimmen; andere, um zu beurteilen, wie überzeugend eine Argumentation ist und wie sie ihr eigenes Denken und Handeln beeinflussen könnte. Als Leser kann man allerdings erst dann ein Argument bewerten, wenn man weiß, was damit begründet werden soll. Wenn also Ihre Conclusio erst am Ende der Arbeit kommt, dann müssen die Leser an den Anfang zurückgehen und Ihre Begründung damit vergleichen. Das Lesen wird also effizienter, wenn man den Standpunkt schon vor seiner Begründung kennt. Drittens – und das ist wohl das wichtigste Argument – liefert eine These am Anfang eines Textes eine Absichtserklärung – für den Leser wie auch für Sie als Verfasser. Diese Absichtserklärung kann Ihnen beim Schreiben als Bezugspunkt dienen.

Absichtserklärung

Im folgenden Abschnitt nimmt der Schreiber einen Standpunkt ein und drückt auch eine Intention aus, was die Gliederung des Textes angeht:

> *Rogers hat eine Organisation übernommen, in der eigennütziges Verhalten gefördert wurde und Führungspersonen schon fast diktatorisch auftreten mussten. Der Bereich hat seinen tyrannischen Leiter Bennett verloren, der alles am Laufen hielt; hinzu kommen Veränderungen im Markt. Die Probleme des Bereichs gehen auf drei Ursachen zurück: eine fehlende Vision, die Führungsschwäche von Rogers und die uneinheitliche Ausrichtung.*

Der letzte Satz gibt dem Leser und auch dem Schreiber vor, was die folgende Argumentation beweisen muss: nämlich, dass die Vision, die Führungsschwäche und die falsche Ausrichtung an den Problemen des Bereichs schuld sind.

Nachteile

Natürlich hat es auch Nachteile, mit der These zu beginnen. Es kann schwierig sein, das Fazit eines Textes zu formulieren, bevor man den Text selbst geschrieben hat. Je nach Ihrem Schreibprozess kann das Problem auch darin liegen, dass Sie das Fazit erst noch entwickeln müssen, während Sie schreiben. Das allerdings wäre bei engem Zeitrahmen ein hoch riskanter Ansatz. Schreiben Sie lieber einen Teil der These, um in den Prozess hineinzukommen, und bauen Sie dann nach und nach darauf auf. Nennen Sie beispielsweise zwei Problemursachen, derer Sie sich sicher sind, und fügen Sie dann die restliche(n) hinzu, sobald sie sich herauskristallisiert hat oder haben. Ein zweiter Nachteil des frühen Fazits ist, dass der Verfasser dem Leser aggressiv oder arrogant vorkommen könnte. In bestimmten Situationen und Kulturen kann es besser sein, Ihren Standpunkt erst nach dessen Herleitung zu nennen. In vielen Fällen aber können Sie getrost davon ausgehen, dass es dem Leser helfen wird, Ihre übergreifende These zu kennen, und das gilt auch für die schriftliche Fallstudienprüfung. Wenn Sie im Zweifel sind, fragen Sie Ihren Dozenten.

Belege

Wie Belege funktionieren

Belege geschickt einzusetzen, ist wahrscheinlich die wichtigste Fähigkeit beim Schreiben von Arbeiten über Fallstudien. Es ist allerdings sehr schwer zu demonstrieren, wie man sie richtig verwendet, denn das setzt die Kenntnis des betreffenden Fallbeispiels voraus. Ich hoffe, hier genügend Kontext zu liefern, sodass Sie verstehen können, wie jedes der nachfolgend erläuterten Beispiele für Belege funktioniert.

Qualitative und quantitative Belege

Im ersten Beispiel gebrauchen wir qualitative und quantitative Belege. Es geht hier um eine der fünf vorgeschlagenen Erweiterungen des Spülmaschinen-Produktentwicklungsprojektes mit dem Titel »Projekt C« aus der Studie »General Electric: Major Appliance Business Group (gekürzte Fassung)«. Die zusätzliche Phase zur Geschäftsprozessoptimierung erfordert mehr Zeit und finanziellen Aufwand – beides heikle Themen bei GE, da frühere Modelle mit Verspätung in Serie gingen und unter Qualitätsproblemen litten. Der Umsatz des Geräts aus Projekt B war sogar 30 bis 40 Prozent geringer als erwartet, und das aufgrund der schlechten Qualität von Modell A. Der erste Satz enthält die Empfehlung:

> (1) Nachdem PermaTuf A und B beide nicht die angestrebten Ziele erfüllt haben, scheint eine zusätzliche Prototyp-Phase oder Wiederholungsschleife vor der Markteinführung eine sehr vernünftige Sache zu sein. *Sie wird hohe Produktqualität sicherstellen und auch die Gewährleistungs- und Servicekosten verringern. Der kritischste Aspekt an dieser Maßnahme ist die Verzögerung des Projektes um drei bis vier Monate. Jedoch könnte die Prozessoptimierungsphase die Produktqualität verbessern, die Kosten verringern, den Marktanteil aufgrund der Produktverbesserungen erhöhen und gewährleisten, dass Projekt C nicht die gleichen Probleme bekommt wie A und B. Diese Veränderung könnte zwar auf ein bis zwei Jahre nach der Produkteinführung verschoben werden, aber dann könnte es schon zu spät sein: Der Ruf des Produkts könnte bis dahin schon gelitten haben, und Verkäufer und Kunden wären schwerlich davon zu überzeugen, dass dies nun die lang erwartete verbesserte Version sein soll. Darüber hinaus hatte die Konzernleitung sehr deutlich gemacht, dass sie vom Projektteam erwartet, »gleich von Anfang an alles richtig zu machen«.*
>
> *Die Gesamtkosten betragen 1,2 Millionen Dollar. Bis zum dritten Jahr (1985) werden die Kosten dieser Maßnahme durch zusätzliche Gewinnbeiträge von Projekt C ausgeglichen sein. Ab dem siebten Jahr*

(1989) wird Projekt C den Gewinnbeitrag gegenüber 1979 um 70 Prozent erhöhen. Mit jedem Jahr nach Einführung des neuen Modells wird sich vom gesteigerten Erlös aus dem Projekt ein immer höherer Anteil im Gesamtergebnis niederschlagen.

Verstärkung der Belege

Abbildung 9-2 fasst die unterstützenden Argumente des Abschnitts zusammen. Der Verfasser nennt viele Vorteile der Geschäftsprozessoptimierung, und er liefert auch Zahlen, die bestätigen, dass sich dadurch der Gewinnbeitrag langfristig erhöhen wird. Die beiden Abschnitte sind ein gutes Beispiel dafür, wie qualitative und quantitative Belege einander verstärken können.

Abbildung 9-2

Projekt C: Ja zur Geschäftsprozessoptimierung

Nachteile	Vorteile
• Verzögert Produkteinführung	• Geht Hauptprobleme mit den Projekten A und B an
• Verursacht Zusatzkosten	• Senkt Gewährleistungs- und Servicekosten
	• Verbessert Kundenzufriedenheit
	• Stärkt Überzeugung des Vertriebs vom Produkt
	• Bewirkt längerfristig Erhöhung des Marktanteils
	• Amortisiert sich und steigert Ergebnisbeitrag.

Beleg und Schlussfolgerung

Im zweiten Beispiel werden hauptsächlich quantitative Nachweise benutzt. Was man daraus lernen kann, ist, dass das pure Herunterbeten von Zahlen keinen Leser überzeugt – vielmehr muss der Schreiber dem Leser sagen, was die Zahlen im Hinblick auf die Argumentation bedeuten. Eine weitere Lektion daraus ist, dass mehrere Zahlen, die zu einer bestimmten These passen, überzeugender sind als nur eine oder zwei. In manchen Situationen werden Sie nicht viele quantitative Daten zur Verfügung haben; in dem Fall hat jeder einzelne quantitative Beleg viel Wert. Wenn Sie Ahnung von Finanzen haben, wird das zweite Beispiel vertrautes Terrain für Sie sein. Andernfalls wird Ihnen der Kontext helfen, der Logik des Abschnitts zu folgen. Die Fallstudie dreht sich um einen Hersteller und zwei Einzelhändler, die bei ihm mit hohen Summen im Zahlungsrückstand sind. Eine Analyst bewertet die Wahrscheinlichkeit, dass die beiden Händler ihre Schulden begleichen können. Die Belege dafür (in Klammern) unterstützen seine Schlussfolgerung (nicht kursiv gedruckt).

Liquidität: Bei Smyth & Company beträgt das [Verhältnis von Vermögen zu Verbindlichkeiten 2,53], und [eine Überprüfung zeigt, dass ihr gegenwärtiges Betriebsvermögen minus Bestände ihre gegenwärtigen Verbindlichkeiten 1,26-fach abdecken kann]. Das ist ein guter Hinweise darauf, dass das Unternehmen seinen kurzfristigen Zahlungsverpflichtungen, einschließlich der Rückstände gegenüber Mercury Enterprises, nachkommen kann. Allerdings zeigt ein Blick auf die Außenstände, dass sich die Periode bis zum Zahlungseingang verlängert hat. Im Jahr 1998 benötigte Smyth & Company durchschnittlich [82 Tage für die Eintreibung seiner Außenstände], während es [1996 noch 62 Tage gewesen waren]. Gleichzeitig ist aber auch [die Laufzeit der Verbindlichkeiten zwischen 1996 und 1998 von durchschnittlich 53 Tagen auf 70 Tage angestiegen], was ein gutes Zeichen ist. Allerdings [sind die Verbindlichkeiten nicht im gleichen Maße angewachsen wie das Kundenzahlungsziel], und das setzt die Liquidität des Unternehmens unter Druck, denn [die Zeitspanne zwischen dem Zahlungseingang bei Smyth & Company und der Fälligkeit seiner eigenen Verbindlichkeiten hat sich von 9 auf 12 Tage ausgeweitet]. Obgleich also derzeit die Liquiditätsprüfung und das Verhältnis Vermögen–Verbindlichkeiten eine gute Liquidität erkennen lassen, sind doch wesentliche Liquiditätsfaktoren wie Außenstände und Verbindlichkeiten auf dem Weg der Verschlechterung, und das dürfte die Fähigkeit der Firma, ihren kurzfristigen Zahlungsverpflichtungen gegenüber Mercury Enterprises nachzukommen, bald beeinträchtigen.

Dieser Teil der Arbeit setzt maßgeblich Zahlen ein. Der Verfasser nennt Daten, die zugunsten des Händlers sprechen (Liquiditätsprüfung und Verhältnis von Vermögen zu Verbindlichkeiten), vergleicht die positiven mit den negativen Daten und findet die negativen aussagekräftiger. Die Einbeziehung von Belegen, die gegen seine Schlussfolgerung sprechen, schwächt jedoch nicht seine Argumentation, sondern stärkt sie sogar (und damit auch seine Glaubwürdigkeit), da dies dem Leser deutlich macht, dass er sämtliche relevanten Daten berücksichtigt hat.

Fachspezifische Methoden

In schriftlichen Arbeiten über Fallstudien dienen die Resultate fachspezifischer Methoden als Belege für die aufgestellte These. Im oben genannten Beispiel stehen in Klammern die Ergebnisse quantitativer Methoden, die der Verfasser angewandt hat. Der Textabschnitt ist nach den wesentlichen Berechnungen und der Bedeutung ihrer Resultate strukturiert. Ohne finanztechnische Hilfsmittel hätte der Verfasser zum Thema Liquidität nicht sehr viel sagen können.

Im letzten Beispiel werden nur qualitative Belege verwendet. Die übergreifende Argumentation bezieht sich auf die Organisation, die in der Fallstudie »Allentown Materials Corporation: The Electronic Products Division (gekürzte Fassung)« – siehe auch Kapitel 5 – beschrieben ist. Die Belege (wiederum in Klammern) unterstützen die Aussage des ersten Satzes.

> Der Bereich in seiner gegenwärtigen Form kann nicht erfolgreich arbeiten, da er [falsch ausgerichtet] ist, und dafür ist zum Großteil Rogers verantwortlich. *Er hat [organisatorische Veränderungen vorgenommen, welche der Historie des Geschäftsbereichs zuwiderlaufen und nicht von einer klaren Vision geleitet waren]. Die Produktentwicklung hat gelitten, da Rogers [Veränderungen vorgenommen hat, welche die Lücke nach dem Tod des brillanten, aber sehr dominanten Bennett nicht schließen konnten]. Er hat den Hauptsitz des Bereichs in die Unternehmenszentrale verlegt, die [eine völlig andere Kultur hat als der von Eigeninteressen und Konflikten geprägte Geschäftsbereich]. Vertrieb und Marketing wurden getrennt, [ohne zu berücksichtigen, dass sie einander ergänzen. Der Vertrieb verkauft nicht nur, er ist auch eine Quelle für Marktinformationen]. Die Marketingleute können nicht effektiv mit dem Vertrieb zusammenarbeiten, da [sie nicht die notwendigen Fähigkeiten für ihre Aufgabe mitbringen (sie sind alle Berufsanfänger oder haben ein, zwei Jahre Berufserfahrung)], dennoch [erhalten sie von ihm keine Hilfe und kein Coaching]. Sie brauchen die Marktkenntnis des Vertriebs.*

Fakten verknüpfen

Es lohnt sich, diesen Abschnitt zweimal zu lesen, um zu verstehen, wie der Schreiber die Belege Satz für Satz aneinandergefügt hat, sodass sie schließlich alle zu der Schlussfolgerung deuten, die er im ersten Satz formuliert hat. Es ist vorgekommen, dass Studenten solche Texte als »Auflistung von Sachverhalten aus der Fallstudie« kritisierten. Das trifft hier nicht zu – aus drei Gründen: Die Fakten wurden sorgfältig aus verschiedenen Stellen des Fallstudien-Textes ausgewählt; sie wurden kombiniert mit logischen Ableitungen, welche die Fakten zu einer Schlussfolgerung verknüpfen; und sie unterstützen alle dasselbe Fazit des Verfassers.

Dieser Textabschnitt nutzt ganz andere Methoden als die quantitativen, die bei der Liquiditätsanalyse angewandt wurden, aber das Ziel ist dasselbe: eine Schlussfolgerung durch Argumente zu stützen. Der zentrale Gedanke des Abschnitts – die falsche Ausrichtung – ist aus der Organisationsentwicklung abgeleitet. Die Wörter in Klammern sind das, was bei der Anwendung von Konzepten zum Führungs- und Organisationsverhalten resultiert.

These als Gesamtaussage

Achten Sie auch auf eine weitere Besonderheit dieser drei Beispiele: Jedes nennt dem Leser in einem Satz die Schlussfolgerung, die durch die Belege gestützt wird. Dieser Satz steuert die Bedeutung der übrigen Sätze und ist damit quasi eine These für den Textabschnitt. Ein solcher Satz kann an jeder beliebigen Stelle im Text stehen. Am besten stellt man ihn gleich an den Anfang, er kann aber auch erst in der Mitte oder, wie in zwei der drei Beispiele, am Ende kommen. In beiden aber greifen die vorhergehenden Aussagen dem Inhalt der These vor, welche dann sämtliche Aussagen zusammenfasst und miteinander verknüpft.

Maßnahmenplan

Der Maßnahmenplan ergänzt die Argumentation durch Beantwortung der Frage »Wie?«.

- Wie wird das Problem gelöst?
- Wie wird die Entscheidung umgesetzt?
- Wie verbessert man die Leistung?

Abbildung 9-3 zeigt die Arbeitsteilung zwischen einer Argumentation und einer Maßnahmenplanung: Letztere haben den Zweck, die in der Arbeit dargestellte Situation durch eine zusammenhängende Folge von Handlungen zu verbessern.

Abbildung 9-3

Was Maßnahmenpläne leisten

Situationstyp	Argumentation	Maßnahmenplanung
Problem	Wirkzusammenhänge nachweisen, die das Problem erklären	Problem lösen: Schwächen beheben und Stärken intensivieren
Entscheidung	Beste Entscheidung empfehlen	Entscheidung umsetzen: besten Weg zum gewünschten Ergebnis aufzeigen
Bewertung	Detaillierte Bewertung der Leistung, Handlung oder des Resultats liefern	Leistung oder Ergebnis verbessern; Entscheidung umsetzen oder ändern

Erst Argumentation, dann Maßnahmen

Die Argumentation geht dem Maßnahmenplan voraus, denn es gibt ja erst dann umsetzbare Maßnahmen, wenn klar und anhand von Fakten belegt ist, was getan werden muss. Mit anderen Worten: Die Argumentation liefert sowohl die Notwendigkeit als auch den Inhalt der Maßnahmen. Neben den unterschiedlichen Inhalten beider Textteile gibt es aber noch zwei Gründe dafür, sie getrennt zu halten: die Organisation des Textes und das Verständnis des Lesers.

Unterschiedliche Ordnungsprinzipien

Argumentation und Maßnahmenplan zu einer Fallstudie sind nach völlig unterschiedlichen Prinzipien aufgebaut: So ist beispielsweise bei einer Entscheidungssituation die Argumentation für eine Empfehlung häufig nach deren Gründen strukturiert. Ein Maßnahmenplan dagegen ist *chronologisch* aufgebaut – er erschließt sich im Zeitverlauf. Diese beiden unterschiedlichen Ordnungsprinzipien lassen sich nicht unter einen Hut bringen – und es gibt auch keinen Grund, es zu versuchen, auch wenn Studenten das immer wieder tun. Wenn ein Schreiber versucht, Argumentation und Maßnahmenplan miteinander zu kombinieren, dann wird eines von beiden Elementen darunter leiden: entweder verliert die Argumentation ihre logische Struktur und verfehlt damit ihren Zweck, oder die chronologische Reihenfolge der Maßnahmen muss zugunsten der argumentativen Logik geopfert werden, sodass der Leser nicht mehr weiß, wie die Schritte aufeinander folgen. Der zweite Grund ist, wie gesagt, der Leser: Wenn man zwischen Argumentation und Maßnahmen hin und her wechseln muss, verliert man den übergreifenden Zusammenhang und tut sich schwerer, Argumente und/oder Maßnahmen zu verstehen.

Elemente eines Maßnahmenplans

Ein effektiver Maßnahmenplan zeichnet sich durch folgende Merkmale aus:

- Er setzt Ziele, die aus der Argumentation folgern.
- Er nennt die Argumentationsinhalte, die umzusetzen sind.
- Er beschreibt spezifische Maßnahmen.
- Er teilt sie in realistische kurz- und langfristige Maßnahmen ein.
- Er nennt die Hauptrisiken der betreffenden Planung.

Ziele

Eine Argumentation liefert keine expliziten Handlungsziele. Eine Diagnose nennt die wichtigsten Ursachen eines Problems, sagt aber nicht, wie diese angegangen werden sollen. Die Argumentation für eine Entscheidung begründet diese, sagt aber nicht, wie sie ausgeführt werden soll. Eine Zielformulierung am Anfang eines Maßnahmenplans fasst den Zielzustand zusammen, der mit dem Geplanten erreicht werden soll. Das Ziel kann sehr einfach gehalten sein und einen oder mehrere Teile enthalten:

- *Ziel:* Möglichst baldige Verlagerung der Fertigung zu einem geeigneten externen Anbieter; diese sollte in einem Jahr beginnen und in zwei Jahren abgeschlossen sein.
- *Ziel:* Das Projektteam um Corcoran sollte sich bei der Konzernleitung dafür einsetzen, die Empfehlung anzunehmen, alle Interessengruppen ins Boot zu holen und sämtliche Vorschläge umzusetzen.

Es kann aber auch komplexer formuliert sein:

- *Ziel:* Kurzfristig sollte sein Ziel sein, eine klare Vision zu entwickeln, den Bereich so umzuorganisieren, dass er diese Vision verwirklichen kann, und einen klaren Realisierungsplan dafür aufzustellen. Langfristig muss sein Ziel sein, eine kundenorientierte Organisation zu schaffen. Er gilt, wieder Stabilität herzustellen, verankert in der Vision und in einer Kultur der kontinuierlichen Verbesserung und des Miteinander.

Das letztgenannte Ziel ist typisch für Arbeiten über Problem- und Bewertungssituationen. Beide beinhalten meist mehrere Faktoren, die irgendwelche Maßnahmen erfordern. Sie sollen sich jedoch vor allzu komplexen Zielsetzungen hüten, denn wenn sie zu kompliziert werden, sind sie nicht mehr von Nutzen.

Inhalte

Handlungsbedarf vollständig berücksichtigen

Aus der Argumentation ergibt sich der Inhalt dessen, was umgesetzt werden muss; die Planung übersetzt es in konkrete Maßnahmen. Jeder wesentliche Punkt, der in der Argumentation genannt wird und auf Handlungsbedarf hinweist, muss im Maßnahmenplan angesprochen werden. Nennt die Argumentation drei Hauptursachen für ein Problem, muss auch der zugehörige Maßnahmenplan diese drei Ursachen adressieren. Er sollte jedoch kein Thema anreißen, das im Argumentationsteil nicht vorkommt. Das kann leicht passieren: Beim Aufstellen des Maßnahmenplans fällt dem Schreiber häufig noch etwas ein, das er in der Argumentation nicht abgedeckt hat (wie etwa ein neues Entscheidungskriterium), und das versucht er dann in einem der Schritte unterzubringen. Doch Vorsicht: Dem Leser fällt die Diskrepanz sofort auf, und er gewinnt den Eindruck, die Argumentation sei nicht vollständig.

Maßnahmen

Details beschreiben

Ein Plan besteht aus einer Folge von Maßnahmen, die im Laufe einer bestimmten Zeit durchzuführen sind. Um von Nutzen zu sein, müssen diese im Detail beschrieben sein. Hier der erste Schritt eines Umsetzungsplans für eine Entscheidungssituation:

- *in der Unternehmensleitung einen klaren Konsens herstellen und Daten sowie Prozesse für die Übertragung festlegen*
- *eine funktionsübergreifende Arbeitsgruppe aufstellen, um Fremdfirmen zu prüfen und den Übergang zu managen.*

Das nächste Beispiel ist ein Teil eines Maßnahmenplans zu einer Problemdiagnose:

> *Als Nächstes muss eine Vision entwickelt werden, die einfach, für alle Beteiligten bedeutsam und leicht umsetzbar ist. Die Fertigung ist nur an niedrigen Kosten interessiert, während andere Einheiten über Produktinnovationen nachdenken, und das sorgt für Konflikte in der Zusammenarbeit. Die Vision muss nachprüfbar sein, um kurzfristige Erfolge zu ermöglichen. So können beispielsweise Kennzahlen für Liefertreue und Service demonstrieren, dass eine auf Kundenbedürfnisse gerichtete Vision Wirkung zeigt. Als Nächstes muss die Vision den Mitarbeitern im gesamten Geschäftsbereich vermittelt werden. Die Konflikte im Bereich finden auf allen Ebenen statt, und es ist wichtig, das Umdenken und Engagement aller zu sichern.*

Bei der Beschreibung der Maßnahmen sollte ein gutes Mittelmaß zwischen Gemeinplätzen und zu viel Detailtiefe gefunden werden. Eine allgemeine Formulierung sagt dem Leser nicht genug:

Fertigungspartner auswählen.

Diese Formulierung geht nicht auf Fragen ein wie: Welche Art von Partner kommt überhaupt in Frage? Welche Kriterien sollten bei der Auswahl berücksichtigt werden? Im anderen Extrem kann eine Maßnahme aber auch unnötig detailliert beschrieben sein:

Zur Auswahl des Fertigungspartners sollte Stott für die Folgewoche mit dem Fertigungsleiter von Whistler einen Termin vereinbaren, bei dem zunächst geeignete Auswahlkriterien vereinbart werden. Im Vorfeld sollte er sich die Gesprächspunkte aufnotieren, so beispielsweise Punkte wie: Wie haben sich potenzielle Kandidaten bisher als Outsourcing-Partner bewährt? Wie gut passt ihre Fertigungserfahrung zu Whistlers Anforderungen? Wie gut arbeitet ihr Managementteam mit der Whistler-Firmenleitung zusammen? Stott sollte sich genau überlegen, wie Whistler die bisherigen Outsourcing-Erfolge koreanischer Anbieter recherchieren kann: Welche Kontakte hat Whistler, die man zur Recherche nutzen könnte? Welche Bedeutung sollten Referenzen haben? Gibt es jemanden in Korea, der zuverlässig und imstande ist, diese Recherchen durchzuführen?

Was will man wissen?

Als Orientierungshilfe sollten Sie sich überlegen, was der Leser wohl wissen will. Bei zu vage formulierten Maßnahmen bleibt unklar, wie sie realisiert werden sollen – in einem Sumpf von Details bleibt der Leser stecken und verliert den Überblick darüber, welche davon bei jeder Maßnahme wichtig sind.

Zeitliche Einordnung

Keine Checkliste

Maßnahmenpläne werden im Zeitverlauf umgesetzt: Einige Schritte kommen gleich zu Anfang, einige später, andere noch später. Sie müssen dem Leser die zeitliche Einordnung der Schritte deutlich machen. Ein Maßnahmenplan ist keine Checkliste für Erledigungen, auf der die Punkte beliebig abgehakt werden können. Die meisten umfangreicheren Maßnahmenpläne müssen lang- und kurzfristige Maßnahmen enthalten; manche vielleicht sogar mittelfristige. In Abbildung 9-3 sind Kriterien aufgelistet, nach denen Sie entscheiden können, wo ein Realisierungsschritt zeitlich einzuordnen ist.

Abbildung 9-4

Kriterien für Schritte im Maßnahmenplan

Zeitliche Einordnung	Kriterien
Kurzfristig	• Dringend • In Reichweite (leicht umsetzbar) • Voraussetzung für längerfristige Maßnahmen
Langfristig	• Abhängig von vorangegangenen Schritten • Komplex, Umsetzung braucht Zeit

Dringendes zuerst

Der kurzfristige Teil einer Planung beginnt mit den dringlichsten Maßnahmen. Was muss als Allererstes getan werden, um die Entscheidung umzusetzen, die Leistung zu verbessern, das Problem zu lösen? Schon der erste Schritt sagt dem Leser sehr viel darüber, wie viele Gedanken Sie sich über die zeitliche Reihenfolge gemacht haben. Als Kurzfristmaßnahme eignet sich auch, was leicht realisierbar ist. Gibt es etwas, das die Hauptperson schnell und einfach tun kann und das die Situation unmittelbar verbessert? Und schließlich können kurzfristige Maßnahmen die Grundlage für längerfristige schaffen.

Abhängigkeiten

Langfristmaßnahmen sind fast immer von den kurzfristigen abhängig. Ein Vorhaben, für das man die Genehmigung der Firmenleitung braucht, kann erst realisiert werden, wenn die von seiner Sinnhaftigkeit überzeugt ist. Die Einholung der Genehmigung wird daher immer ein Schritt sein, der jedem anderen Realisierungsschritt vorausgehen muss.

Realistische Planung

Seien Sie *realistisch* bei der Einschätzung des Zeitrahmens, und machen Sie diesen auch für Ihre Leser deutlich. Komplexe oder heikle Maßnahmen oder solche, die die Mitwirkung vieler Leute erfordern, sind gewöhnlich als längerfristig anzusehen. Es kann Monate oder gar Jahre dauern, das gesamte Anreizsystem in einem Unternehmen anzupassen. Selbst relativ simple Maßnahmen wie eine einzige kleine Änderung in der Unternehmensstrategie können sich in die Länge ziehen.

Risiken

Größtes Risiko

Jeder Maßnahmenplan enthält ein gewisses Maß an Unsicherheit und Risiko. *Nichts* läuft einhundertprozentig nach Plan. Sie tun also gut daran, das Hauptrisiko Ihrer Planung zu thematisieren und Maßnahmen zur Bewältigung vorzuschlagen. Aber bitte – quälen Sie sich nicht mit dem Risiko jeder Einzelmaßnahme herum. Fragen Sie sich lieber: Was ist das Schlimmste, das bei dieser Planung schiefgehen kann? Und: Wie kann dieses Risiko begrenzt oder beseitigt werden?

Kapitel 10

Schreiben über Problem-Fallstudien

Komplexe Interpretation

Problemsituationen in Fallstudien ergeben sich aus Maßnahmen, Prozessen, Handlungen oder durch Einflüsse, die wir nicht völlig verstehen. Sie beschreiben die Pathologie eines Unternehmens (beispielsweise schlechte Manager) oder deren Erfolg (etwa die Strategie, die zur Marktführerschaft verholfen hat); die Problemsituation kann aber auch irgendwo zwischen den beiden Extremen liegen. In diesem Teilbereich der Fallstudienarbeit haben Studenten mit die schwierigsten und faszinierendsten Interpretationsaufgaben zu lösen. (Siehe auch Kapitel 5 zum Thema Problemsituationen in Fallstudien.)

Wie man die Texte aufbaut

Dieses Kapitel und die beiden folgenden haben dasselbe Ziel und die gleiche Struktur: Sie zeigen, wie man Texte über Fallstudien des Typs *Problem, Entscheidung* und *Bewertung* aufbaut, und liefern ein oder mehrere Beispiele auf Basis von Studienarbeiten aus MBA-Seminaren. Am Ende aller drei Kapitel werden Sie Arbeitsvorlagen finden, die Ihnen bei der Planung helfen können.

Die Beispielarbeit in diesem Kapitel beantwortet Fragen zum Fallbeispiel »Allentown Materials Corporation: The Electronic Products Division (gekürzte Fassung)«. Um von den Ausführungen des Kapitels möglichst viel zu profitieren, sollten Sie die Fallstudie und die Arbeit zunächst lesen. (Anmerkung: Auf »Allentown« haben wir bereits in Kapitel 5 Bezug genommen, also kennen Sie das Fallbeispiel womöglich bereits.)

Wie man Arbeiten über Problem-Fallstudien aufbaut

Eine schriftliche Arbeit über eine Problemsituation umfasst vier Teile:

1. Problemdefinition
2. Diagnose
3. Nachweis der Ursachen
4. Maßnahmenplan.

Klarer Standpunkt

Problemdefinition und Diagnose sind wesentlich kürzer als die anderen beiden Teile, und dennoch sind sie von zentraler Bedeutung. Beide zusammen bilden die These des Verfassers, und alles andere ergibt sich daraus. Der Leser erwartet vom Verfasser einen klaren Standpunkt, denn dieser gibt dem weiteren Lesen eine Zielrichtung vor.

Schwierigkeiten

Arbeiten über Problem-Fallstudien sind besonders schwierig zu schreiben, da vielfältige Ursachen und Wirkungen zu berücksichtigen sind. Man ist dann leicht versucht, eine lange Liste dieser Ursachen aufzustellen. Typischerweise kommt dabei ein Text heraus, der wenige Belege für jede Ursache enthält, und der Mangel an Tiefe zugunsten der Breite schadet der Überzeugungskraft. Um dieses Dilemma zu vermeiden, halten Sie sich an eine Variante der 80-20-Regel: 20 Prozent der Ursachen sollen 80 Prozent der Wirkungen erklären. Wenn es gelingt, die Problematik zu 80 Prozent auf wenige Ursachen zurückzuführen und das im Detail zu belegen, dann überzeugt das den Leser weitaus mehr, als wenn Sie 99 Prozent der Problematik auf viele Ursachen zurückführen, dafür aber nur oberflächliche Indizien liefern können.

Problemdefinition

Die Problemdefinition sollte die aus der Situation ablesbaren Effekte oder Ergebnisse nennen, welche für die Hauptperson der Geschichte am bedenklichsten sind. Unsere Beispielarbeit beginnt mit folgendem Abschnitt:

Don Rogers sieht sich einer Reihe von Schwierigkeiten gegenüber: Die Leistung seines Geschäftsbereichs EPD ist rückläufig, die Reputation des Bereichs in puncto Liefertreue und Service hat gelitten. Die Stimmung in der Mitarbeiterschaft ist schlecht, jede Einheit misstraut den anderen, und es gibt ständig und überall Streitigkeiten.

Problemursachen

Dieser Abschnitt drückt aus, welche Problematik Don Rogers lösen muss: Finanzergebnis und Ruf des Allentown-Geschäftsbereichs haben sich verschlechtert, und der Bereich leidet unter mehreren internen Schwierigkeiten, die seine schwache Leistung mit verursacht haben. Dieser Abschnitt scheint zunächst nicht mehr zu sein als eine Zusammenfassung der Fallstudie – doch wird dort an keiner Stelle ein Problem artikuliert; vielmehr ist lediglich eine Reihe von Dingen aufgelistet, die anscheinend nicht gut laufen. Das Problem beim Namen zu nennen heißt, die wichtigsten Phänomene, aus denen es besteht, zu sammeln, zu ordnen und zu beschreiben. Zudem macht diese Definition deutlich, um welche Art von Problem es sich handelt. Die Problematik der Fallstudie »Allentown« betrifft das Verhalten und die Leistung von Menschen – nicht Marketing, Strategie oder Fertigung.

Diagnose

Mut zu wenigen Ursachen

Ist das Problem definiert, besteht die nächste Aufgabe darin, eine Diagnose zu formulieren – also die wichtigsten Ursachen des Problems zu erkennen und zu benennen. Gesunder Menschenverstand und Intuition sind dabei hilfreich, aber nicht genug. Eine Ursachenanalyse kann nur mithilfe geeigneter Konzepte durchgeführt werden. Unser Musterbeispiel setzt allgemein bekannte und akzeptierte Konzepte aus den Bereichen Führung und Organisationsverhalten ein. Die Diagnose lautet:

Viele dieser Probleme sind auf die Kultur des Bereichs, die unterschiedlichen Führungsstile von Bennett und Rogers, Fehlentscheidungen von Rogers sowie die unterschiedliche Ausrichtung der einzelnen Gruppen zurückzuführen.

Das Arbeitsbeispiel liefert eine klar und prägnant formulierte Diagnose, die fünf Problemursachen nennt: Unternehmenskultur, Führungsstil, Rogers' Entscheidungen und uneinheitliche Ausrichtung.

Man braucht Mut, um für ein Problem wenige Ursachen zu definieren. Viel sicherer und für eine komplexe Situation passender scheint es, viele Ursachen zu nennen. Es gehört jedoch zur Aufgabe des Schreibers, ein Problem auf seine wichtigsten Ursachen zurückzuführen – und das ist hier sehr gut gelöst.

Nachweis von Kausalzusammenhängen

Symmetrische Argumentation

Der Nachweis, warum die Diagnose zutrifft, wird bei problembezogenen Fallstudien den überwiegenden Teil der schriftlichen Arbeit ausmachen. Unser Beispieltext geht im Anschluss an die Diagnose darauf ein, welche Informationen und Hinweise in der Geschichte den Bezug zwischen der Fallproblematik (der Wirkung) und den vier Ursachen herstellen. Keine der Ursachen wird ausgelassen, und bei keiner mangelt es an Belegen. Die Abschnitte im Begründungsteil sind genau so geschnitten wie die Diagnose: Diese kleine Symmetrie ist für die Argumentation äußerst wichtig, denn der Leser erwartet, dass die Reihenfolge der Aussagen in der These auch in der nachfolgenden Beweisführung eingehalten wird. Weicht diese davon ab, fragt sich der Leser nach dem Grund. Er erwartet, dass alles im Text einen Sinn und Zweck hat, und wenn das nicht der Fall ist, wird das Verständnis erschwert.

Herleitung der These

Schauen wir uns nun genauer an, wie die Herleitung der These funktioniert. Lesen Sie bitte den zweiten und dritten Abschnitt des Arbeitsbeispiels:

Kulturelle Unterschiede
Rogers steht unter Druck, seinen Bereich stärker am Gesamtunternehmen auszurichten, doch sind die beiden Kulturen sehr unterschiedlich. Allentown ist wie ein Familienverbund, in dem Hierarchie keine Rolle spielt. Man bespricht Probleme persönlich miteinander, es gibt formelle und informelle Gespräche zwischen den Mitarbeitern aller Ebenen sowie auch gesellschaftliche Kontakte. Bei EPD hingegen hat Bennett die Kultur seinem Führungsstil angepasst. Er hat eine Hierarchie geschaffen, wobei er selbst an der Spitze steht, die ganze Macht hat und sämtliche Entscheidungen fällt. Es gibt wenig Zusammenhalt, Probleme werden nicht besprochen, jeder ist auf den eigenen Vorteil aus. Man kommt nur zu formellen Sitzungen zusammen. Die beiden Kulturen sind derzeit nicht miteinander vereinbar, und der Versuch, die eine der anderen anzugleichen, muss unweigerlich zu Konflikten führen.

Unterschiede im Führungsstil
Die Unterschiede in der Firmenkultur gehen auf den Führungsstil von Bennett zurück, der den Bereich von Anfang an leitete und dessen Nachfolge Rogers vor zwei Jahren antrat. Bennett wollte seinen Geschäftsbereich von Allentown klar getrennt halten, um die vollständige Kontrolle zu haben. Er war einflussreich, eigensinnig und kleinlich, aber er hatte auch das Bedürfnis, Neues auszuprobieren. Er war

motiviert und erfahren und wurde von allen respektiert. Er war aber auch gefürchtet, denn er pflegte einen sehr autoritären Führungsstil und traf alle wichtigen Entscheidungen selbst. Dieser Führungsstil ließ keinen Raum für andere Führungspersönlichkeiten, nur Führungskräfte. Bennett beschäftigte sich aber mit organisatorischen Themen und initiierte ein entsprechendes Verbesserungsprogramm.

Rogers neigt mehr dazu, sich mit anderen zu beraten, anscheinend fehlt ihm jedoch ein klarer Führungsansatz. Er bezieht andere in seine Entscheidungen ein und gibt Informationen weiter. Er ist intelligent, kommunikationsstark, beliebt und wird respektiert. Allerdings wird seine Führung aufgrund mancher seiner Eigenschaften auch infrage gestellt. Er gilt als weich und nicht sehr konfliktfähig. Er ist kein guter Zuhörer und verbringt zu viel Zeit mit unternehmensübergreifenden Aufgaben, und beides führt dazu, dass er zu wenig über EPD weiß. Er hat nicht besonders viel Erfahrung, was seine Glaubwürdigkeit beeinträchtigt. Sein Führungsstil passt nicht zur Realität in dem von Bennett geschaffenen Geschäftsbereich, und diese Diskrepanz wird durch seine Führungsschwäche noch verschlimmert.

Ursachen mit Wirkungen verbinden

In dieser frühen Phase der Argumentation versucht der Schreiber, zwei der Problemursachen – den Zusammenprall der Kulturen und den der Führungsstile – mit den im Fallbeispiel beschriebenen Wirkungen in Verbindung zu bringen. Dort ist erwähnt, dass Rogers eigentlich die Kultur des Geschäftsbereichs stärker an die des Gesamtunternehmens anpassen soll. Offenbar hat sich niemand groß darüber Gedanken gemacht, denn eine Kultur zu verändern ist immer schwierig, und für eine so große Veränderung gilt das umso mehr. Rogers scheint davon auszugehen, dass sich die Menschen in seinem Bereich anders verhalten werden, nur, weil ihr neuer Chef das so will.

Im nächsten Abschnitt vergleicht der Verfasser die Führungsstile des alten und des neuen Bereichsleiters. Bennett war ein autoritärer Führer, der die Organisation seinem Führungsstil angepasst hat. Er war damit erfolgreich dank seiner Kreativität und Intelligenz – und wegen der Bereitschaft der Mitarbeiter, in einem System zu arbeiten, das ihre Selbstbestimmung und ihre Einflussmöglichkeiten stark einschränkte. Rogers platzte da hinein mit einem Führungsmodell, dass zwar nicht ganz klar wird, aber auf jeden Fall offener und beratungsintensiver ist als Bennetts Modell. Sein Stil passt wahrscheinlich besser zum geänderten Wettbewerbsumfeld, doch hat er die Vorgeschichte des Bereichs ignoriert und nichts getan, um die Kluft zwischen den beiden Führungsstilen zu überbrücken.

Belege und Schlussfolgerungen

Lassen Sie uns nun die beiden Abschnitte daraufhin analysieren, welche Art von Aussagen sie enthalten, um vielleicht die Argumentationsführung darin erkennen zu können. Beide Abschnitte listen eine Reihe von Aussagen auf, die als Belege beziehungsweise Schlussfolgerungen gekennzeichnet sind:

Kulturelle Unterschiede
[Schlussfolgerung] Rogers steht unter Druck, seinen Bereich stärker am Gesamtunternehmen auszurichten, doch sind die beiden Kulturen sehr unterschiedlich.

- *[Beleg] Allentown ist wie ein Familienverbund, in dem Hierarchie keine Rolle spielt.*
- *[Beleg] Man bespricht Probleme persönlich miteinander, es gibt formelle und informelle Gespräche zwischen den Mitarbeitern aller Ebenen sowie auch gesellschaftliche Kontakte.*
- *[Beleg] Bei EPD hingegen hat Bennett die Kultur seinem Führungsstil angepasst.*
- *[Beleg] Er hat eine Hierarchie geschaffen, wobei er selbst an der Spitze steht, die ganze Macht hat und sämtliche Entscheidungen fällt.*
- *[Beleg] Es gibt wenig Zusammenhalt, Probleme werden nicht besprochen, jeder ist auf den eigenen Vorteil aus. Man kommt nur zu formellen Sitzungen zusammen.*

[Schlussfolgerung] Die beiden Kulturen sind derzeit nicht miteinander vereinbar, und der Versuch, die eine der anderen anzugleichen, muss unweigerlich zu Konflikten führen.

Verknüpfende Fakten

Es zeichnet sich ein Muster ab, in dem der Leser von einer Schlussfolgerung zur anderen geführt wird. Dazwischen werden die Fakten genannt, welche die beiden Schlussfolgerungen belegen und miteinander verknüpfen. Allerdings haben nicht alle Schlussfolgerungen das gleiche Gewicht: Es gibt zentrale Aussagen, welche einen Teil der übergreifenden Argumentationslinie bilden, und untergeordnete Aussagen, welche die logische Brücke zur Hauptaussage schlagen. Der erste Satz des Abschnitts ist eine Schlussfolgerung, die im letzten Satz weiter ausgeführt und mit dem Problem in Verbindung gesetzt wird. Rogers Aufgabe, EPD an Allentown anzupassen, schafft Konflikte zwischen ihm und seinem Bereich, und das beeinträchtigt dessen Leistung.

Schauen wir uns den zweiten Abschnitt auf die gleiche Weise an:

Unterschiede im Führungsstil
[Schlussfolgerung] Die Unterschiede in der Firmenkultur gehen auf den Führungsstil von Bennett zurück, der den Bereich von Anfang an leitete und dessen Nachfolge Rogers vor zwei Jahren antrat.
[Beleg] Bennett wollte seinen Geschäftsbereich von Allentown klar getrennt halten, um die vollständige Kontrolle zu haben.
[Beleg] Er war einflussreich, eigensinnig und kleinlich, aber er hatte auch das Bedürfnis, Neues auszuprobieren.
[Beleg] Er war motiviert und erfahren und wurde von allen respektiert.
[Beleg] Er war aber auch gefürchtet, denn er pflegte einen sehr autoritären Führungsstil und traf alle wichtigen Entscheidungen selbst.
[Beleg] Dieser Führungsstil ließ keinen Raum für andere Führungspersönlichkeiten, nur Führungskräfte.
[Beleg] Bennett beschäftigte sich aber mit organisatorischen Themen und initiierte ein entsprechendes Verbesserungsprogramm.
[Beleg] Rogers neigt mehr dazu, sich mit anderen zu beraten, anscheinend fehlt ihm jedoch ein klarer Führungsansatz.
[Beleg] Er bezieht andere in seine Entscheidungen ein und gibt Informationen weiter.
[Beleg] Er ist intelligent, kommunikationsstark, beliebt und wird respektiert.
[Beleg] Allerdings wird seine Führung wegen einiger dieser Eigenschaften auch infrage gestellt.
[Beleg] Er gilt als weich und nicht sehr konfliktfähig.
[Beleg] Er ist kein guter Zuhörer und verbringt zu viel Zeit mit unternehmensübergreifenden Aufgaben, und beides führt dazu, dass er zu wenig über EPD weiß.
[Beleg] Er hat nicht besonders viel Erfahrung, was seine Glaubwürdigkeit beeinträchtigt.
[Schlussfolgerung] Sein Führungsstil passt nicht zur Realität in dem von Bennett geschaffenen Geschäftsbereich, und diese Diskrepanz wird durch seine Führungsschwäche noch verschlimmert.

Wieder bewegt sich der Abschnitt von einer einführenden zu einer genauer formulierten Schlussfolgerung. Reduzieren wir den Abschnitt nur auf die Schlussfolgerungen, können wir genauer sehen, wie er zum Nachweis der Diagnose beiträgt: Der kulturelle Unterschied geht auf Bennetts Führung zurück, der den Bereich von Anfang an leitete, bis Rogers vor zwei Jahren seine Nachfolge antrat. Rogers' Führungsstil passt nicht zur Realität in dem von Bennett geschaffenen Geschäftsbereich, und diese Diskrepanz wird durch seine Schwäche noch verschlimmert.

Genügend Belege finden

Diese Argumentation verknüpft die Unterschiede in Unternehmenskultur und Führungsstil zu den Hauptursachen für die fehlende Verbindung zwischen dem Bereich und seinem Leiter. Sie macht deutlich, wie schlecht der eine zum anderen passt. Nichtsdestotrotz wäre diese aus zwei Sätzen bestehende Argumentation ohne Belege nicht überzeugend. Die beiden Abschnitte enthalten nur vier Schlussfolgerungssätze, aber viele Aussagen, die diese Schlussfolgerungen belegen. Für das zahlenmäßige Verhältnis zwischen beiden gibt es keine Norm, aber das Beispiel zeigt, dass Schlussfolgerungen durch eine größere Zahl von Belegen gestützt werden sollten und dass diese einen Großteil der Argumentation ausmachen.

Maßnahmenplan für Problem-Fallstudien

Ziel eines Maßnahmenplans

Der Maßnahmenplan in einer Arbeit über problembezogene Fallstudien hat zum Ziel, eine schlechte Leistung zu verbessern, eine gute zu erhalten oder beides. Im Arbeitsbeispiel geht es darum, die Leistung des Bereichs EPD zu verbessern. (Mehr Informationen zum Thema Maßnahmenpläne finden Sie in Kapitel 9.)

Der Verfasser nennt die Ziele des Maßnahmenplans und teilt die notwendigen Schritte in lang- und kurzfristige ein. Der Plan adressiert die zentralen Punkte der Diagnose: Kultur, Führungsstil, Rogers' falsche Aktionen und die uneinheitliche Ausrichtung. Entsprechend sieht er vor, einige von Rogers' schlechtesten Entscheidungen – wie die geografische Trennung zwischen EPD-Mitarbeitern und den Abbruch des Organisationsentwicklungsprogramms – rückgängig zu machen. Viele der Schritte beschreiben einen veränderten Führungsansatz, angefangen mit der allerersten Kurzfristmaßnahme. Die Schritte so anzulegen, dass sie die gesamte Diagnose abdecken, ist vermutlich die größte Schwierigkeit beim Verfassen des Maßnahmenplans für eine Problem-Fallstudie.

Die zweitgrößte Schwierigkeit ist die zeitliche Einordnung. Als Verfasser tut man gut daran, im Kurzfristzeitraum alle Maßnahmen einzuplanen, die dringlich sind (Aufbau einer Vision und Überarbeitung des Produktentwicklungsprozesses), die leicht umsetzbar sind (Fortsetzung des Organisationsentwicklungsprogramms) und die eine Voraussetzung für die längerfristigen Maßnahmen darstellen (Anhören der Mitarbeiter und Schaffung von Verbündeten).

Die langfristigen Maßnahmen sind komplexer und brauchen daher mehr Zeit für die Umsetzung (Anpassung der Anreizsysteme), oder sie bauen auf vorhergehenden Schritten auf (bessere Kommunikation), oder beides (Veränderung der Kultur bei EPD). Die genaue Reihenfolge der Einzelmaßnahmen ist nicht so wichtig; beispielsweise könnten die ersten langfristigen Maßnahmen auch in einer anderen Reihenfolge stehen. Doch die übergreifende chronologische Anordnung solle einer klaren Logik folgen. Unter den Kurzfristmaßnahmen sollte Rogers' Einschätzung des Handlungsbedarfs allen anderen vorausgehen, da diese von seiner Einschätzung abhängen. Die Entwicklung einer Vision aus den Ideen aller Mitarbeiter im gesamten Bereich gehört vor andere Schritte zur Förderung der Zusammenarbeit, da sie allen Beteiligten ein gemeinsames Ziel liefert.

Risikoanalyse

Am Schluss geht die Arbeit auf die relevanten Risiken ein. Zwei größere Risiken werden genannt, es könnten auch mehr sein. Im Grunde wäre sogar vorstellbar, sich für jeden Schritt ein Risiko zu überlegen. Für einen Maßnahmenplan gilt allerdings das Gleiche wie für eine Argumentation: weniger ist mehr. Der Maßnahmenplan sollte die geringstmögliche Anzahl von Eventualitäten erwähnen, mit denen die größten Risiken verbunden sind.

Keine Risikobetrachtung ist vollständig ohne Maßnahmen zur Begrenzung oder Eliminierung des Risikos. In einer Prüfungssituation kann es leicht vorkommen, dass man sich auf die Beschreibung der Risiken konzentriert und zu erwähnen vergisst, wie sie bewältigt werden können. Denken Sie also daran, wirksame Gegenmaßnahmen mit anzugeben.

Studienarbeit über eine Problem-Fallstudie

Fallstudie: »Allentown Materials Corporation: The Electronic Products Division (gekürzte Fassung).« Wenn Sie die Fallstudie vor der Studienarbeit durchlesen, werden Sie die Anmerkungen dazu im Kapitel besser verstehen.

Aufgabe: Erläutern Sie die negative Entwicklung bei der EPD in den letzten zwei Jahren, und schlagen Sie Gegenmaßnahmen vor.

Don Rogers sieht sich einer Reihe von Schwierigkeiten gegenüber: Die Leistung seines Geschäftsbereichs EPD ist rückläufig, die Reputation des Bereichs in puncto Liefertreue und Service hat gelitten. Die Stimmung in der Mitarbeiterschaft ist schlecht, jede Einheit misstraut den anderen, und es gibt ständig und überall Streitigkeiten.

Viele dieser Probleme sind auf die Kultur des Bereichs, die unterschiedlichen Führungsstile von Bennett und Rogers, Fehlentscheidungen von Rogers sowie die unterschiedliche Ausrichtung der einzelnen Gruppen zurückzuführen.

Kulturelle Unterschiede
Rogers steht unter Druck, seinen Bereich stärker am Gesamtunternehmen auszurichten, doch sind die beiden Kulturen sehr unterschiedlich. Allentown ist wie ein Familienverbund, in dem Hierarchie keine Rolle spielt. Man bespricht Probleme persönlich miteinander, es gibt formelle und informelle Gespräche zwischen den Mitarbeitern aller Ebenen sowie auch gesellschaftliche Kontakte. Bei EPD hingegen hat Bennett die Kultur seinem Führungsstil angepasst. Er hat eine Hierarchie geschaffen, wobei er selbst an der Spitze steht, die ganze Macht hat und sämtliche Entscheidungen fällt. Es gibt wenig Zusammenhalt, Probleme werden nicht besprochen, jeder ist auf den eigenen Vorteil aus. Man kommt nur zu formellen Sitzungen zusammen. Die beiden Kulturen sind derzeit nicht miteinander vereinbar, und der Versuch, die eine der anderen anzugleichen, muss unweigerlich zu Konflikten führen.

Unterschiede im Führungsstil
Die Unterschiede in der Firmenkultur gehen auf den Führungsstil von Bennett zurück, der den Bereich von Anfang an leitete und dessen Nachfolge Rogers vor zwei Jahren antrat. Bennett wollte seinen Geschäftsbereich von

Allentown klar getrennt halten, um die vollständige Kontrolle zu haben. Er war einflussreich, eigensinnig und kleinlich, aber er hatte auch das Bedürfnis, Neues auszuprobieren. Er war motiviert und erfahren und wurde von allen respektiert. Er war aber auch gefürchtet, denn er pflegte einen sehr autoritären Führungsstil und traf alle wichtigen Entscheidungen selbst. Dieser Führungsstil ließ keinen Raum für andere Führungspersönlichkeiten, nur Führungskräfte. Bennett beschäftigte sich aber mit organisatorischen Themen und initiierte ein entsprechendes Verbesserungsprogramm.

Rogers neigt mehr dazu, sich mit anderen zu beraten, anscheinend fehlt ihm jedoch ein klarer Führungsansatz. Er bezieht andere in seine Entscheidungen ein und gibt Informationen weiter. Er ist intelligent, kommunikationsstark, beliebt und wird respektiert. Allerdings wird seine Führung aufgrund mancher seiner Eigenschaften auch infrage gestellt. Er gilt als weich und nicht sehr konfliktfähig. Er ist kein guter Zuhörer und verbringt zu viel Zeit mit unternehmensübergreifenden Aufgaben, und beides führt dazu, dass er zu wenig über EPD weiß. Er hat nicht besonders viel Erfahrung, was seine Glaubwürdigkeit beeinträchtigt. Sein Führungsstil passt nicht zur Realität in dem von Bennett geschaffenen Geschäftsbereich, und diese Diskrepanz wird durch seine Führungsschwäche noch verschlimmert.

Rogers' Fehlentscheidungen

Viele von Rogers' Entscheidungen waren fehlgeleitet und führten zu schlechten Ergebnissen. Im Fehlglauben, die Anpassung des Geschäftsbereichs an das Gesamtunternehmen sei ein strukturelles und geografisches (kein kulturelles) Thema, verlegte er den Hauptsitz und den Bereich Marktentwicklung zurück nach Allentown. Die Produktentwicklung beließ er beim Werk, aber ihre Leitung fasst er unter Ted Moss in Allentown zusammen. Ebenso ersetzte er viele der Führungskräfte durch Leute aus der Zentrale, die im Geschäftsbereich als Außenseiter betrachtet werden. Darüber hinaus trennte er Marketing und Vertrieb.

Alles in allem schuf er damit noch größere Gräben zwischen den Gruppen, die eigentlich nur eine einheitliche Ausrichtung und vor allem mehr Zusammenhalt gebraucht hätten. Schließlich brach er auch das Organisationsentwicklungsprojekt ab, und dies trotz seiner positiven Auswirkungen, da es von Bennett angefangen worden war.

Unterschiedliche Ausrichtung

Die genannten Faktoren führten zu einer uneinheitlichen Ausrichtung im Geschäftsbereich. Es gibt keine klare Zielrichtung oder Vision. Die Anreize für die einzelnen Gruppen und ihre Mitarbeiter (Werksleiter versus Vertrieb) gehen in unterschiedliche Richtungen, und es gibt keine Koordination und keinen Informationsaustausch zwischen ihnen. Der Geschäftsbereich glaubt, von der Zentrale ausgebremst zu werden und selbst keinen Einfluss auf die Realisierung der Dinge zu haben. Dies führt zu schweren Problemen in der mittlerweile sehr kritischen Produktentwicklungsfunktion. Der Einheit fehlt es an übergreifender Koordination, jede Abteilung kann ohne Kenntnis der anderen Projekte abbrechen. Die halbjährlichen Sitzungen sind eine Katastrophe. Es gibt zwei separate Besprechungen für jedes der beiden Produkte, obgleich dieselben Vertriebsleute beide verkaufen. Besprechungsteilnehmer kommen und gehen, und viele Leute, die eigentlich benötigte Informationen haben, sind nicht anwesend. Es wird nicht darüber gesprochen, warum diese Dinge passieren und warum es Probleme gibt. Es kommt zu zahlreichen Konflikten, und man einigt sich einfach darauf, unterschiedlicher Meinung zu sein. Jeder vertritt seine Standpunkte, keiner hört zu, und nichts wird erledigt.

Maßnahmenplan
Rogers muss seine Prioritäten ändern, die Gruppen in seinem Geschäftsbereich einheitlich ausrichten und die gegenwärtigen Konflikte in ein Miteinander verwandeln.

Kurzfristig
Als Erstes muss sich Rogers über den Handlungsbedarf klar werden. Er muss Verantwortlichkeiten, die nicht direkt in Zusammenhang mit seinem Geschäftsbereich stehen, abgeben. Ein Veränderungsprozess braucht eine Führungsperson, die vollzeitig zur Verfügung steht. Rogers muss sich der Schwierigkeit der notwendigen Veränderungen bewusst werden und die Zentrale um ihre Unterstützung bitten. Er muss viel mehr über seinen Bereich lernen, indem er weniger redet und mehr zuhört.

Gleich von Anfang an sollte er im gesamten Bereich die Dringlichkeit der Veränderungen vermitteln. Die Mitarbeiter scheinen vom Marktgeschehen völlig entkoppelt zu sein. Rogers sollte alle wichtigen Leute seines Bereichs zusammenholen und mit ihnen die Finanzergebnisse durchgehen. Er sollte ihnen dabei eine Liste von Themen präsentieren, die gelöst werden müssen, und seine eigene Führung ganz oben auf die Liste setzen. Diese Botschaft wird er regelmäßig wiederholen müssen.

Weiterhin sollte Rogers seine Kontakte in der Zentrale nutzen, um die Finanzziele für seinen Bereich kurzfristig abzusenken und unnötigen Druck wegzunehmen. Diese Maßnahme sollte den Mitarbeitern des Bereichs auch demonstrieren, dass er künftig mehr Durchsetzungsvermögen zeigen wird.

Im Zuge seiner Bemühungen um Mobilisierung der Mitarbeiter sollte er sich eine Gruppe von Verbündeten schaffen, welche die Veränderungen gestaltet, für Akzeptanz sorgt und den Veränderungsprozess lenkt. Seine Verbündeten sollten allen Funktionen angehören.

Um alle zum gemeinsamen Einsatz für dasselbe Ziel zu motivieren und die Aufbruchsstimmung zu nutzen, sollten Rogers und seine Gruppe eine Vision prägen, die einfach, umfassend und umsetzbar ist. Diese Vision sollte die wesentlichen Züge der angestrebten zukünftigen Kultur beschreiben. Dazu sollten die Meinungen aller Mitarbeiter auf allen Ebenen eingeholt werden. Nach Abschluss der Arbeiten sollte die Vision kommuniziert und regelmäßig betont werden. Es ist überaus wichtig, dass jeder die Vision nicht nur kennt, sondern auch versteht und sich dafür einsetzt.

Als Nächstes sollte Rogers die Frustration vieler Mitarbeiter kanalisieren und das nötige Engagement zur Realisierung der Vision sichern. Dazu muss er das Gefühl der Dringlichkeit aufrechterhalten und alle immer wieder an die rückläufigen Finanzergebnisse, die neuen Anforderungen des Wettbewerbs und die Notwendigkeit des Miteinander erinnern.

Die Produktentwicklung sollte Rogers umgehend optimieren. Er sollte dazu eine »Arbeitsgruppe Produktentwicklung« aufstellen und mit Angehörigen aller Funktionen besetzen, die die notwendigen Fähigkeiten und Kenntnisse mitbringen. Diese Gruppe sollte klare Ziele verfolgen und für deren Erfüllung verantwortlich gemacht werden. Wer damit nicht einverstanden ist, sollte aus der Gruppe oder dem Unternehmen ausscheiden. Die Gruppe muss öfter als zweimal jährlich zusammentreffen und braucht einen fähigen Leiter. Johnson ist gegenwärtig nicht glücklich mit dieser Aufgabe. Falls er an den Veränderungen nicht interessiert ist, sollte er ersetzt werden.

Rogers sollte seine Entscheidung, das Organisationsentwicklungsprogramm abzubrechen, rückgängig machen, zumal es in der letzte Phase des Programms um Koordinationsfragen geht.

Langfristig
Rogers sollte sämtliche EPD-Funktionen an einem Standort zusammenfassen. Die Zusammenarbeit zwischen allen ist viel schwerer – wenn nicht unmöglich – zu bewerkstelligen, wenn Funktionen geografisch getrennt sind.

Die Veränderung der Kultur kann nur längerfristig erreicht werden; jedoch werden viele der Kurzfristmaßnahmen die bisherigen Denk- und Handlungsweisen verändern. Auch die meisten langfristigen Schritte werden zum Kulturwandel beitragen. Rogers sollte die kulturellen Werte der entwickelten Vision regelmäßig hervorheben.

Die Anreize für sämtliche Gruppen bei der EPD sollten einheitlich ausgerichtet werden. Derzeit verfolgen Fertigung und Vertrieb entgegengesetzte Ziele. Sie sollten mit der langfristigen Strategie des Geschäftsbereichs, wie sie auch in der Vision formuliert ist, kompatibel sein.

Die Kommunikation im Geschäftsbereich muss besser werden. Derzeit gleicht er einer »Silo-Organisation«, in der das Wissen in isolierten Bereichen gespeichert ist und jede Funktion sich nur um die eigenen Belange kümmert.

In der EDP herrscht ein Führungsmangel auf jeder Ebene, und Rogers sollte darangehen, neue Führungskräfte zu entwickeln. Jüngere Mitarbeiter, die nicht in der alten Kultur verwurzelt sind, könnten womöglich die besten Kandidaten dafür sein.

Rogers sollte sich für die notwendigen Veränderungen um kontinuierliche Unterstützung durch die Zentrale bemühen und sie über den Prozess informiert halten.

Risiko und Gegenmaßnahmen
Zwei mögliche Zwischenfälle könnten den Veränderungsprozess behindern. Erstens könnte die Zentrale unkooperativ sein, da sie keine Notwendigkeit für umfassende Veränderungen sieht und sich weigert, die Finanzziele nach unten zu korrigieren oder zusätzliche Ressourcen zur Verfügung zu stellen. Zweitens könnte ein größerer Teil der EPD-Mitarbeiter den Wandel unterlaufen.

Rogers muss gegenüber der Zentrale eine starke Argumentation für den Handlungsbedarf aufbauen und sicherstellen, dass er von den wichtigsten Leuten Rückendeckung bekommt. Er sollte ein detailliertes Bild des Not leidenden Geschäftsbereichs zeichnen und betonen, dass dieser ohne die Veränderungen womöglich ganz untergehen könnte.

In Erwartung des internen Widerstands sollte Rogers im gesamten Bereich intensiv für den Wandel werben und die Mitarbeiter in die Planungen einbeziehen. Er sollte jeden Mitarbeiter und jede Führungskraft wissen lassen, dass das Überleben des Bereichs auf dem Spiel steht, und unablässig daran arbeiten, alle ins Boot zu holen. Auch sollte er bereit sein, Personen zu entlassen, wenn diese die Veränderungen zu blockieren versuchen – insbesondere Führungskräfte, da diese mehr Einfluss haben.

Vorlage für eine Arbeit über eine Problem-Fallstudie

Diese Vorlage soll Ihnen beim Aufbau Ihrer schriftlichen Arbeit helfen. Die Struktur bezieht sich auf eine Arbeit über problembezogene Fallstudien, doch Sie müssen diese Reihenfolge nicht beibehalten. Wichtig ist, dass Sie Ihre Ideen immer gleich aufschreiben.

These: Problem und Diagnose

Nennen Sie das Problem, um das es in der Fallstudie geht. Versuchen Sie, es in einem einzigen Satz auszudrücken, und führen Sie es dann in ein paar weiteren Sätzen aus, wenn nötig. Fassen Sie dann die Diagnose zusammen, also die Hauptursachen des Problems. Die hier verwendeten Begriffe sollten die Konzepte widerspiegeln, mit denen Sie arbeiten. (Anmerkung: Sie können erst dann mit der These beginnen, wenn Sie das Problem kennen und eine oder zwei der Hauptursachen definiert haben. Die übergreifende Aussage kann dann im Zuge der weiteren Arbeit noch angepasst werden.)

Problem:
Diagnose:

Nachweis der Diagnose

Listen Sie die Hauptursachen des Problems auf, und notieren Sie zu jeder die vorhandenen Belege. Bestimmen Sie die geringstmögliche Teilmenge der Ursachen, die für die Mehrheit der Probleme verantwortlich ist. Vergewissern Sie sich, dass Sie die jeweils geeigneten Konzepte verwenden. Notieren Sie sich auch die Maßnahmen, die Ihnen dazu einfallen, aber halten Sie sich noch nicht mit deren Reihenfolge auf.

	Belege	Ideen für Maßnahmenplan
Ursache:		
Ursache:		
Ursache:		
Ursache:		

Maßnahmenplan

Übergreifendes Ziel eines Maßnahmenplans für eine Problem-Fallstudie ist es, die Istsituation durch Behebung der Problemursachen zu verbessern.

Ziel(e)

Nennen Sie das/die Ziel(e) des Plans – also die wichtigsten Ergebnisse, welche die Maßnahmen bewirken sollen.

Ziel(e)
1.
2.
3.

Maßnahmen

Schreiben Sie zunächst die Maßnahmen auf, ohne sich allzu viele Gedanken über ihre Reihenfolge zu machen. Anschließend ordnen Sie ihnen in der ersten Spalte Nummern zu, um die endgültige chronologische Schrittfolge anzuzeigen. Die zweite Spalte dient dazu, sich Gedanken über eine mögliche Zuordnung der Schritte zu übergreifenden Phasen zu machen (wie beispielsweise Konsens – Kommunikation – Verbesserung).

Kurzfristig

Reihenfolge im Text	Phase	Schritt

Langfristig

Reihenfolge im Text	Phase	Schritt

Wichtigste Risiken und Gegenmaßnahmen

Bestimmen Sie die wichtigsten Risiken, welche die Planung scheitern lassen könnten. Schlagen Sie Maßnahmen vor, um sie zu eliminieren oder einzugrenzen.

Risiko	Gegenmaßnahme

a. Tehila Lieberman hat an der Entwicklung dieser Arbeitsvorlagen maßgeblich mitgewirkt.

Kapitel 11

Schreiben über Entscheidungs-Fallstudien

Entscheiden ist schwierig

Laut Klischee ist ein Manager jemand, der in einem schicken Büro sitzt und bestimmt, wo es langgeht – also eine Entscheidung nach der anderen fällt, bis der Feierabend kommt. Diese Klischeefigur findet man in Fallstudien kaum. Die Entscheidungen, um die es da geht, betreffen schwierige Fragen und erfordern gründliches Nachdenken. Es geht dabei um Interessenkonflikte, und häufig hat der Entscheider nur wenig Zeit, über die Optionen nachzudenken, weil sich die Situation zur Krise ausgewachsen hat.

Der reale Entscheidungsprozess

Ein weiteres gängiges Klischee beschreibt Entscheidungsfindung als etwas, das zu gleichen Teilen aus Intuition, Mumm und Härte besteht. Das gegenteilige Klischee ist der zahlenverliebte Fachidiot, der per Tabellenkalkulation zu Entscheidungen kommt. Die Wirklichkeit ist weniger bunt: Ernsthafte Entscheidungen entstehen am ehesten aus sorgfältiger Analyse, verbunden mit Intuition und Tatkraft. Der Prozess dazu gibt nichts her, was für ein gutes Fernsehprogramm oder das neue Buch eines Managementgurus verwendbar wäre. Aber: Er führt zu guten Entscheidungen. (Weitere Ausführungen zu Entscheidungssituationen finden Sie in Kapitel 6.)

In diesem Kapitel verwenden wir als Beispiele zwei Arbeiten, in denen Fragen zu den Fallstudien »General Electric: Major Appliance Business Group (gekürzte Fassung)« und »Whistler Corporation (A)« beantwortet wurden. Bitte lesen Sie als Erstes die Fallstudien und die Studienarbeiten, denn andernfalls wird Ihnen dieses Kapitel nicht viel bringen.

Wie man Arbeiten über Entscheidungs-Fallstudien aufbaut

Fallstudien über Entscheidungssituationen haben sechs Elemente (in der Reihenfolge Aussage–Herleitung):

1. Entscheidungsempfehlung (These)
2. Entscheidungsoptionen
3. Entscheidungskriterien
4. Begründung für Empfehlung
5. Kritische Abhandlung der Optionen
6. Maßnahmenplan.

Entscheidungskriterien

Das wichtigste Element sind die Kriterien. Sie müssen sorgfältig gewählt werden, um für die spezifisch anstehende Entscheidung relevant zu sein, und dem Leser klar vermittelt werden. Das Spektrum reicht von rein fachspezifischen Kriterien – wie bei einer Fallstudie aus dem Finanzbereich – bis hin zu breit angelegten Kriterien wie einer strategischen Notwendigkeit. Unser erstes Arbeitsbeispiel setzt zwei relativ eng gefasst Kriterien ein, die zweite drei umfassendere. Die Gründe dafür erschließen sich aus der unterschiedlichen Ausgangslage. Entscheidungskriterien sind durch die Erfordernisse einer bestimmten Situation bedingt; sie leiten sich nicht aus allgemeingültigen Regeln für alle Situationen ab.

Vorteile des Modells

Eine gelungene Arbeit über eine Entscheidungssituation wird alle sechs Elemente beinhalten, wobei die Reihenfolge unterschiedlich sein kann. Das hier vorgestellte Modell Aussage–Herleitung ist meist am sichersten anzuwenden, denn es beginnt mit einer Entscheidung, die dem Leser sagt, was im Rest der Arbeit nachgewiesen wird. Außerdem gibt sie dem Leser ein klares Ziel vor. Das Modell Aussage–Herleitung passt gut für Situationen, in denen die Zeit knapp ist, wie bei akademischen Prüfungen. Die erste Beispielarbeit in diesem Kapitel, die zur Fallstudie »General Electric« verfasst wurde, baut auf diesem Modell auf. In manchen Situationen könnte der Leser dieses Modell jedoch als tendenziös und aggressiv empfinden – etwa, wenn in der Kultur des Schreibers und Lesers das offene Aussprechen des eigenen Standpunktes verpönt ist. Auch könnte das Modell den Leser dazu verleiten, die Gründe, die gegen die anderen Optionen sprechen, nicht hinreichend zu beachten.

Alternativ gibt es auch das Modell »Herleitung-Aussage«, nach dem die Arbeit wie folgt aufgebaut wird:

1. Entscheidungsoptionen
2. Entscheidungskriterien
3. Kritische Würdigung (und Ausschluss) der anderen Optionen
4. Begründung der verbleibenden Option
5. Entscheidungsempfehlung
6. Maßnahmenplan

Ausschlussverfahren

Diese Struktur ist *induktiv*, denn sie führt den Leser im Ausschlussverfahren zur Schlussfolgerung. Es wird verdeutlicht, dass die alternativen Optionen aufgrund ihrer Schwächen wegfallen; damit bleibt eine bevorzugte Option übrig, die zu begründen ist. Die Beispielarbeit zur Whistler-Fallstudie folgt diesem Modell. Gibt es Grund zur Annahme, dass der Leser die übergreifende Aussage nicht vor deren Herleitung erfahren möchte oder sollte, wählt man diesen Textaufbau. So könnten sachkundige Leser eventuell erwarten, dass die Studenten einen scheinbar empirischen Entscheidungspfad verfolgen, also zuerst die Optionen und Kriterien nennen und dann die Kriterien auf jede Option anwenden. Auch dieser Ansatz kann recht überzeugend sein (siehe Abbildung 11-1). Er gibt dem Leser das Gefühl, dass alle denkbaren Möglichkeiten gleichermaßen berücksichtigt und durchdacht wurden. Natürlich müssen Sie wissen, was genau Sie herleiten und nachweisen möchten, um einen überzeugenden Text in der Struktur »Aussage–Herleitung« zu schreiben. Der Anschein völliger Objektivität ist eben nicht mehr als das – ein Anschein –, aber auf den Leser hat er eine sehr überzeugende Wirkung.

Abbildungexhibit 11-1

Aufbau von Arbeiten über Entscheidungs-Fallstudien: Das Für und Wider

Aufbau	Was dafür spricht	Was dagegen spricht
Aussage–Herleitung	• Der Leser weiß, wie Sie denken	• Weniger »wissenschaftlich« und scheinbar mehr dogmatisch oder aggressiv
	• Sie wissen, was Sie nachweisen müssen	• Lenkt womöglich nicht genügend Aufmerksamkeit auf verworfene Optionen
	• Zwingt dazu, unmittelbar zur Herleitung überzugehen	
	• Geringeres Risiko, dass die Zeit knapp wird	
Herleitung–Aussage	• Wirkt auf Leser objektiv und wissenschaftlich	• Höheres Risiko, dass die Zeit knapp wird
		• Höheres Risiko, dass Sie vom beabsichtigten Aufbau abschweifen

Nachteile des Modells

Die Nachteile des Modells Herleitung–Aussage betreffen in erster Linie das Zeitmanagement. Wenn Sie nicht aufpassen, kann es passieren, dass Sie in einer Prüfungssituation zu lange brauchen, um zu Ihrer bevorzugten Option zu kommen, und dann nicht genügend Zeit für die Begründung bleibt. Außerdem: Wenn Sie nicht zu Anfang Ihrer Arbeit Ihre Empfehlung aussprechen und die Gründe dafür nennen, kann es leichter passieren, dass Sie im Zuge des Schreibens von Ihrem beabsichtigten Textaufbau abkommen.

Entscheidungsempfehlung

Komplexität reduzieren

Die Arbeit über »General Electric« muss fünf anstehende Entscheidungen, drei Optionen und drei Kriterien behandeln. Mit so vielen Elementen zu jonglieren und dabei zu einer schlüssigen Entscheidung zu kommen, das ist schon eine anspruchsvolle Aufgabe. Würde man die drei Kriterien auf den ganzen Packen von Entscheidungen anwenden und dabei jeweils durch alle drei Optionen gehen, dann hätte man am Schluss einen *sehr* langen Text oder würde sich in den eigenen Ausführungen verheddern – oder beides. Der Autor unserer Beispielarbeit hat diese Komplexität mit Bravour bewältigt. Im ersten Abschnitt wird die Empfehlung ausgesprochen (hier nicht kursiv gesetzt):

> *Das Projektleitungsteam für Projekt C sollte sich bei der Konzern- und Geschäftsbereichsleitung dafür einsetzen, dass das Budget um 15 Prozent (entsprechend 4,2 Mio. Dollar) aufgestockt und die Pro-*

jektlaufzeit um vier Monate verlängert wird. Vier der fünf Änderungen am Projekt sollten durchgeführt werden, während die Verbesserungen an den Management-Informations- und -Unterstützungssystemen auf einen späteren Zeitpunkt verschoben werden können. Die strategische Bedeutung von Projekt C für den Erfolg von GE im Spülmaschinenmarkt verlangt es, dass sämtliche Projektziele erreicht werden, und dafür sind die vier Änderungen unabdingbar. Andernfalls würde GE nicht nur die Anfangsinvestitionen für das Projekt, sondern seine ganze Wettbewerbsposition in der Spülmaschinenbranche aufs Spiel setzen.

Der nicht kursiv gesetzte Satz beinhaltet die übergreifende These, also den Standpunkt des Verfassers. Wird dieser frühzeitig ausgesprochen, ist dem Leser klar, in welche Richtung die Arbeit geht. Der Rest des Abschnitts fasst die Herleitung der These zusammen. Im Hauptteil der Arbeit wird der Leser nun eine Argumentation erwarten, aus der hervorgeht, wie die empfohlene Entscheidung mit den Gründen verknüpft ist.

Die Beispielarbeit über Whistler, für welche die Struktur Herleitung–Aussage gewählt wurde, nennt ebenfalls die empfohlene Entscheidung – allerdings erst gegen Ende des Textes:

Der langfristige Wettbewerbsvorteil von Whistler beruht auf Entwicklung und technischer Planung. Optimal wird also eine Entscheidung sein, welche dem Unternehmen ermöglicht, sich auf seine Hauptstärken zu konzentrieren und Ressourcen für eine Erweiterung der Produktentwicklung freizusetzen. Whistler muss dem Beispiel seiner Wettbewerber folgen und seine Stückkosten durch Produktionsverlagerung so weit als möglich absenken. Folglich ist die zweite Option vorzuziehen, da sie beide Kriterien erfüllt.

Entscheidungsoptionen

Alternativen suchen

Es gibt keine Entscheidung ohne Alternativen, und der Leser sollte sie kennen. Dieser Teil einer Arbeit über Entscheidungs-Fallstudien ist nicht allzu schwer. Häufig sind die Optionen in der Fallstudie direkt genannt; im Fall »General Electric« beispielsweise in Abschnitt 4. Im Fallbeispiel »Whistler« sind sie über den zweiten und dritten Abschnitt verteilt. Allerdings: In keiner von beiden werden sie explizit als Entscheidungsoptionen oder -alternativen bezeichnet – man muss schon selber wissen, wonach man sucht.

In beiden Fallbeispielen geht es um drei Optionen. Das ist häufig der Fall: Die Zahl 3 hat eine eigene Logik, denn sie erlaubt zwei Extremlösungen und eine dazwischen. Sowohl »General Electric« als auch »Whistler« gebrauchen genau diese Symmetrie. Abbildung 11-2 zeigt die Alternativen für beide Fälle.

Abbildung 11-2

Spektrum der Entscheidungsoptionen

Fallbeispiel	Extrem	Mitte	Extreme
General Electric	Keine der Änderungen vornehmen	Einen Teil der Änderungen vornehmen	Sämtliche Änderungen vornehmen
Whistler	Inländische Fertigung neu ausrichten	Zusätzliche Fertigungsteile ins Ausland verlagern	Die ganze Fertigung ins Ausland verlagern

Mittlere Variante

Die mittlere Variante kann mitunter deshalb reizvoll wirken, weil sie eine Kompromisslösung zu bieten scheint. Das ist sie aber nicht immer. So wäre die Aufteilung der Fertigung bei Whistler auf inländische und ausländische Werke nur ein fauler Kompromiss und kein echter, denn sie hätte keinerlei Effekt auf die zunehmenden Fertigungsprobleme der Firma. Und selbst dort, wo die mittlere Lösung ein echter Kompromiss ist, muss sie daher noch lange nicht die beste Lösung sein.

Entscheidungskriterien

Keine vagen Kriterien

Am häufigsten – und gravierendsten – hapert es bei entscheidungsbezogenen Texten an den Kriterien: Sie sind oft zu vage. Vielen Schreibern ist einfach nicht klar, dass sie, um eine Entscheidung wirklich gut herleiten zu können, sehr klar umrissene und relevante Kriterien benötigen. Allerdings kann es auch äußerst mühsam sein, relevante Kriterien zu finden. In den beiden Beispielarbeiten ist auch das sehr gut gelöst.

Der Verfasser der Arbeit über GE hat die scheinbar einfachere Aufgabe: In der Fallstudie sind im ersten Abschnitt Kriterien gelistet, wenngleich dort als »Hauptziele« bezeichnet:

- Weltweit bei Geschirrspülmaschinen eine führende Position in puncto Produktqualität und Profitabilität zu erreichen
- Weltweit eine führende Position in Prozessqualität, Produktivität und Qualität des Arbeitsumfelds zu erreichen
- Die Arbeitsplatzsicherheit zu erhöhen durch hochwertige, kostengünstige Produkte, die einen steigenden Marktanteil erringen.

Unser Verfasser argumentiert damit, dass die vorgeschlagenen Änderungen die Projektziele für Projekt C erfüllen müssen und diese (die Projektziele) folglich als Entscheidungskriterien anzusehen sind. So weit, so gut. Jedoch – eine Hürde, die ich bereits angesprochen hatte, bleibt bestehen: Bei fünf möglichen Änderungen, drei Optionen und drei Kriterien wären theoretisch 45 unterschiedliche Kombinationen zu berücksichtigen. Allerdings beziehen sich hier die Entscheidungsoptionen auf sämtliche angedachten Änderungen am Projekt, nicht auf jede für sich, und damit wird die Sache schon einfacher. Der Schreiber tut nun etwas Cleveres: Er reduziert die drei Kriterien auf eines: den Beitrag zur Wettbewerbsfähigkeit. Das macht die Argumentation für seine Empfehlung nicht leichter, aber doch weniger komplex. Der Wettbewerbserfolg beruht hier auf drei Elementen:

- kostengünstige Produkte
- Profitabilität
- Produktivität.

Aufgabe des Schreibers ist es herauszufinden, ob die vorgeschlagenen Änderungen am Projekt zur Stärkung dieser drei Elemente beitragen. Gleichzeitig ist aber die Realisierung der Änderungen durch zwei Faktoren eingeschränkt: Budget und Zeit. Das Projektleitungsteam von Projekt C hat sich eine Obergrenze von 2,8 Millionen Dollar für zusätzliche Investitionen gesetzt, denn wenn diese unter 10 Prozent bleiben, ist keine Extragenehmigung der Konzernleitung erforderlich. Das Zeitlimit ergibt sich aus dem Anspruch des Teams, so weit wie möglich bei der ursprünglichen Planung zu bleiben. Um diese Überlegungen müssen die Wettbewerbskriterien ergänzt werden. Die Gesamtheit der Kriterien:

Wettbewerbsfähigkeit

- Leistet die Änderung einen erheblichen Beitrag zur Wettbewerbsfähigkeit?

Kosten

- Bleiben die Gesamtkosten der angedachten Änderungen innerhalb des Rahmens von 10 Prozent des Budgets?
- Sind die Zusatzkosten der vorgeschlagenen Änderungen zu rechtfertigen?

Zeit

- Ist der zusätzliche Zeitaufwand für die Projektänderungen zu rechtfertigen?

Entscheidungslogik

Aus diesen Fragen ergibt sich die Logik der Kriterien, die dem Fallbeispiel entnommen wurden. Man bemerke die Entscheidungslogik: Zuerst muss die Frage nach der Wettbewerbsfähigkeit beantwortet werden. Nur wenn die Antwort darauf positiv ausfällt, sind die beiden anderen Fragen zu beantworten; ansonsten sind sie hinfällig.

Vermutlich hat der Verfasser diese Fragen nicht so in seinem Kopf formuliert, doch seine Arbeit zeigt, dass er nach diesen Prinzipien gearbeitet hat. Wenn die Zeit reicht, dann kann es für Sie und Ihre Leser hilfreich sein, die Entscheidungslogik, die aus den Kriterien folgt, im Dokument mit darzustellen.

Der Verfasser sollte seiner Entscheidung zwei Kriterien zugrunde legen:

- Die strategische Bedeutung von Radarwarngeräten für Whistler.
- Eine Fertigungslösung, welche dieser Bedeutung am ehesten gerecht wird.

Diese Anforderungen sind in der Fallstudie nicht explizit genannt. Das Ableiten geeigneter Kriterien aus den vorhandenen Angaben ist wahrscheinlich mit das Schwierigste beim Schreiben über Entscheidungs- oder Bewertungs-Fallstudien. Wo also hat unser Verfasser seine Kriterien zum Whistler-Fallbeispiel hergenommen? Die Geschichte, die hier erzählt wird, hat zwei Dimensionen: den Markt für Radarwarner und die Fertigung bei Whistler. Dabei wird der Fertigung viel mehr Beachtung geschenkt als dem Markt, und dieses Ungleichgewicht kann leicht dazu verleiten, dass man dem Duktus des Textes folgt. Doch eine Entscheidung über eine Fertigungsstrategie kann nicht losgelöst von der Unternehmensstrategie gefällt werden; beide müssen zusammenpassen. Diese Erkenntnis hat dem Schreiber ermöglicht, die richtigen Kriterien zu bestimmen.

Der letzte Abschnitt der Fallstudie, zusammen mit Abbildung 2, liefern die meisten Informationen zur Unternehmensstrategie. Hier scheint es nicht so viele unterschiedliche Möglichkeiten zu geben: Der Markt ist langfristig rückläufig, und Whistlers Wettbewerbsstärke (wie auch die seiner Wettbewerber) beruht nicht auf der kostengünstigen Herstellung von Elektronikmassengütern. Anders beim Kriterium Fertigung: Hier ist viel Raum für kontroverse Meinungen. Der Schreiber dieser Arbeit hat dazu sehr geschickt eine Argumentation aufgebaut, die zeigt, dass seine Empfehlung die beste Wahl ist. Sind die Kriterien in einem Fallbeispiel nicht genannt – was häufig vorkommt –, dann müssen sie sich aus der Fallanalyse ergeben.

Kriterien messen

Mitunter muss man sich überlegen, wie man die gewählten Kriterien messen kann. Die strategische Anforderung, die in der Arbeit über Whistler genannt wird, lässt sich direkt auf die Fakten im Fallbeispiel anwenden. Das zweite Kriterium – eine Fertigungslösung, die der strategischen Bedeutung am besten entspricht – muss weiter detailliert werden, damit man die Option »Zusatzinvestition für Prozessoptimierung« daran messen kann. Der Schreiber hat verstanden, dass die Frage, ob die inländische Fertigung der rückläufigen strategischen Bedeutung von Radarwarngeräten gerecht wird, nur durch Kostenvergleich zwischen einer optimierten Inlands- und einer Auslandsfertigung zu beantworten ist. Auch unser Arbeitsbeispiel in Kapitel 12 liefert Kriterien, welche sich in quantitative Messgrößen wie BIP, Arbeitslosigkeit, Verbrechensraten und den Prozentsatz von Haushalten unter der Armutsgrenze übersetzen lassen.

Reihenfolge der Kriterien

Beachten Sie, dass die Kriterien zum Whistler-Fallbeispiel in einer spezifischen Reihenfolge angewandt werden müssen, ebenso wie im Fall GE. Die strategische Bedeutung des Produkts muss geklärt sein, bevor irgendeine ergänzende Fertigungslösung formuliert werden kann. Sie werden feststellen, dass die Kriterien in vielen Entscheidungssituationen in einer bestimmten Reihenfolge angewandt werden müssen. Es kommt aber auch vor, dass sie unabhängig voneinander und in beliebiger Reihenfolge anzuwenden sind.

Wenige und konkrete Kriterien

Zwei weitere Merkmale sind zu beachten: Erstens sollten es nur wenige Kriterien sein. Mitunter ist die Versuchung zwar groß, auf eine komplexe Situation viele Kriterien anzuwenden, aber eine Argumentation, die mit zahlreichen Kriterien gleichzeitig jongliert, fällt meist auseinander. Zweitens sind die wirkungsvollsten Kriterien meist weit gefasst: Je allgemeiner sie formuliert sind, desto umfassender sind sie. Das gilt natürlich nur bis zu einem gewissen Punkt, denn wenn Kriterien zu abstrakt werden, liefern sie nur wenige nützliche Informationen zur fraglichen Entscheidung. Die Kunst ist, das richtige Abstraktionsniveau zu finden.

Begründung der empfohlenen Option

Eine Entscheidungsargumentation hat eine einfache Struktur. Die Kriterien werden auf jede Option angewandt, und die Argumentation führt aus, wie gut die Option nach den vorliegenden Informationen zum Fall geeignet ist. Sie zeigt also, wie gut sie zu den Belegen passt. Hier ein Ausschnitt aus der Arbeit über GE:

> *2. Schulungen in technischer Problemlösung*
> *Die Umsetzung dieser Projektergänzung wird den Mitarbeitern mehr Einfluss geben und zu einer raschen Verbesserung von Produktqualität,* Prozessqualität und Produktivität führen. *Die Schulungen hätten einen unmittelbaren Effekt auf die* Einbeziehung der Mitarbeiter sowie auf ihr Verantwortungsgefühl und damit ihr Engagement für den Projekterfolg. *Wie Werksinitiative könnte sie einen Schneeballeffekt entwickeln* und die qualifizierten Arbeitskräfte motivieren, Prozessverbesserungen vorzuschlagen. *Darüber hinaus würde diese Maßnahme die Arbeit im Werk attraktiver machen* und damit die Wirkung der ersten Änderung verstärken. Die zusätzlichen Kosten würden kompensiert

durch die Senkung der Personalkosten, die bei Nicht-Umsetzung dieser Maßnahme entstehen würden. Die Gesamtkosten würden sich auf 1,5 Millionen Dollar belaufen. Auf den Zeitplan würde sich diese Projektergänzung nicht auswirken.

Schauen wir uns nochmals die eingangs erörterten Kriterien zum Fallbeispiel »General Electric« an: Die nicht kursiv gesetzten Formulierungen geben die wesentlichen Erkenntnisse wieder, die sich ergeben, wenn man die Kriterien auf die vorliegenden Informationen zur fraglichen Projektänderung anwendet.

Auch der folgende Abschnitt aus der Arbeit über Whistler veranschaulicht die Anwendung von Kriterien:

> *Da der* Markt für Radarwarngeräte schrumpft und sich alles nur noch um Kosten dreht, hat er nur noch geringen strategischen Wert *für Whistler. Dieser Erkenntnis entspricht am ehesten eine Lösung, die* mit den geringsten Stückkosten einhergeht. *Eine Prozessoptimierung ist zwar eine attraktive Option, da sie so viele der vergangenen Fehler des Unternehmens beheben würde; jedoch bleibt* – bei positivster Auslegung – ungewiss, ob die inländischen Werke jemals im Kostenwettbewerb mit ausländischen Anbietern bestehen könnten. *Die Prozessoptimierung ist daher keine gute Option für Whistler.*

Wieder zeigen die nicht kursiv gesetzten Satzteile, wie und in welcher Reihenfolge die Kriterien angewandt wurden. Ihre klare Nennung und logische Anwendung macht den Text stimmig, und das schafft die Grundlage für seine Lesbarkeit und Überzeugungskraft: Er gibt dem Leser, was er braucht.

Kritische Würdigung der Optionen

Übrige Optionen

Dass eine Arbeit über eine Entscheidungssituation auch die empfohlene Option begründen muss, war zu erwarten. Doch die Empfehlung einer Option bedeutet noch lange nicht, dass für die übrigen Optionen gar nichts spricht. Sie werden Ihre Leser eher von Ihrer Meinung überzeugen, wenn Sie nachweisen können, dass die übrigen Optionen weniger erstrebenswert sind. Die Beispielarbeit über Whistler enthält dazu einiges Anschauungsmaterial. So wird die Option »Verlagerung nur der Low-end-Produkte ins Ausland« durch eine Argumentation ausgeschlossen, die folgendermaßen endet:

> *Schlussendlich liegt Whistler mit seinen Produktionskosten um 33 Prozent über denen ausländischer Fertigungswerke, was einem*

> *gravierenden Wettbewerbsnachteil gleichkommt. Eine Verlagerung zusätzlicher Umfänge nach Korea würde den Unterschied nur geringfügig vermindern und an den grundlegenden Problemen der Inlandsfertigung nichts ändern.*

Auf dem Weg zu dieser Schlussfolgerung erzählt der Schreiber von der langen Serie von Fehlentscheidungen, die zu den Fertigungsproblemen geführt hat. Und er weist auf den größten Nachteil dieser Alternative hin: Sie würde an all den Fertigungsproblemen kaum etwas ändern. Der Verfasser der Arbeit hätte die negative Begründung auch auf die Aussage beschränken können, dass der Prozess nicht funktioniert und durch diese Option nicht zu korrigieren ist. Die Herleitung, die er gewählt hat, ist aber überzeugender, da sie dem Leser ein detailliertes Bild der schlimmsten Fertigungsprobleme und ihrer Ursachen vermittelt.

Empfehlung kritisch würdigen

Die kritische Würdigung der Optionen schließt auch die empfohlene mit ein. Das mag zunächst ungünstig erscheinen – doch jede Entscheidung hat nun mal ihre Kehrseite. Wer die größten Nachteile kennt, kann sich darauf einstellen und im Idealfall ihre Auswirkungen eingrenzen oder ganz vermeiden. Der Schreiber des Textes über Whistler findet offene Worte über die Fremdvergabeentscheidung:

> *Whistler nimmt ein Risiko auf sich, indem eine ganze Unternehmensfunktion an ein Drittunternehmen ausgelagert wird, ... Der größte Nachteil aber sind die Schließung der inländischen Werke und die damit verbundenen Humankosten.*

Er schlägt aber auch Maßnahmen zur Bewältigung dieser Risiken vor, so beispielsweise die Abfederung der Konsequenzen der Werksschließungen. Arbeiten über Entscheidungssituationen können auch überzeugend sein, ohne die Nachteile der Entscheidung aufzuzeigen – aber besser und aussagekräftiger sind sie, wenn sie diese Nachteile klar nennen.

Maßnahmenplan für Entscheidungs-Fallstudien

Umsetzung sicherstellen

Zweck eines Maßnahmenplans für eine Entscheidungssituation ist es, die möglichst effektive Umsetzung der Entscheidung sicherzustellen. Damit hat der Plan hier ein einziges Ziel, im Unterschied zur Maßnahmenplanung für Problem- und Bewertungs-Fallstudien. (Mehr Informationen zu Maßnahmenplänen finden Sie in Kapitel 9.)

Rahmenbedingungen

In den Maßnahmenplänen zu unseren beiden Beispielarbeiten sind relativ einfache Ziele genannt. Neben dem nahe liegenden Ziel, die Entscheidung auszuführen, legen sie auch Bedingungen fest, die sich leicht aus der Situation herleiten lassen. Bei Whistler wird im Rahmen der Zielsetzung auch das Umsetzungstempo hervorgehoben, da das Unternehmen jährlich 6 Millionen Dollar verliert. In der Zielsetzung für GE werden Konsens und Engagement des Managements betont, da der Geschäftsbereich Spülmaschinen in der Vergangenheit immer wieder durch Budgetüberziehungen, verspätete Markteinführung von Produkten und nicht erreichte Ziele gekennzeichnet war. Es ist wichtig, solche Rahmenbedingungen, die für die Umsetzung der Entscheidung eine Rolle spielen könnten, zu erkennen und in der Planung zu berücksichtigen.

Kreativität nötig

Den Maßnahmenplan für eine Entscheidungs-Fallstudie zu schreiben, kann eine frustrierende Angelegenheit sein, denn häufig enthalten die Argumentation und das Fallbeispiel nur wenige umsetzungsrelevante Informationen. Hier liegt ein Unterschied zu Arbeiten über Problem- und Bewertungsfälle, die häufig viele brauchbare Inhalte liefern. Hier braucht man etwas Kreativität; auch kann es hilfreich sein, an die Unterrichtsgespräche über Maßnahmenplanung zurückzudenken. Die in Kapitel genannten Kriterien für Maßnahmen und Schritte werden Ihnen zusätzlich bei der Ideenentwicklung helfen.

Wenn wir die Details der Einzelmaßnahmen weglassen, ergibt sich eine logische Anordnung, die spezifischer ist als »kurzfristig« und »langfristig«. Der Plan für GE gliedert sich in vier Phasen:

1. **Konsens**
2. **Führung und Kommunikation**
3. **Realisierung**
4. **Fortschrittskontrolle und Berichterstattung.**

Im Whistler-Text gibt es zwei zusätzliche Phasen, doch ergeben sich beide aus der Argumentation, da es hauptsächlich darum geht, die Risiken zu bewältigen:

1. Interner Konsens
2. Kommunikation (Risikobegrenzung)
3. Auswahl
4. Verlagerung
5. Hilfe bei der Suche nach der nächsten Stelle (Risikobegrenzung)
6. Fortschrittskontrolle.

Übergreifende Phasen

Bei der Entwicklung eines Maßnahmenplans für eine Entscheidungs-Fallstudie kann es hilfreich sein, in übergreifenden Phasen zu denken (wie oben gezeigt). Damit hat man eine Art grundlegende Struktur, und häufig fällt die Definition von Einzelmaßnahmen dann leichter. Die Überzeugung des Managements zum Beispiel ist im GE-Maßnahmenplan als Inhalt der Kurzfristphase naheliegend, ebenso wie bei Whistler die Auswahl des Anbieters, die Verlagerung der Fertigung und die Hilfe für die entlassenen Mitarbeiter. Damit haben Sie schon einen guten Ausgangspunkt für die Ausarbeitung der weiteren Planung.

Risikomanagement

Beide Maßnahmenpläne enthalten kurze Abschnitte zum Thema Risikomanagement, in denen das Verhalten bei ungünstigstem Verlauf beschrieben ist. Der Verfasser der Arbeit über GE will sicherstellen, dass das Projektleitungsteam von Projekt C vorbereitet ist, falls die Konzernleitung der Erhöhung des Projektbudgets um mehr als 10 Prozent nicht zustimmen sollte. Für diesen Fall schlägt er vor, die seines Erachtens unkritischste Projektanpassung entfallen zu lassen, womit man wieder im 10-Prozent-Bereich wäre. Der Maßnahmenplan für Whistler konzentriert sich auf zwei Risiken, wobei eines davon als gravierender erachtet wird: Tumulte im Unternehmen nach Verkündung der Werksschließungen und Entlassungen. Zwar ist nicht sicher, dass der Notfallplan die Schwierigkeiten wirklich beheben kann; dennoch ist es sicherlich ratsam, den Notfall mit einzuplanen, auch wenn man damit nur einen Teilerfolg erzielt.

Studienarbeit über Entscheidungs-Fallstudie (1)

- *Fallstudie:* »General Electric: Major Appliance Business Group (gekürzte Fassung).« Sie sollten die Fallstudie gelesen haben, bevor Sie sich die folgende Arbeit ansehen, weil Sie nur dann die Aussagen des Kapitels verstehen können.
- *Aufgabenstellung:* Empfehlen Sie Corcoran eine Entscheidung, begründen Sie Ihre Wahl und entwerfen Sie einen Maßnahmenplan.

Das Projektleitungsteam für Projekt C sollte sich bei der Konzern- und Geschäftsbereichsleitung dafür einsetzen, dass das Budget um 15 Prozent (entsprechend 4,2 Mio. Dollar) aufgestockt und die Projektlaufzeit um vier Monate verlängert wird. Vier der fünf Änderungen am Projekt sollten durchgeführt werden, während die Verbesserungen an den Management-Informations und -Unterstützungssystemen auf einen späteren Zeitpunkt verschoben werden können. Die strategische Bedeutung von Projekt C für den Erfolg von GE im Spülmaschinenmarkt verlangt es, dass sämtliche Projektziele erreicht werden, und dafür sind die vier Änderungen unabdingbar. Andernfalls würde GE nicht nur die Anfangsinvestitionen für das Projekt, sondern seine ganze Wettbewerbsposition in der Spülmaschinenbranche aufs Spiel setzen.

Optionen

Das Projektleitungsteam für Project C hat fünf mögliche Anpassungen am Projekt identifiziert:

1. Qualitative Verbesserung des Fabrikumfelds
2. Schulungen in technischer Problemlösung
3. Korrekturen am Management-Informations- und -Unterstützungssystem von GE
4. Einplanung einer zusätzlichen Entwicklungsphase zur Geschäftsprozessoptimierung
5. Verschiebung oder völlige Streichung des Baus der computergestützten Leitzentrale

Jede denkbare Kombination ist möglich, jedoch tendiert das Team am stärksten zu folgenden drei Optionen:

1. Vorerst keine Änderungen vorzunehmen
2. Einen Teil der Änderungen vorzunehmen (dabei aber eine Obergrenze von 2,8 Millionen Dollar zu setzen, um keine gesonderte Genehmigung zu benötigen)
3. Die Genehmigung für eine beträchtliche Zusatzinvestition einzuholen, mit der sämtliche Änderungen abgedeckt werden könnten.

Auswahlkriterien

Project C hat drei Hauptziele:

- Weltweit in der Spülmaschinenbranche eine führende Position in puncto Produktqualität und Profitabilität zu erreichen;
- Weltweit eine führende Position in Prozessqualität, Produktivität und Qualität des Arbeitsumfelds zu erreichen
- Die Arbeitsplatzsicherheit zu erhöhen durch hochwertige, kostengünstige Produkte, die einen steigenden Marktanteil erringen.

Darüber hinaus muss Corcoran den zusätzlichen Zeit- und Kostenaufwand für die vorgeschlagenen Projektänderungen berücksichtigen:

- Die Gesamtkosten der Änderungen sollten möglichst nahe bei 2,8 Millionen Dollar liegen.
- Der zusätzliche Zeitaufwand für das Projekt sollte minimal bleiben.
Der zusätzliche Zeitaufwand für das Projekt sollte minimal bleiben.

1. Qualitative Verbesserung des Fabrikumfelds
Die Maßnahme wird hauptsächlich das Arbeitsumfeld verbessern; allerdings werden sich durch diese Verbesserung auch die Produktivität, die Prozessqualität und die Produktqualität verbessern, ebenso wie die Arbeitsplatzsicherheit. Die wichtigste Auswirkung wird darin bestehen, dass die Motivation der Mitarbeiter, ihr Stolz auf das Projekt gestärkt wird – dies ist ein wichtiger Faktor für den Erfolg. Zwar kann das für andere Geschäftsbereiche auch einige Herausforderungen mit sich bringen, da deren Mitarbeiter eine ähnliche Ausstattung verlangen werden, doch hat das Projekt C das

Potenzial, das operative Geschäft von GE auf Weltklasseniveau zu bringen und dabei einen Schneeballeffekt zu entwickeln: Andere Bereiche werden seinem Beispiel folgen wollen. Beide Faktoren zusammen können als Antrieb für andere Bereiche wirken und dort die Arbeitszufriedenheit, und mit ihr die Produktivität, auf ein neues Level bringen. Die Werksinitiative könnte in einem kleinen Geschäftsbereich – dem Bereich Geschirrspüler – gemeinsam mit der Gewerkschaft als Pilottest gefahren und bei Erfolg im gesamten Unternehmen realisiert werden. Die Gesamtkosten belaufen sich auf 1,5 Millionen Dollar, und der Projektzeitplan wird nicht beeinträchtigt.

2. Schulungen in technischer Problemlösung

Die Umsetzung dieser Projektergänzung wird den Mitarbeitern mehr Einfluss geben und zu einer raschen Verbesserung von Produktqualität, Prozessqualität und Produktivität führen. Die Schulungen hätten einen unmittelbaren Effekt auf die Einbeziehung der Mitarbeiter sowie auf ihr Verantwortungsgefühl und damit ihr Engagement für den Projekterfolg. Wie die Werksinitiative könnte sie einen Schneeballeffekt entwickeln und die qualifizierten Arbeitskräfte motivieren, Prozessverbesserungen vorzuschlagen. Darüber hinaus würde diese Maßnahme die Arbeit im Werk attraktiver machen und damit die Wirkung der ersten Änderung verstärken. Die zusätzlichen Kosten würden kompensiert durch die Senkung der Personalkosten, die bei Nichtumsetzung dieser Maßnahme entstehen würden. Die Gesamtkosten würden sich auf 1,5 Millionen Dollar belaufen. Auf den Zeitplan würde sich diese Projektergänzung nicht auswirken.

3. Korrekturen an den Management-Informations- und -Unterstützungssystemen von GE.

Die IT-Maßnahme erfüllt keines der drei Kriterien, würde jedoch sicherstellen, dass die anderen Veränderungen Wirkung zeigen und gesetzte Ziele erreicht werden. Die Maßnahme ist allerdings im Moment nicht erfolgskritisch für Projekt C und könnte nach Abschluss des Projektes noch aufgenommen werden, sodass im Moment keine Mehrkosten, keine zusätzliche Komplexität und kein zusätzlicher Arbeitsaufwand für das Projektteam anfallen. Die Gesamtkosten belaufen sich auf 2,8 Millionen Dollar, und die Maßnahme würde das Projekt verlängern.

4. Einplanung einer zusätzlichen Entwicklungsphase zur Geschäftsprozessoptimierung

Nachdem PermaTuf A und B beide nicht die angestrebten Ziele erfüllt haben, scheint eine zusätzliche Prototyp-Phase oder Wiederholungsschleife vor der Markteinführung eine sehr vernünftige Sache zu sein. Sie wird hohe Produktqualität sicherstellen und auch die Gewährleistungs- und Servicekosten verringern. Der kritischste Aspekt an dieser Maßnahme ist die Verzögerung des Projektes um drei bis vier Monate. Jedoch könnte die Prozessoptimierungsphase die Produktqualität verbessern, die Kosten verringern, den Marktanteil aufgrund der Produktverbesserungen erhöhen und gewährleisten, dass Projekt C nicht die gleichen Probleme bekommt wie A und B. Diese Veränderung könnte zwar auf ein bis zwei Jahre nach der Produkteinführung verschoben werden, aber dann könnte es schon zu spät sein: Das Gerät könnte bis dahin schon einen schlechten Ruf haben, und es wäre extrem schwierig, Verkäufer und Kunden davon zu überzeugen, dass dies nun die verbesserte Version ist, die sie von vornherein erwartet hatten. Darüber hinaus hatte die Konzernleitung sehr deutlich gemacht, dass sie vom Projektteam erwartet, »gleich von Anfang an alles richtig zu machen«. Die Gesamtkosten betragen 1,2 Millionen Dollar. Bis zum dritten Jahr (1985) werden die Kosten dieser Maßnahme durch zusätzliche Gewinnbeiträge von Projekt C ausgeglichen sein. Ab dem siebten Jahr (1989) wird Projekt C den Gewinnbeitrag gegenüber 1979 um 70 Prozent erhöhen. Mit jedem Jahr nach Einführung des neuen Modells wird sich vom gesteigerten Erlös aus dem Projekt ein immer höherer Anteil im Gesamtergebnis niederschlagen.

5. Verschiebung oder völlige Streichung des Baus der computergestützten Leitzentrale

Diese Option würde 1 Million Dollar aus dem bereits bewilligten Budget für andere Maßnahmen freisetzen. Hauptziel wäre zu verhindern, dass die Arbeitskräfte in der Fabrik an Einfluss verlieren. Auf der anderen Seite wäre es schwierig, eine neue automatisierte Fabrik ohne solche Systeme zu kontrollieren. Die Leitzentrale würde sicherstellen, dass die höhere Prozessqualität und niedrigeren Kosten tatsächlich erreicht werden. Die Streichung dieses Projektteils würde den Erfolg des Restprojektes gefährden und ihm einen Ansatz zur Fortschrittskontrolle nehmen. Die Investition ist im Vergleich zu den Gesamtkosten des Projektes vertretbar, um zu gewährleisten, dass Erfolgsfaktoren erfüllt werden und neue Systeme planmäßig laufen.

Empfehlung

Die Änderungen 1, 2, 4 und 5 sollten realisiert werden. Dazu wird es nötig sein, bei der Konzernleitung nochmals die Genehmigung für eine zusätzliche Investition von 4,2 Millionen Dollar einzuholen, denn sie entspricht 15 Prozent des gegenwärtigen Projektbudgets (liegt aber nur 5 Prozent über der üblichen Überziehungsgrenze). Dieser Vorschlag weicht zwar von den drei grundlegenden Optionen ab, auf welche sich das Projektteam schon geeinigt hatte; jedoch wäre es zur Erreichung der Haupterfolgsfaktoren des Projektes nicht zielführend, eine der Maßnahmen im Wert von 1,5 Millionen wegzulassen, um die 10-Prozent-Hürde nicht zu überschreiten. Weltklasseniveau zu erreichen heißt, schon von Anfang an alles richtig zu machen. Andererseits ist es unwahrscheinlich, dass die Konzernleitung die Gesamtinvestition von 6 oder 7 Millionen Dollar für das ganze Änderungspaket bewilligen würde. Ein solches Ansinnen könnte den Eindruck erwecken, als sei der Geschäftsbereich zu einer guten Planung unfähig, und folglich Zweifel an der Kompetenz der Projektleitung aufkommen lassen.

Vorgeschlagene Änderungen am Projekt	Empfehlung	Kosten	Erhöhung des Projektbudgets
1. Qualitative Verbesserung des Fabrikumfelds	Ja	1,5 Mio. $	1,5 Mio. $
2. Schulungen in technischer Problemlösung	Ja	1,5 Mio. $	1,5 Mio. $
3. Korrekturen an den Management-Informations- und -Unterstützungssystemen von GE	Nein	2,8 Mio. $	0
4. Einplanung einer zusätzlichen Entwicklungsphase zur Geschäftsprozessoptimierung	Ja	1,5 Mio. $	1–2 Mio. $
5. Verschiebung (Streichung) des Baus der computergestützten Leitzentrale	Ja	1 Mio. $	0
		Gesamt	4,2 Mio. $

Maßnahmenplan
Das Projektteam um Corcoran sollte sich bei der Konzernleitung dafür einsetzen, die Empfehlung anzunehmen, alle Interessengruppen ins Boot zu holen und sämtliche Vorschläge umzusetzen.

Kurzfristig (30 Tage)

- Tom Corcoran sollte mithilfe von Personen seines Vertrauens eine überzeugende Präsentation über die Empfehlungen vorbereiten.
- Konsens zu den Projektänderungen und der Empfehlung erzielen.
- Verantwortung für jede Änderung einem Teammitglied übertragen und dessen Einverständnis und Engagement sicherstellen. Vor Genehmigung durch die Konzernleitung die Gewerkschaft aus dem Spiel halten.
- Empfehlung der Konzernleitung präsentieren. Nichts verschweigen. Zusätzliche Kosten, Ressourcen und Risiken zu 100 Prozent offenlegen.
- Ergebnis dem gesamten Projekt C-Leitungsteam mitteilen und Umsetzung planen.
- Projektänderungen der Gewerkschaft mitteilen und mit ihr verhandeln.
- Umsetzungsplan mit sämtlichen Beteiligten (einschl. Gewerkschaftlern) durchgehen und ggf. korrigieren, anschließend Zustimmung aller einholen.

Mittelfristig (60–150 Tage)

- Umsetzung aller Änderungen einleiten.
- Ergebnisse verfolgen und »Notfallteam« aufstellen.
- Fortschritte im Monatsrhythmus der Konzernleitung präsentieren.

Risiken

- Hauptrisiko ist die Ablehnung der Budgeterhöhung durch die Konzernleitung.
- Zweites Risiko ist eine unerwartete Verlängerung der Umsetzungsdauer, denn das könnte so aussehen, als hätte man im Geschäftsbereich nichts dazugelernt.

Notfallplan
In seiner Präsentation sollte Corcoran der Konzernleitung deutlich machen, dass das Projektteam die zusätzlichen Investitionen als vergleichsweise geringen Preis dafür erachtet, dass die Fehler der Vergangenheit vermieden und der Geschäftsbereich auf eine ganz neue Ebene gehoben werden kann. Dabei sollte er den potenziellen Nutzen für das Gesamtunternehmen hervorheben. Falls die Konzernleitung die Zusatzinvestitionen nicht bewilligt, müsste die Projektleitung eine der 1,5-Millionen-Dollar-Maßnahmen fallen lassen, um unter dem 10-Prozent-Überziehungslimit zu bleiben. Die Streichung des Änderungsvorschlags 1 würde in diesem Fall das Projekt vermutlich am wenigsten beeinträchtigen.

Der Fortschritt sämtlicher Arbeitsgruppen sollte straff kontrolliert werden. Während der Umsetzung sollte ein »Notfallteam« abrufbar sein für den Fall, dass eine der Arbeitsgruppen im Zeitplan zurückfällt.

a. Dieser Text basiert auf einer Arbeit, die Francisco »Paco« Demesa im Rahmen eines Seminars an der Business School verfasste. Abdruck mit Zustimmung des Autors.

Studienarbeit über Entscheidungs-Fallstudie (2)

- *Fallstudie:* »Whistler Corporation (A).« Bitte lesen Sie die Fallstudie vor der Studienarbeit.
- *Aufgabenstellung:* Empfehlen Sie Stott eine Entscheidung, begründen Sie Ihre Wahl, und entwerfen Sie einen Maßnahmenplan. Empfehlen Sie Stott, tell him why it’s the best option, and draft an action plan.

Charles Stott muss eine Entscheidung fällen, die für die Zukunft der Whistler Corporation prägend sein wird. Das Unternehmen verliert derzeit 6 Millionen Dollar pro Jahr und wird sich auf Dauer mit diesen Verlusten nicht halten können. Stott zieht drei Alternativen in Erwägung:

1. Restrukturierung der inländischen Produktion.
2. Verlagerung der gesamten Produktion ins Ausland.
3. Verlagerung nur der Low-end-Produkte ins Ausland.

Scott sollte seiner Entscheidungsfindung zwei Kriterien zugrunde legen:

1. Die strategische Bedeutung von Radarwarngeräten für Whistler.
2. Eine Fertigungslösung, welche dieser strategischen Bedeutung am ehesten gerecht wird.

Teilweise Auslagerung der Produktion

Diese dritte Option sollte Stott ausschließen: Sie würde den fehlerhaften Produktionsprozess beibehalten und ist daher unter keinen Umständen die beste Lösung.

Die Probleme in den Whistler-Produktionswerken resultieren aus einer ganzen Reihe von Ereignissen. Als der Markt für Radarwarngeräte in den späten 1980er-Jahren boomte, führte Whistler zahlreiche neue Produkte ein erhöhte rasch seine Produktionskapazitäten. Dabei wurde nicht berücksichtigt, dass mit zunehmender Produktionsmenge und Sortimentsbreite auch Anpassungen in der Produktion erforderlich waren. Diese war daher auf die Veränderungen im Markt schlecht vorbereitet und litt unter zunehmenden Zwischenbeständen und Durchlaufzeiten. Das Verfahren nach dem »Los-Teilesatz«-Prinzip hatte in den frühen Marktphasen perfekt funktioniert, als die Nachfrage, die Anzahl der angebotenen Produkte und die Produktionsmengen noch gering gewesen waren, ebenso wie auch der Kostendruck. Dieses Verfahren war allerdings nicht geeignet für eine hohe Nachfrage mit variablen Produktionsmengen und eine wachsenden Anzahl von Lagereinheiten. Diese Nachteile des Los-Fertigungsprozesses wurden durch weitere Faktoren noch verstärkt: Mit zunehmender Komplexität stiegen auch die Kosten für Fertigungskontrolle und Zwischenbestände. Nachfrageschwankungen im Massenmarkt erforderten plötzliche Anpassungen im Produktionsplan und verursachten damit längere Durchlaufzeiten und explodierende Zwischenlagerkosten. Bislang hat Whistler auf Probleme in der Fertigung stets mit improvisierten Kapazitätserweiterungen reagiert, die resultierenden Kosten wurden in Kauf genommen.

Schlussendlich liegt Whistler mit seinen Produktionskosten um 33 Prozent über denen ausländischer Fertigungswerke, was einem gravierenden Wettbewerbsnachteil gleichkommt. Eine Verlagerung zusätzlicher Umfänge nach Korea würde den Unterschied nur geringfügig vermindern und an den grundlegenden Problemen der Inlandsfertigung nichts ändern.

Restrukturierung der Prozesse
Stott muss sich folglich zwischen zwei verbleibenden Optionen entscheiden.

Dazu muss er zunächst berücksichtigen, welche Bedeutung Radarwarngeräte für Whistler grundsätzlich haben. Die Nachfrage, Preise und Profitabilität des Geschäfts sind rückläufig, und es gibt keine Hinweise darauf, dass dieser Rückgang eine vorübergehende Erscheinung sein könnte. Der Wettbewerb läuft nun über den Preis, und das heißt, dass das Unternehmen mit den geringsten Kosten gewinnt. Whistler ist das eindeutig nicht. Die meisten Wettbewerber haben ihre Produktion bereits ins Ausland verlagert.

Eine Restrukturierung der Inlandsfertigung hat viele Vorteile. Die Probleme, die sich in den letzten Jahren häuften, würden endlich angegangen und zu einem großen Teil sicherlich gelöst. Die Aufteilung der Produktion in Einzelschritte und die Einführung eines JIT-Systems würden mit aller Wahrscheinlichkeit sowohl Zwischenbestände als auch Durchlaufzeiten verringern. Qualitätsmaßnahmen würden zeitnahe Reaktionen auf Fertigungsprobleme ermöglichen.

Eine Restrukturierung sollte auch das Finanzergebnis verbessern. Das folgende Abbildung zeigt, dass bei Implementierung der Pilotstraße und Schließung des Werks Fitchburg eine Senkung der Stückkosten um 26 Prozent zu erreichen wäre. Mit zunehmender Erfahrung des Produktionspersonals mit dem neuen System ist eine weitere Kostensenkung vorstellbar. Allerdings wären die an der Pilotstraße erzielten Ergebnisse unter Umständen nicht auf das gesamte Unternehmen übertragbar. Und selbst mit den Nutzeneffekten der Pilotproduktion liegen die inländischen Fertigungsstückkosten bei Whistler immer noch um 11 Prozent über denen der asiatischen Zulieferer.

Es ist fraglich, ob die inländischen Werke jemals im Kostenwettbewerb mit ausländischen Anbietern bestehen könnten. Die Prozessoptimierung ist daher keine gute Option für Whistler.

Stückkostenvergleich (in US-Dollar)			
Kosten	**Ist**	**Pilotproduktion**	**Fremdvergabe**
Material	31.90	31.90	30.48
Ausschuss	3.83	65	0.92
Lohneinzelkosten	9.00	3.64	1.88
Variable Gemeinkosten	6.30	4.28	7.46
Versand	0	0	0.30
Zölle	0	0	2.40
Koordination	0	0	1.00
Gemeinkosten Verwaltung	3.38	3.38	3.38
Gemeinkosten Westford	9.28	9.28	0
Gemeinkosten Fitchburg	8.14	0	0
Gesamt	71.83	53.13	47.82

Komplette Fremdvergabe
Der langfristige Wettbewerbsvorteil von Whistler beruht auf Entwicklung und technischer Planung. Optimal wird also eine Entscheidung sein, welche dem Unternehmen ermöglicht, sich auf seine Hauptstärken zu konzentrieren und Ressourcen für eine Erweiterung der Produktentwicklung freizusetzen. Whistler muss dem Beispiel seiner Wettbewerber folgen und seine Stückkosten durch Produktionsverlagerung so weit wie möglich absenken. Folglich ist die zweite Option vorzuziehen, da sie beide Kriterien erfüllt.

Nachteile
Die empfohlene Entscheidung ist mit einigen Nachteilen verbunden. Whistler wird eine ganze Unternehmensfunktion an ein Drittunternehmen auslagern; ein unzuverlässiger Partner könnte eine noch schlimmere Krise auslösen, als Whistler derzeit erlebt. Der größte Nachteil aber sind die Schließung der inländischen Werke und die damit verbundenen Humankosten: Werks-

schließungen und Kündigungen werden für die betroffenen wie auch die verbleibenden Mitarbeiter ein traumatisches Ereignis sein. Der resultierende Niedergang der Arbeitsmoral könnte Produktivität und Engagement gerade dann beeinträchtigen, wenn diese am dringendsten benötigt werden.

Das Risiko der Partnerschaft kann durch Wahrung angemessener Sorgfalt minimiert werden. Hauptkandidat könnte der gegenwärtige Outsourcing-Partner sein, denn beide Unternehmen pflegen gute Beziehungen, und der Anbieter ist bereits mit Whistler und seinen Produkten vertraut. Die negativen Effekte der Werksschließung lassen sich nicht vermeiden, aber zumindest eingrenzen. Arbeiter, denen gekündigt wird, sollten von Whistler jede Übergangshilfe erhalten, die dem Unternehmen möglich ist, darunter vor allem die Weiterqualifikation für freie Arbeitsstellen. Die verbleibenden Mitarbeiter der Firma sollten über die Gründe der Werksschließungen genauestens informiert und darüber in Kenntnis gesetzt werden, dass diese schmerzhaften Maßnahmen dem Unternehmen langfristig die größten Überlebenschancen bieten, und damit auch die besten Möglichkeiten zur künftigen Arbeitsplatzsicherung.

Maßnahmenplan

Ziel: Möglichst baldige Auslagerung der Fertigung zu einem geeigneten externen Anbieter; diese sollte in einem Jahr beginnen und in zwei Jahren abgeschlossen sein.

Kurzfristige Maßnahmen

- Sicheren Konsens in der Firmenleitung herstellen sowie Übergangsdaten und -prozess vereinbaren. Gemischt besetzte Arbeitsgruppe aufstellen, um Anbieter zu überprüfen und Übergang zu managen.
- Baldmöglichst ein Konzept für die Unterstützung gekündigter Arbeitskräfte entwickeln. Bei der Verkündung der Entscheidung sollte dieses Konzept unbedingt verfügbar sein. Mitarbeiter über Entscheidung informieren, sobald das Paket an Unterstützungsmaßnahmen geschnürt ist. Die Botschaft an die Mitarbeiter sollte ehrlich, präzise und echt sein.
- Mit dem gegenwärtigen Partner sowie potenziellen Anbietern zusammentreffen und engere Auswahl treffen. Mit dem gegenwärtigen koreanischen Partner beginnen, aber auch andere Unternehmen ernsthaft prüfen, um die Abhängigkeit von einem Partner zu vermeiden. Auswahlkriterien sollten Fertigungsqualität, Termintreue sowie (nachgewiesenermaßen) angenehme Zusammenarbeit sein.

- Partner auswählen, Prozessdetails und Termine vereinbaren und erste Verlagerung testweise durchführen. Planung und Termine gegebenenfalls anpassen.

Mittelfristige Maßnahmen

- Bei erster Entlassungsrunde mit Weitervermittlungshilfe beginnen. Auf Basis der Erfahrungen Anpassungen vornehmen.
- Verlagerung abschließen. Mit Partner enge Kontakte in Technik und Projektkoordination aufbauen.

Langfristige Maßnahmen

- Das externe Unternehmen ist als Partner, nicht als Zulieferer anzusehen, und Whistler sollte sich eine gesunde langfristige Beziehung zu dem Unternehmen bemühen.

Risiken und Gegenmaßnahmen

- Der Verlagerungsprozess könnte misslingen, was Whistlers Situation gegenüber heute noch verschlechtern würde. Whistler kann gemeinsam mit dem anderen Unternehmen den Prozess testen und nach Bedarf anpassen, indem die ersten Verlagerungen produktweise vollzogen werden. Mit einer Ausnahme haben sämtliche Konkurrenten von Whistler ihre Fertigung ins Ausland verlagert; somit gibt es Präzedenzfälle für eine reibungslose Verlagerung.
- Das zweite Risiko – unternehmensinterner Widerstand gegen die Entscheidung sowie Tumulte infolge der Entlassungen – ist gravierender, da schwer zu vermeiden. Die Firmenleitung sollte zwei Dinge sooft als möglich wiederholen: Gegenüber den verbleibenden Mitarbeitern sollten die Überlebensnotwendigkeit der Fremdvergabe und die positiven Wettbewerbsaussichten bei Konzentration auf die eigentlichen Stärken betont werden; gegenüber den von Entlassung betroffenen Mitarbeitern sollte betont werden, dass man die Notwendigkeit dieser Maßnahme sehr bedauert und Whistler alles tun wird, um ihnen bei der Suche nach einer neuen Stelle behilflich zu sein.

Vorlagen für Arbeiten über Entscheidungs-Fallstudien[20]

Die folgenden Vorlagen werden Ihnen beim Aufbau Ihrer Arbeit über eine Entscheidungs-Fallstudie helfen. Die erste Vorlage bezieht sich auf das Modell Aussage-Herleitung, die zweite auf das Modell Herleitung–Aussage (siehe Erläuterung der beiden Modelle weiter vorn.) Sie müssen sich nicht an die hier gewählte Reihenfolge halten – wichtig ist, dass Sie Ihre Ideen immer gleich aufschreiben.

Modell »Aussage–Herleitung«

Herleitung

These: Entscheidungsempfehlung. Nennen Sie die Entscheidung, die Sie empfehlen, und fassen Sie die Gründe dafür zusammen. Fassen Sie sich kurz! (Anmerkung: Sie können nicht mit Ihrer übergreifenden Aussage beginnen, bevor Sie nicht eine – zumindest provisorische – Empfehlung sowie mindestens einen Grund dafür erarbeitet haben. Die übergreifende Aussage können Sie im Zuge Ihrer Arbeit noch anpassen.)

Entscheidung:
Gründe:

Entscheidungsoptionen. Listen Sie diese. Meist sind sie in der Fallstudie erwähnt.

Entscheidungsoptionen:

Entscheidungskriterien

Nennen Sie nun die Kriterien für die Entscheidung. Sie sollten relevant und eher weit als zu eng gefasst sein, und es sollten möglichst wenige sein. Unter Umständen sind spezifische Messgrößen erforderlich. Geben Sie sie in der zweiten Spalte an.

Kriterien	**Woran messen?**

Herleitung der empfohlenen Entscheidungsoption

Listen Sie links die Kriterien auf, rechts die daraus resultierenden Belege für Ihre Empfehlung. Beschränken Sie sich auf die aussagekräftigsten Belege, die Sie haben.

Kriterien	**Belege**

Kritische Würdigung von Optionen

Listen Sie links die Kriterien auf, rechts die resultierenden Belege, die für den Ausschluss der anderen Optionen sprechen. Beschränken Sie sich auf die überzeugendsten Argumente gegen diese Optionen.

Verworfene Entscheidungsoption:	
Kriterien	*Belege*
Verworfene Entscheidungsoption:	
Kriterien	*Belege*

Wichtigste Nachteile der empfohlenen Entscheidung

Geben Sie hier den oder die beiden größten Nachteile Ihre Empfehlung an, ggfs. mit den erforderlichen Belegen dafür, sowie die jeweiligen Gegenmaßnahmen. (Sollten Sie sich in einer Prüfungssituation befinden und nicht mehr viel Zeit haben, lassen Sie diesen Teil aus!)

Nachteile	Belege und Gegenmaßnahmen

Maßnahmenplan

Sinn und Zweck eines Maßnahmenplans für eine Entscheidungs-Fallstudie ist es, eine möglichst effektive Umsetzung der Entscheidung sicherzustellen.

Ziel(e). Nennen Sie das/die Ziel(e) des Plans – also die wichtigsten angestrebten Ergebnisse.

Ziel(e)
1.
2.
3.

Maßnahmen. Schreiben Sie die einzelnen Maßnahmen nieder, ohne sich zunächst allzu sehr mit der Reihenfolge aufzuhalten. Wenn Sie fertig sind, schreiben Sie in die erste Spalte Nummern, welche die chronologische Folge der Maßnahmen angeben. Die zweite Spalte kann helfen, die Maßnahmen einzelnen Umsetzungsphasen zuzuordnen (z.B. Konsens, Kommunikation, Verbesserung).

Kurzfristig

Reihenfolge im Text	Phase	Maßnahme

Langfristig

Reihenfolge im Text	Phase	Maßnahme

Hauptrisiken und Gegenmaßnahmen

Bestimmen Sie die wichtigsten Risiken, welche die Planung scheitern lassen könnten. Schlagen Sie Gegenmaßnahmen zur Eliminierung oder Eingrenzung der Risiken vor.

Risiko	Gegenmaßnahme

Modell »Herleitung–Aussage«

Entscheidungsoptionen

Nennen Sie diese. Meist sind sie in der Fallstudie erwähnt.

Entscheidungsoptionen:

Entscheidungskriterien

Nennen Sie nun die Kriterien für die Entscheidung. Sie sollten relevant und eher weit als zu eng gefasst sein, und es sollten möglichst wenige sein. Unter Umständen sind spezifische Messgrößen erforderlich. Geben Sie sie in der zweiten Spalte an.

Kriterien	**Woran messen?**

Kritische Würdigung von Optionen

Listen Sie links die Kriterien auf, rechts die resultierenden Belege, die für den Ausschluss der anderen Optionen sprechen. Beschränken Sie sich auf die überzeugendsten Argumente gegen diese Optionen.

Verworfene Entscheidungsoptionen:	
Kriterien	*Belege*
Verworfene Entscheidungsoptionen:	
Kriterien	*Belege*

Herleitung der empfohlenen Entscheidungsoption

Listen Sie links die Kriterien auf, rechts die daraus resultierenden Belege für Ihre Empfehlung. Beschränken Sie sich auf die aussagekräftigsten Belege, die Sie haben.

Kriterien	**Belege**

Übergreifende Aussage: Entscheidungsempfehlung

Nennen Sie die Entscheidung, die Sie empfehlen, und fassen Sie die Gründe dafür zusammen. Fassen Sie sich kurz! (Anmerkung: Sie können nicht mit Ihrer übergreifenden Aussage beginnen, bevor Sie nicht eine – zumindest provisorische – Empfehlung sowie mindestens einen Grund dafür erarbeitet haben. Die übergreifende Aussage können Sie im Zuge Ihrer Arbeit noch anpassen.)

Entscheidung:
Gründe:

Wichtigste Nachteile der empfohlenen Entscheidung

Geben Sie hier den oder die beiden größten Nachteile Ihre Empfehlung an, ggf. mit den erforderlichen Belegen dafür, sowie die jeweiligen Gegenmaßnahmen. (Sollten Sie sich in einer Prüfungssituation befinden und nicht mehr viel Zeit haben, lassen Sie diesen Teil aus!)

Nachteile	**Belege und Gegenmaßnahmen**

Maßnahmenplan

Sinn und Zweck eines Maßnahmenplans für eine Entscheidungs-Fallstudie ist es, eine möglichst effektive Umsetzung der Entscheidung sicherzustellen.

Ziel(e). Nennen Sie das/die Ziel(e) des Plans – also die wichtigsten angestrebten Ergebnisse.

Ziel(e)
1.
2.
3.

Maßnahmen. Schreiben Sie die einzelnen Maßnahmen nieder, ohne sich zunächst allzu sehr mit der Reihenfolge aufzuhalten. Wenn Sie fertig sind, schreiben Sie in die erste Spalte Nummern, welche die chronologische Folge der Maßnahmen angeben. Die zweite Spalte kann helfen, die Maßnahmen einzelnen Umsetzungsphasen zuzuordnen (z.B. Konsens, Kommunikation, Verbesserung).

- Kurzfristig

Reihenfolge im Text	Phase	Maßnahme

- Langfristig

Reihenfolge im Text	Phase	Maßnahme

Hauptrisiken und Gegenmaßnahmen

Bestimmen Sie die wichtigsten Risiken, welche die Planung scheitern lassen könnten. Schlagen Sie Gegenmaßnahmen zur Eliminierung oder Eingrenzung der Risiken vor.

Risiko	Gegenmaßnahme

Kapitel 12

Schreiben über Bewertungs-Fallstudien

Eigene Beurteilungen

Bewertungen sind Urteile über den Wert, den Nutzen oder die Effektivität einer Leistung, einer Handlung oder eines Resultats irgendwelcher Art. Eine Arbeit zu einer Bewertungs-Fallstudie muss beide Seiten der Thematik berücksichtigen – die Faktoren, die Ihr Gesamturteil unterstützen, ebenso wie diejenigen, die dagegensprechen, und gegebenenfalls auch die, die dazwischenliegen. In diesem Kapitel befassen wir uns nicht mit Bewertungen, die mithilfe von Formeln durchgeführt werden (wie etwa Beurteilungen der Kreditwürdigkeit). Es geht hier vielmehr um Bewertungen, bei denen man das Ergebnis durch eigene Beurteilung ermittelt. (In Kapitel 7 finden Sie mehr zum Thema Bewertungssituationen.)

In der Beispielarbeit zu diesem Kapitel wurden die Bezüge zum Fallbeispiel anonymisiert: Die Original-Fallstudie wird nach wie vor im Unterricht eingesetzt, sodass eine detaillierte Erörterung an dieser Stelle ihren didaktischen Wert mindern könnte; jedoch eignen sich die aufgeworfenen Fragen ganz hervorragend zur Veranschaulichung einer Bewertung. Eine Zusammenfassung der anonymisierten Fallstudie mit dem Titel »Einstellung des Schuldendienstes durch Bolivar: Farce oder Wendepunkt?« findet sich am Ende des Kapitels zu Beginn der Beispielarbeit. Bitte lesen Sie zunächst beide durch, da Sie sonst von den Ausführungen des Kapitels wenig profitieren werden.

Wie man eine Arbeit über eine Bewertungs-Fallstudie aufbaut

Eine Arbeit über eine Bewertungs-Fallstudie hat fünf Elemente:

1. Gesamturteil (These)
2. Bewertungskriterien
3. Herleitung der Bewertung
4. Einschränkungen
5. Maßnahmenplan

Stärken und Schwächen in extenso

Damit ist sie ganz anders aufgebaut als eine Arbeit über eine Problem- oder Entscheidungs-Fallstudie: Bei Letzteren besteht fast die gesamte Argumentation aus Inhalten, die für die übergreifende These sprechen. Eine Arbeit zum Thema Entscheidung deckt zwar auch die Nachteile ab, doch macht das nur einen relativ kleinen Teil des Textes aus. Eine Bewertung hingegen schließt auch Faktoren ein, welche die übergreifende Aussage nicht unterstützen, und in manchen Fällen (wie auch in der Beispielarbeit am Kapitelende) werden diese sehr extensiv erörtert. Das liegt in der Natur der Sache: Leistungen, Handlungen und deren Ergebnisse haben nun mal positive, negative und zweideutige oder unsichere Facetten. Nehmen wir etwa eine Leistungsbeurteilung: Die darin aufgeführten Stärken und Schwächen spiegeln den Umstand wider, dass eine Leistung nie vollkommen ist. Darüber hinaus enthält eine Arbeit zum Thema Bewertung häufig einen Abschnitt, in dem die Einschränkungen zum Gesamturteil aufgeführt sind. In unserer Beispielarbeit ergänzt der Schreiber seine Argumentation, mit der er eine bereits getroffene Entscheidung gutheißt, um eine ganz erhebliche Einschränkung.

Methode bei Zeitdruck

Der oben dargestellte Textaufbau folgt dem Modell Aussage–Herleitung: Sie teilen dem Leser mit, was Sie denken, und gehen dann auf das Warum ein. Das Modell Aussage–Herleitung regt Sie dazu an, zuerst Ihre Empfehlung auszusprechen und diese dann zu begründen. Zum einen hilft das dem Leser bei der Strukturierung seiner Tätigkeit, zum anderen gibt es Ihnen eine klare Aufgabe vor – damit ist es eine gute Methode für schriftliche Prüfungen und andere Situationen mit Zeitdruck.

Eine Arbeit zum Thema Bewertung kann aber auch dem Modell Herleitung–Aussage folgen:

1. Bewertungskriterien
2. Herleitung der Bewertung
3. Einschränkungen
4. Gesamturteil (These)
5. Maßnahmenplan

Methode bei Skepsis

Diese Struktur ist induktiv, denn sie führt den Leser durch den Prozess der Schlussfolgerung. Sollte es Grund zur Annahme geben, dass Ihre Adressaten einer Schlussfolgerung eher skeptisch gegenüberstehen, solange sie nicht nachgewiesen ist, können Sie ihren Widerstand mit dieser Struktur umgehen. Das Modell kann sehr überzeugend sein, denn es gibt dem Leser das Gefühl, dass alle relevanten Faktoren berücksichtigt sind – nicht nur die, welche für Ihre Schlussfolgerung sprechen. Ein potenzieller Nachteil könnte darin liegen, dass Sie unter Umständen so viel Zeit mit der Auswertung der Fakten zubringen, dass Sie nie zur Schlussfolgerung kommen. Oder dass Sie den roten Faden verlieren oder abschweifen, wenn Sie zu Beginn Ihres Textes keine explizite Zielsetzung formuliert haben.

Gesamturteil (These)

Das Wichtigste ist Ihre These

Der wichtigste Satz in Ihrer ganzen Arbeit ist die Formulierung Ihres Gesamturteils. Nur selten wird sich dieses auf eine Zusammenfassung des Für und Wider beschränken – in den allermeisten Fällen muss dieses Fazit Ihrer Bewertung auch ausgedrückt werden. Ohne dieses ist Ihre Bewertung nicht umsetzbar und überlässt es dem Leser, sich ein Urteil zu bilden.

Hier der erste Abschnitt unserer Beispielarbeit:

Angesichts der historischen wirtschaftlichen Instabilität des Landes und der Serie politischer Krisen, die selbst für die Verhältnisse Bolivars außergewöhnlich war, stand die Regierung vor der schwierigen Entscheidung, ob ein Großteil der Auslandsschulden nicht bedient werden sollte. In dieser Situation waren alle Handlungsoptionen gleichermaßen unangenehm, und es ging im Wesentlichen darum, von mehreren hoch riskanten Alternativen diejenige mit dem geringsten Risiko auszuwählen. Alles in allem war Präsident DiNardos Entscheidung, den Schuldendienst einzustellen, bei aller Härte richtig. Ich teile seinen Standpunkt – allerdings unter der Prämisse, dass die Regierung eine langfristige Strategie zur Verankerung wirtschaftlicher Reformen erarbeitet und umsetzt.

Die nicht kursiv gesetzten Sätze enthalten die These des Schreibers – die übergreifende Aussage, welche im Rest der Arbeit herzuleiten und zu belegen ist. Wie bei jeder Argumentation gibt die These zu Anfang des Textes dem Leser eine Zielrichtung vor.

Bewertungskriterien

Die Resultate einer Bewertung hängen ganz wesentlich von den zugrunde gelegten Kriterien ab. Dazu ein einfaches Beispiel aus der Volkswirtschaftslehre: Nehmen wir an, Sie haben die Effektivität der Wirtschaftspolitik eines Landes zu bewerten. Ein Maßstab dafür ist das Pro-Kopf-Bruttoinlandseinkommen. Die Zahlen zeigen ein gesundes Wachstum im Verlauf von zehn Jahren, ebenso wie auch andere Messgrößen des Volkseinkommens. Daraus könnten Sie schließen, dass die nationale Wirtschaftspolitik recht erfolgreich ist. Betrachten Sie sich aber nun die Einkommensverteilung, stellen Sie fest, dass der Großteil der Bevölkerung nach wie vor in Armut lebt; der Wohlstand konzentriert sich also auf eine Minderheit. Jetzt erscheint diese Wirtschaftspolitik schon weniger zuträglich für langfristige Stabilität.

Keine willkürlichen Kriterien

Aus Lesersicht ist eine Bewertung ohne klar definierte und relevante Kriterien arbiträr – man kann nicht erkennen, ob das Urteil des Schreibers vernünftig ist. (Das Gleiche gilt im Übrigen für Entscheidungsanalysen.) Der Verfasser unserer Beispielarbeit macht daher seine Kriterien sehr deutlich:

Bei der Bewertung der Handlungen des Präsidenten werden die folgenden Kriterien zugrunde gelegt:

- Die wirtschaftlichen Vor- und Nachteile einer Einstellung des Schuldendienstes
- Die politischen Vor- und Nachteile
- Die Vor- und Nachteile für die Gesellschaft

Quellen der Kriterien

Bei der Anwendung von Bewertungs- oder Entscheidungskriterien ist es wichtig zu wissen, wie man auf dieser Basis zu einer Entscheidung kommt. Zwei Quellen dafür sind die Ausgangslage des Fallbeispiels sowie fachspezifische Methoden. Es gibt zahlreiche wirtschaftswissenschaftliche Theorien und Konzepte, die zur Bewertung herangezogen werden können. Ein Hochschuldozent wird unter Umständen von seinen Studenten erwarten, dass sie ein ganz bestimmtes Konzept anwenden. Die in unserer Beispielarbeit verwendeten Kriterien basieren auf Konzepten aus dem MBA-Studium: Makroökonomie, Politik und Soziale Dynamik. Einige Konzepte werden wegen mangelnder Relevanz für das Fallbeispiel nicht infrage kommen; machen Sie also nicht den Fehler, nach dem Motto »Je mehr, desto besser« möglichst viele Kriterien zu sammeln.

Messgrößen

Die zweite Aufgabe im Zusammenhang mit Kriterien ist ihre Anwendung: Wie messen? Die Informationen in der Fallstudie weisen in der Regel auf geeignete Messgrößen hin. Das anonymisierte Fallbeispiel enthält große Mengen an Wirtschaftsdaten, einige Statistiken zum sozialen Wohlergehen sowie ein paar Informationen zur Politik. Somit lassen sich das wirtschaftliche und das soziale Kriterium recht einfach messen, wohingegen die Anwendung des politischen Kriteriums auf Rückschlüssen beruhen muss.

An dieser Stelle seien die drei Merkmale von Kriterien wiederholt, die bereits im Kapitel 11 (Arbeiten über Entscheidungs-Fallstudien) genannt wurden:

- Als Kriterien für eine Bewertung sollten so wenige wie möglich eingesetzt werden. Hat man zu viele, können bruchstückhafte Bewertungen und wenig überzeugende Argumentationen die Folge sein.
- Am wirkungsvollsten sind meist Kriterien, die eher weit gefasst sind. In der Regel lassen sich diese auf vielfache Weise messen. Der Abschnitt über wirtschaftliche Vor- und Nachteile aus unserer Beispielarbeit veranschaulicht das sehr schön: Er enthält volkswirtschaftliche Kennzahlen, die dem Schreiber helfen, eine komplexe Situation zu erfassen und zu beurteilen.
- Mitunter sind Kriterien voneinander unabhängig und können folglich in beliebiger Reihenfolge angewandt werden, häufig aber gibt es gerade bei Beurteilungskriterien eine logische Reihenfolge der Anwendung. Die Kriterien in unserer Beispielarbeit hängen miteinander zusammen, ebenso wie die entsprechenden Entwicklungen im Land, aber es

würde den Leser nur verwirren, wenn der Autor zwischen ihnen hin- und herspringen würde. Und da die zu bewertende Handlung wirtschaftlicher Natur ist, werden ihre unmittelbarsten und messbarsten Auswirkungen die auf die nationale Wirtschaft sein – folglich ist diese ein logischer Ansatzpunkt.

Herleitung der Bewertung

Matrix-Logik

Die Herleitung der These untergliedert sich bei einer Bewertungsarbeit auf zwei Ebenen: Die Begründung selbst ist nach Kriterien gegliedert, die Behandlung jedes Kriteriums gliedert sich nach den Bewertungsbegriffen (Vor- und Nachteile, Stärken und Schwächen, Effektivität und Inneffektivität). Hier die Gliederung des Herleitungsteils in der Beispielarbeit:

1. Wirtschaftliche Faktoren
   Vorteile
   Nachteile
2. Politische Faktoren
   Vorteile
   Nachteile
3. Soziale Faktoren
   - Vorteile
   - Nachteile

Ziel ist die Begründung

Die Vorteile werden zuerst behandelt, weil der Schreiber die zu bewertende Entscheidung unterstützt. Ziel einer bewertenden Arbeit ist es ja, das Gesamturteil des Schreibers zu begründen. Zu jedem Kriterium erörtert man folglich zuerst die Seite der Bewertung, welche die eigene These unterstützt, und dann erst die andere Seite. Wer die zu bewertende Entscheidung nicht gutheißt, wird mit den Nachteilen beginnen.

Argumentation für Nachteile

Die Argumentation zu den Nachteilen in unserer Beispielarbeit verdient eine genauere Betrachtung. Sie veranschaulicht, wie eine gut strukturierte Herleitung aussieht und wie man Belege wirkungsvoll einsetzt. Beim Durchlesen eines Teils der Argumentation finden wir einige wertvolle Punkte über die

Struktur einer Argumentation. Die folgenden Abschnitte sind Teil der Herleitung zum ersten wirtschaftlichen Vorteil:

> Auf Präsident Fernandez folgte eine Reihe schwacher Präsidenten und umstrittener Wahlergebnisse, was die Wirtschaftspolitik des Landes lähmte. *Die Ausgaben stiegen auf nie da gewesene Höhen, die Staatseinnahmen gingen zurück, und die Arbeitslosigkeit erreichte mit 20 Prozent einen neuen Höchststand. Daraufhin beschaffte sich das Land über ausländische Investoren 35 Milliarden Dollar, doch anschließend geriet es in eine erneute Krise, in der geringe Einnahmen von einer hohen Verschuldung begleitet waren – diese erreichte 1998 einen Stand von 110 Prozent des BIP. Die Regierung ergriff Notfallmaßnahmen und konnte damit eine vorübergehende Entspannung der geldmarktpolitischen Lage erreichen, doch dabei fiel das Lohnniveau stark ab, und über die Hälfte der Bevölkerung geriet unter die Armutsgrenze.*
>
> DiNardo ergriff bei seinem Amtsantritt einige Maßnahmen, welche eine wirtschaftliche Erholung einleiteten. Ermöglicht wurden sie durch die vorübergehende Einstellung der Zinszahlungen für die Auslandsverschuldung. *Das reale BIP-Wachstum stieg in zwei Jahren aus dem Minusbereich auf plus 4 bis 5 Prozent. Die Arbeitslosigkeit war zwar immer noch hoch, aber doch rückläufig (von 20 auf 14 Prozent), die Löhne stiegen wieder. Bei den Anlageinvestitionen begann sich eine Erholung abzuzeichnen, ebenso in der Leistungsbilanz, als die Exporte wieder zunahmen und die Importe stagnierten. Die Gesamtverschuldung relativ zum BIP fiel unter 100 Prozent.*
>
> Nichtsdestotrotz gefährdeten die gehäuften Probleme des langjährigen wirtschaftspolitischen Missmanagements die Volkswirtschaft. *DiNardo hätte die Schuld seinen Vorgängern geben und darauf verweisen können, dass er nicht all ihre Fehler wiedergutmachen konnte. Er entschied sich jedoch dagegen und war fest entschlossen, an dem gemäßigten Aufschwung festzuhalten; dies war auch die wichtigste Stärke seiner Entscheidung in wirtschaftlicher Hinsicht. In engem Zusammenhang damit stand ein weiterer positiver Effekt: das Signal an die Bevölkerung, dass er entschlossen war, ihre Bedürfnisse über die der ausländischen Investoren zu stellen und vor allem möglichst vielen Menschen aus der Armut zu helfen.*

Die nicht kursiv gesetzten Sätze bilden in diesen Abschnitten den Kern der Argumentation. Wenn wir sie umformulieren und auflisten, können wir die Logik dahinter leichter erkennen:

1. Eine Aufeinanderfolge schwacher Präsidenten und umstrittener Wahlergebnisse lähmte die Wirtschaftspolitik.
2. Präsident DiNardo konnte einige Maßnahmen realisieren, welche eine gemäßigte wirtschaftliche Erholung einleiteten.
3. Diese Maßnahmen wurden durch Einstellung der Zinszahlungen auf Auslandsschulden ermöglicht.
4. Dennoch war die Erholung durch eine Vielzahl von Problemen infolge der schlechten wirtschaftspolitischen Steuerung bedroht.
5. Die Beibehaltung der wirtschaftlichen Erholung war der bedeutendste wirtschaftliche Aspekt seiner Entscheidung. (Dieser Satz besagt, dass die wirtschaftliche Erholung durch Finanzierung mit den nicht zurückgezahlten Schulden aufrechterhalten werden kann.)

An dieser Grundstruktur sehen wir, wie die Argumentation verläuft: Die vier ersten Punkte drücken Fakten aus, welche die ökonomische Logik hinter der Entscheidung des Präsidenten zeigen und das Fazit des Autors (Punkt 5) unterstützen. Aus logischen Elementen wie diesen baut man eine wirkungsvolle Argumentation zu einer Fallstudie auf. Da aber keiner der Punkte eine selbstverständliche Wahrheit ausdrückt, muss der Autor zusätzlich Belege für ihre Validität liefern – nur dann kann die Argumentation den Leser wirklich überzeugen.

Offene Darstellung der Nachteile

Wie bereits erwähnt, berücksichtigt eine Bewertungsarbeit auch die Faktoren, welche gegen das Gesamturteil sprechen. Sie stellt sie offen und ehrlich dar, anstatt sie zu ignorieren, kleinzureden oder zu beschönigen. Sachkundige Leser würden solche Manöver schnell durchschauen; es wäre also töricht, so etwas zu versuchen. Dessen ungeachtet sollte man bei der Erörterung gegenläufiger Faktoren auch Umstände oder Handlungen nennen, welche diese Faktoren abmildern könnten – so es welche gibt. Als Beispiel hier der erste wirtschaftliche Nachteil aus unserer Studienarbeit:

Einflussfaktoren für Bewertung

> *Hauptschwäche der Entscheidung in wirtschaftlicher Hinsicht ist, dass das Spiel schiefgehen kann. Wenn das zurückbehaltene Geld nicht klug eingesetzt wird, könnte das Land in eine schlechtere Lage geraten als vor der Entscheidung.* Der Präsident kann dem am besten vorbeugen, wenn er sicherstellt, dass die Regierung in die langfristige Wirtschaftsentwicklung investiert.

Der Schreiber verschweigt nicht, welche Katastrophen resultieren würden, wenn die Entscheidung nicht aufgeht. Gleichzeitig wird aber (im kursiv gedruckten Textteil) gesagt, dass die Katastrophe vermeidbar ist. Faktoren, die gegen Ihren Standpunkt sprechen, können manchmal nur eingegrenzt, nicht aber ganz eliminiert werden. Dies gilt für einen wirtschaftlichen Nachteil, der in der Beispielarbeit genannt wird:

> *Schließlich haben einige ausländische Gläubiger Klage gegen die Regierung von Bolivar erhoben, und weitere könnten folgen. Sie haben auch gute Argumente dafür, denn in den beiden Jahren vor der Entscheidung des Präsidenten sahen die Wirtschaftszahlen des Landes besser aus, wozu auch ein BIP-Wachstum gehörte. Bolivar könnte dem entgegenhalten, dass eine volle Rückzahlung das Land in eine schwere Rezession stürzen könnte und dass die Investoren dann schlechter dastünden, als sie es mit DiNardos Entscheidung tun. Darüber hinaus erhalten die Investoren ja etwas zurück.* Nichtsdestotrotz könnte es sein, dass die Gerichte gegen Bolivar entscheiden.

Einschränkungen

Einschränkungen sind Faktoren, welche nicht zur Bewertung gehören, aber erheblichen Einfluss darauf haben. Die Beispielarbeit enthält eine starke Einschränkung zum Gesamturteil: Der Autor sagte, die positive Bewertung gelte nur unter der Prämisse, dass eine langfristige Entwicklungsstrategie verfolgt werde.

Können solche Einschränkungen Ihre Thesen abschwächen, können sie Sie halbherzig erscheinen lassen? Ja. Dann nämlich, wenn Sie derart viele davon bringen, dass der Eindruck entsteht, Sie würden sich vor einer konkreten Aussage drücken. Konzentrieren Sie sich aber auf wenige mit starker Wirkung, dann wird Ihr Urteil sogar bekräftigt. Eine erhebliche Einschränkung bewirkt, dass Ihre Bewertung die Gegebenheiten einer Situation besser abdeckt und folglich den Leser eher überzeugt.

Maßnahmenpläne für Bewertungs-Fallstudien

Unterschiedliche Ziele der Maßnahmen

Der Sinn und Zweck eines Maßnahmenplans für Bewertungsfälle variiert je nach dem Gegenstand der Bewertung. So wird er im Fall einer Leistungsbeurteilung darauf ausgerichtet sein, die Schwächen der Person zu verbessern und ihre Stärken weiter auszubauen. Bei der Beurteilung einer Handlung, wie etwa einer Entscheidung, wird es darum gehen, die Umsetzung der Entscheidung mit Blick auf die Bewertungsinhalte zu optimieren. (Mehr Informationen zu Maßnahmenplänen finden Sie in Kapitel 9.)

Entscheidungssituation

Gegenstand des Maßnahmenplans zu unserer Beispielarbeit ist die Umsetzung von DiNardos Entscheidungen. Der Plan soll zwei Ziele erfüllen – ein wirtschaftspolitisches und eines, das mit der Rechtfertigung gegenüber anderen Regierungen zu tun hat. Aus der Bewertung ergeben sich die Einzelmaßnahmen zu jedem der beiden Ziele. Wo sich die entsprechenden umsetzungsorientierten Inhalte im Text finden, zeigt Abbildung 12-1. Die Entwicklung eines Maßnahmenplans beginnt damit, solche Inhalte im Text zu bestimmen.

Abbildung 12-1

Ansatzpunkte im Text für Maßnahmen

Maßnahmen	Quellen im Text
Politik	• Wirtschaftliche Faktoren – ein Vorteil, ein Nachteil
	• Politische Faktoren – ein Vorteil, ein neutraler Faktor
	• Einschränkungen
Information anderer Länder	• Wirtschaftliche Faktoren – zwei Nachteile
	• Politische Faktoren – ein Nachteil

Die Reihenfolge der Maßnahmen entspricht den Richtlinien aus Kapitel 9. Kurzfristig sind die Maßnahmen einzuplanen, die dringend oder besonders leicht umsetzbar sind. In der Planung aus unserem Beispiel erfüllen die beiden kurzfristigen Maßnahmen das Dringlichkeitskriterium. Die Entscheidung wurde schon gefällt, und damit ist es für den Präsidenten unabdingbar, (1) sein Land baldmöglichst auf einen neuen Entwicklungspfad zu bringen, und (2) die anderen Regierungen und Gläubigerbanken auf diplomatischem Weg über die Hintergründe zu informieren.

Problemsituation

Ein Maßnahmenplan für eine Leistungsbeurteilung wird meist eher dem Plan für eine Problemsituation ähneln: Probleme erfordern Lösungen; Beurteilungen erfordern Verbesserungen an den negativen Aspekten der Leistung. Kapitel 7 enthält eine erweiterte Beurteilung der Führungsleistung von Don Rogers. Das entsprechende Zeugnis (siehe Abbildung 12-2) enthält sehr viel Ansatzpunkte für konkrete Maßnahmen.

Abbildung 12-2

Beurteilung von Rogers' Führungsleistung

Kriterien	Beurteilung
Führungsqualitäten	Schlecht
Überwindung von Hindernissen	Sehr schlecht
Fähigkeiten zum Wandel	Schlecht
Einschränkungen	Externe Faktoren trugen zur schwachen Leistung bei.

Ziel eines Maßnahmenplans wäre hier, seine klaren Schwächen in den Bereichen Führungsqualitäten, Überwindung von Hindernissen und Fähigkeiten zum Wandel zu beheben. Der Großteil des Plans würde demnach aus Maßnahmen zur Leistungssteigerung in diesen Bereichen bestehen. Einige der Maßnahmen müssten aber auch die externen Faktoren adressieren, welche seine Führungsleistung beeinträchtigt haben. So hat ihn die Unternehmensleitung auf einen Posten befördert, für den er unzureichend qualifiziert war, und ihn offenbar einfach ins kalte Wasser geworfen. Es wäre daher im besten Interesse des Unternehmens, wenn die Firmenleitung eingreifen und ihn aktiv unterstützen würde.

Studienarbeit über eine Bewertungs-Fallstudie

»Einstellung des Schuldendienstes durch Bolivar: Farce oder Wendepunkt?« (Fallstudie anonymisiert):[a] Der Präsident von Bolivar, Alfredo DiNardo, hat kürzlich den Entschluss gefasst, für einen Großteil der Auslandsverschuldung den Schuldendienst einzustellen. Die Entscheidung wurde in den internationalen Finanzmärkten mit Bestürzung, von den Gläubigern mit Verärgerung (und gerichtlichen Schritten), von der Bevölkerung des Landes mit Beifall aufgenommen. Bolivars Geschichte ist durch turbulente politische Entwicklungen und chronische wirtschaftliche Instabilität geprägt; politische Kungeleien führten nicht selten zu Regierungsentscheidungen, die das langfristige wirtschaftliche Wohl des Landes gefährdeten. So führten etwa Begünstigungen für bestimmte Gruppierungen zu einer Verlangsamung des Wirtschaftswachstums. Resultat war ein steter Wechsel von leichten Aufschwüngen und steilen Talfahrten, gekennzeichnet durch Staatsdefizite, steigende Arbeitslosigkeit, hohe Inflation und soziale Unruhen.

Zur Zeit des hier beschriebenen Falls steht der neue Präsident DiNardo bereits seit einiger Zeit in Verhandlungen mit diversen ausländischen Gläubigern. Inzwischen hat sich entgegen aller Erwartungen die Wirtschaft des Landes erholt. Der Regierung DiNardo ist es gelungen, die Staatsverschuldung mittels Steuererhöhungen und Ausgabenbegrenzung zu reduzieren, doch fürchtet er, dass diese Maßnahmen für eine weitere Erholung der Wirtschaft nicht ausreichen werden. Daher hat er beschlossen, für etwa 50 Prozent der Auslandsverschuldung von Bolivar den Schuldendienst einzustellen. Diese Entscheidung hat eine internationale Kontroverse ausgelöst, teils deshalb, weil sie in den Augen der Gläubiger und ausländischer Experten einen Tiefpunkt in der Steuerung der Volkswirtschaft sowie in der Verlässlichkeit des Landes als Schuldner markierte. Hie und da wurden bereits Drohungen laut, Bolivar werde auf Jahre keine Kredite aus dem Ausland mehr erhalten, und wenn doch, dann nur zu sehr hohen Zinsen. Im Land selbst aber sehen Politiker und viele andere Menschen die Entscheidung als Wendepunkt für die Gesundung der Volkswirtschaft.

Die echte Fallstudie geht in einem Kapitel sehr ausführlich auf die wirtschaftliche Entwicklung des Landes ein, gestützt durch viele Daten aus den letzten Jahren sowie einen kurzen Abriss zur Innenpolitik. Sie schließt mit 20 Abbildungen, die zum Großteil Statistiken zu den volkswirtschaftlichen und gesellschaftlichen Bedingungen des Landes enthalten.

- *Aufgabenstellung:* Bewerten Sie die Entscheidung des Präsidenten hinsichtlich ihrer übergreifenden Vorzüge sowie ihrer spezifischen Vor- und Nachteile. Schlagen Sie auf Basis Ihrer Bewertung einen Maßnahmenplan vor.

Angesichts der historischen wirtschaftlichen Instabilität des Landes und der Serie politischer Krisen, die selbst für die Verhältnisse Bolivars außergewöhnlich war, stand die Regierung vor der schwierigen Entscheidung, ob ein Großteil der Auslandsschulden nicht bedient werden sollte. In dieser Situation waren alle Handlungsoptionen gleichermaßen unangenehm, und es ging im Wesentlichen darum, von mehreren hoch riskanten Alternativen diejenige mit dem geringsten Risiko auszuwählen. Alles in allem war Präsident DiNardos Entscheidung, den Schuldendienst einzustellen, bei aller Härte richtig. Ich teile seinen Standpunkt – allerdings unter der Prämisse, dass die Regierung eine langfristige Strategie zur Verankerung wirtschaftlicher Reformen erarbeitet und umsetzt.

Bei der Bewertung der Handlungen des Präsidenten werden die folgenden Kriterien zugrunde gelegt:

- Die wirtschaftlichen Vor- und Nachteile einer Einstellung des Schuldendienstes
- Die politischen Vor- und Nachteile
- Die Vor- und Nachteile für die Gesellschaft

Wirtschaftliche Faktoren

Vorteile
President DiNardo beabsichtigt, den weiteren Aufschwung mithilfe der nicht bedienten Schulden zu finanzieren. Das langjährige wirtschaftliche Missmanagement des Landes zwingt ihn zu dieser Entscheidung. Sie mag fehlschlagen, aber die Alternativen wären schlimmer.

In der Vergangenheit wurde die Wirtschaft des Landes durch ständige Regierungswechsel ruiniert. In den zehn Jahren vor DiNardos Amtsantritt nahm die Inflation mit 900 Prozent horrende Ausmaße an, und die Staatsdefizite lagen typischerweise bei 20 Prozent des BIP. Dann wurde als Hoffnungsträger Präsident Fernandez gewählt; dieser leitete Reformen ein, um Inflation und Staatsschulden zu senken und das Wachstum zu fördern. Im Einzelnen gehörten dazu feste Dollar-Wechselkurse sowie die Erhöhung der Staatseinnahmen durch den Verkauf öffentlicher Unternehmen. Diese Reformen zeigten einige Erfolge – geringere Inflationsraten, ein Plus in den Staatskassen, BIP-Wachstum –, ließen aber auch die Arbeitslosigkeit ansteigen (um 16 Prozent). Nebeneffekt der festen Wechselkurse war die erhöhte Anfälligkeit für externe Finanzmarktentwicklungen. In einem Fall musste die Zentralbank von Bolivar die Zinsen anheben und andere Maßnahmen ergreifen, da eine Krise in Mexiko das BIP sinken und die Arbeitslosigkeit noch weiter ansteigen ließ.

Auf Präsident Fernandez folgte eine Reihe schwacher Präsidenten und umstrittener Wahlergebnisse, was die Wirtschaftspolitik des Landes lähmte. Die Ausgaben stiegen auf nie da gewesene Höhen, die Staatseinnahmen gingen zurück, und die Arbeitslosigkeit erreichte mit 20 Prozent einen neuen Höchststand. Daraufhin beschaffte sich das Land über ausländische Investoren 35 Milliarden Dollar, doch anschließend geriet es in eine erneute Krise, in der geringe Einnahmen von einer hohen Verschuldung begleitet waren – diese erreichte 1998 einen Stand von 110 Prozent des BIP. Die Regierung ergriff Notfallmaßnahmen und konnte damit eine vorübergehende Entspannung der geldmarktpolitischen Lage erreichen, doch dabei fiel das Lohnniveau stark ab, und über die Hälfte der Bevölkerung geriet unter die Armutsgrenze.

DiNardo ergriff bei seinem Amtsantritt einige Maßnahmen, welche eine wirtschaftliche Erholung einleiteten. Ermöglicht wurden sie durch die vorübergehende Einstellung der Zinszahlungen für die Auslandsverschuldung. Das reale BIP-Wachstum stieg in zwei Jahren aus dem Minusbereich auf plus 4 bis 5 Prozent. Die Arbeitslosigkeit war zwar immer noch hoch, aber doch rückläufig (von 20 auf 14 Prozent), die Löhne stiegen wieder. Bei den Anlageinvestitionen begann sich eine Erholung abzuzeichnen, ebenso in der Leistungsbilanz, als die Exporte wieder zunahmen und die Importe stagnierten. Die Gesamtverschuldung relativ zum BIP fiel unter 100 Prozent.

Nichtsdestotrotz gefährdeten die gehäuften Probleme des langjährigen wirtschaftspolitischen Missmanagements die Volkswirtschaft. DiNardo hätte die Schuld seinen Vorgängern geben und darauf verweisen können, dass er nicht all ihre Fehler wiedergutmachen konnte. Er entschied sich jedoch dagegen und war fest entschlossen, an dem gemäßigten Aufschwung festzuhalten; dies war auch die wichtigste Stärke seiner Entscheidung in wirtschaftlicher Hinsicht. In engem Zusammenhang damit stand ein weiterer positiver Effekt: das Signal an die Bevölkerung, dass er entschlossen war, ihre Bedürfnisse über die der ausländischen Investoren zu stellen und vor allem möglichst vielen Menschen aus der Armut zu helfen.

Eine weitere Stärke seiner Entscheidung ist die Tatsache, dass viele ausländische Investoren nach wie vor aus der Teilrückzahlung der Schuldsummen plus Zinsen beträchtliche Gewinne ziehen können. Die Staatsanleihen waren sehr hoch verzinst, und ihr Wert stieg sogar an, als die Märkte erfuhren, dass der Präsident nicht den gesamten Schuldendienst einstellen würde. Darüber hinaus kannte die Finanzwelt sehr wohl die Vorgeschichte des Landes und das damit verbundene Risiko.

Nachteile

Hauptschwäche der Entscheidung in wirtschaftlicher Hinsicht ist, dass das Spiel schiefgehen kann. Wenn das zurückbehaltene Geld nicht klug eingesetzt wird, könnte das Land in eine schlechtere Lage geraten als vor der Entscheidung. Der Präsident kann dem am besten vorbeugen, wenn er sicherstellt, dass die Regierung in die langfristige Wirtschaftsentwicklung investiert.

Ein zweiter Nachteil ist, dass die Finanzmärkte dem Land künftig nur noch für kurzfristige Kredite zu horrenden Zinsen zur Verfügung stehen werden. Paradoxerweise, denn wenn die Nicht-Bedienung eines Teils der Schulden zu einer Erholung der Wirtschaft beiträgt, wird eine Rückkehr der Investoren wahrscheinlicher. Die Geschichte lehrt, dass ausländische Investoren häufig aus Profitgier die frühere Zahlungseinstellung vergessen. Und einige derzeitige Investoren können selbst aus der Teilrückzahlung noch attraktive Gewinne ziehen.

Schließlich haben einige ausländische Gläubiger Klage gegen die Regierung von Bolivar erhoben, und weitere könnten folgen. Sie haben auch gute Argumente dafür, denn in den beiden Jahren vor der Entscheidung des Präsidenten sahen die Wirtschaftszahlen des Landes besser aus, wozu auch ein positives BIP-Wachstum gehörte. Bolivar könnte dem entgegenhalten, dass eine volle Rückzahlung das Land in eine schwere Rezession stürzen könnte und dass die Investoren dann schlechter dastünden, als sie es mit DiNardos Entscheidung tun. Darüber hinaus erhalten die Investoren ja etwas zurück. Nichtsdestotrotz könnte es sein, dass die Gerichte gegen Bolivar entscheiden.

Politische Faktoren

Vorteile

Die Politik von Bolivar war eine Ursache für die wirtschaftlichen Schwierigkeiten. Charismatische Politiker politicians traten als Populisten auf und ergriffen Maßnahmen, welche mehr Geld in die Taschen der Bevölkerung (und in ihre eigenen) brachten. Am Ende aber waren alle, außer den Politikern selber, ärmer als zuvor. Mit seiner Entscheidung nahm DiNardo diesen Leuten viel von ihrem Einfluss in der Opposition.

Wenn DiNardo die durch Nicht-Rückzahlung der Schulden eingesparten Mittel in langfristige Werte wie Infrastruktur und Bildung investiert, dann wird er die bisherige Politik der Korruption, des kurzfristigen Konsums und der politischen Günstlingswirtschaft eintauschen gegen langfristige Investitionen in einen besseren Lebensstandard.

Neutrale Faktoren

Die politische Dynamik kann sich in die eine oder andere Richtung entwickeln, und es ist schwer vorherzusagen, unter welchen Bedingungen was geschehen wird. Sollte sich der Aufschwung fortsetzen, dann könnten sich die Parteien im Wettstreit um Mehrheiten in Parlament und Regierung gezwungen sehen, sich der Vernunft zu beugen. Andererseits könnten politische Gegner das zwangsläufig langsame Tempo des Aufschwungs zum Anlass für Kritik nehmen, der Bevölkerung bessere Zeiten versprechen und in die alten Fehler zurückverfallen.

Soziale Faktoren

Vorteile

Bezüglich der sozialen Bedingungen hatte sich in den beiden Jahren vor der Präsidentenentscheidung eine Verbesserung gezeigt. In den Jahren zuvor hatten sich die Armutsraten in der Hauptstadt mehr als verdoppelt, auf dem Land waren sie noch schneller gestiegen. Die Kriminalitätsraten schossen in die Höhe, allein die Mordrate verdoppelte sich innerhalb von fünf Jahren, und in den Städten waren Krawalle an der Tagesordnung Die Alphabetisierungsraten sanken, die Gesundheitsversorgung verschlechterte sich. Insofern ist die Entscheidung von DiNardo sowohl von substanzieller als auch von symbolischer Bedeutung: Sie setzt Mittel zur Verbesserung der sozialen Bedingungen frei, und sie gibt der Bevölkerung Hoffnung.

Neutrale Faktoren
Ohne die Möglichkeit zur Aufnahme weiterer Kredite und mit einem zu vermutenden Rückgang der ausländischen Investitionen wird sich die Erholung der Wirtschaft verlangsamen. Das Land wird mehr im Alleingang bewältigen müssen. Das langsame Fortschrittstempo könnte sich in nur geringen sozialen Verbesserungen niederschlagen, und die Folgen könnten Ungeduld und weitere Krawalle sein. Andererseits würde dies ebenso gelten, wenn sich der Präsident für eine vollständige Rückzahlung entschieden hätte: Das Abziehen des Geldes aus der Volkswirtschaft würde den wirtschaftlichen und sozialen Fortschritt lähmen.

Einschränkungen
Präsident DiNardos Entscheidung ist korrekt, sofern er einen vernünftigen Plan für die langfristige Entwicklung verfolgt. Ohne einen solchen Plan wären die durch Einstellung des Schuldendiensts gesparten Gelder verschwendet. Dies würde ausländische Investoren und Gläubigerinstitutionen verärgern, und die internationalen Finanzmärkte blieben dem Land auf Jahre hinaus verschlossen. Ein Entwicklungsplan sollte Struktur- und Steuerreformen, die Geld- und Steuerpolitik, die Außenhandelsstrategie, die Haushaltsplanung und Infrastrukturinvestitionen umfassen.

Maßnahmenplan
DiNardo sollte einen Langfristplan mit den beschriebenen Elementen einleiten und auf diplomatischem Weg die Gründe für seine Entscheidung den Regierungen anderer Nationen (insbesondere der USA und der EU-Länder) sowie internationalen Institutionen wie dem IWF deutlich machen. Die diplomatischen Vertreter Bolivars sollten sämtlichen Beteiligten überzeugend vermitteln, dass die Erträge dieser Entscheidung klug investiert werden.

Kurzfristig
- Rasche Einführung einer neuen Wirtschaftspolitik mit Strukturreformen, wie v.a. Steuerfreijahre zur Gewinnung ausländischer Investoren und Exporte, Reduktion des bürokratischen Aufwands bei Firmengründungen, Subventionen für potenzialträchtige Branchen sowie eine bessere Steuereintreibung.
- Formulierung einer klaren Botschaft, um wichtige Nationen und Institutionen davon zu überzeugen, dass die Entscheidung unumgänglich war und die Regierung von Bolivar sämtliche Investitionen für die Wirtschaft und das soziale Wohl so weit wie möglich offenlegen wird.

Mittelfristig

- Verbessern der Staatseinnahmen durch Schaffung bislang fehlender Anreize für die Provinzen zur Steuereintreibung: v.a. einen höheren Anteil der Steuereinnahmen. Im Gegenzug sollte der Präsident die Provinzen dazu verpflichten, das Versickern der Steuereinnahmen in den Kanälen der Korruption mit aller Macht zu verhindern
- Ansprache der Parlamentarier und Kommunikation des ernsthaften Bestrebens, politische Maßnahmen für das langfristige Wohlergehen des Landes anstatt kurzfristiger Vorteile zu entwickeln. Bei ablehnender Reaktion sollte DiNardo sich direkt an die Bevölkerung wenden und darum bitten, Druck aufs Parlament auszuüben.

Langfristig

- Umsetzung der gesamten Entwicklungsstrategie. Aufstellung eines Gremiums von Experten und prominenten Persönlichkeiten mit einwandfreien Qualifikationen zur Umsetzungs- und Fortschrittsverfolgung. Das Gremium sollte ermächtigt werden, auch ohne Genehmigung des Präsidenten oder anderer Amtsinhaber öffentliche Erklärungen abzugeben und Berichte zu veröffentlichen.

a. Dieser Text basiert auf einer Studienarbeit von E. Ciprian Vatasescu für ein Business-School-Seminar. Abdruck mit ausdrücklicher Genehmigung des Verfassers.

Vorlage für eine Arbeit über Bewertungs-Fallstudien

Diese Vorlage wird Ihnen beim Aufbau Ihrer schriftlichen Arbeit helfen. Die Struktur bezieht sich auf eine Arbeit über Bewertungs-Fallstudien, doch Sie müssen diese Reihenfolge nicht beibehalten. Wichtig ist, dass Sie Ihre Ideen immer gleich aufschreiben.

These: Gesamturteil

Formulieren Sie Ihr Gesamturteil, die wichtigsten positiven und negativen Faktoren und gegebenenfalls die Einschränkungen. Fassen Sie sich kurz! Ihre These kann im Verlauf der weiteren Arbeit angepasst werden. (Anmerkung: Sie können erst dann eine These formulieren, wenn Sie etwas Vertrauen in Ihr Gesamturteil haben.)

Gesamturteil:
Zusammenfassung wichtigster positiver/negativer Faktoren:
Zusammenfassung der Einschränkungen:

Bewertungskriterien

Geben Sie die Bewertungskriterien an. Sie sollten relevant und eher weit gefasst sein, und es sollten möglichst wenige sein. Womöglich müssen spezifische Angaben zur Messung der Kriterien gemacht werden. Tragen Sie diese in die rechte Spalte ein.

Kriterien	**Wie messen**

Herleitung der Bewertung

Listen Sie die positiven und negativen Faktoren, welche sich bei Anwendung der Kriterien ergeben, und die Belege dafür. Diese Punkte und ihre Reihenfolge können im Zug der Arbeit angepasst werden. Sollte ein Kriterium zu nicht ganz eindeutigen Resultaten führen, schreiben Sie auch diese auf. Ordnen Sie im Text die positiven und negativen Faktoren, die Ihre These erhärten; ebenso wie erste Ideen zum Maßnahmenplan.

Kriterium 1		
	Belege	**Ideen für Maßnahmenplan**
Positiv		
Negativ		
Kriterium 2		
	Belege	**Ideen für Maßnahmenplan**
Positiv		
Negativ		
Kriterium 3		
	Belege	**Ideen für Maßnahmenplan**
Positiv		
Negativ		
Kriterium 4		
	Belege	**Ideen für Maßnahmenplan**
Positiv		
Negativ		

Einschränkungen

Einschränkungen sind Faktoren, die nicht zur eigentlichen Bewertung gehören, sie aber erheblich beeinflussen. Ihre These sollte um eine Zusammenfassung dieser Faktoren ergänzt werden.

Einschränkungen (sofern vorhanden)

Maßnahmenplan

Sinn und Zweck eines Maßnahmenplans für Bewertungs-Fallstudien ist es, die negativen Faktoren zu verbessern und die positiven zu verstärken. Bei der Bewertung einer Handlung, wie z.B. einer Entscheidung, kann dies ein Umsetzungsplan sein, der die Ergebnisse der Bewertung widerspiegelt.

Ziel(e)

Nennen Sie das Ziel des Plans – das/die wichtigste/n Ergebnis/se, welche die Maßnahmen erzielen sollen.

Ziel(e)
1.
2.
3.

Maßnahmen

Schreiben Sie zunächst die Maßnahmen auf, ohne sich allzu viele Gedanken über ihre Reihenfolge zu machen. Anschließend ordnen Sie ihnen in der ersten Spalte Nummern zu, um die endgültige chronologische Schrittfolge anzuzeigen. Die zweite Spalte dient dazu, sich Gedanken über eine mögliche Zuordnung der Schritte zu übergreifenden Phasen zu machen (wie beispielsweise Konsens – Kommunikation – Verbesserung).

Kurzfristig

Reihenfolge im Text	**Phase**	**Maßnahme**

Langfristig

Reihenfolge im Text	Phase	Maßnahme

Hauptrisiken und Gegenmaßnahmen

Nennen Sie die wichtigsten Risiken, welche die Planung scheitern lassen könnten. Schlagen Sie Maßnahmen zur Beseitigung oder Begrenzung dieser Risiken vor.

a. Tehila Lieberman hat an der Entwicklung dieser Arbeitsvorlagen maßgeblich mitgewirkt.

Teil IV

Fallbeispiele als Basis für Analysen und schriftliche Arbeiten

Allentown Materials Corporation: Electronic Products Division[21]

Im Juli 1992 nahm sich Don Rogers eine Auszeit, um über die Lage seines Geschäftsbereichs nachzudenken. Er war vor zwei Jahren in die Gesamtunternehmensleitung berufen und zum Leiter der Electronic Products Division (EPD) ernannt geworden, nachdem der bisherige Inhaber dieser Position plötzlich verstorben war. Die EPD sah sich mit mehreren Problemen konfrontiert, und Rogers war noch unschlüssig, wie er damit umgehen sollte. Die Zentrale übte zunehmenden Druck auf ihn aus. Man erwartete von der EPD, dass sie weiterhin die unternehmensweit vorgegebene Wachstumsrate von durchschnittlich 10 Prozent pro Jahr erreichte und gleichzeitig sehr anspruchsvolle Ergebnisziele erfüllte, trotz eines zunehmend spürbaren Wettbewerbsdrucks bei elektronischen Bauteilen. Das Finanzergebnis des Bereichs war 1991 und 1992 rückläufig gewesen (siehe **Abbildung 1**: Operative Kennzahlen von EPD), und die meisten Komponentenhersteller stellten sich auf einen harten Konkurrenzkampf um einen schrumpfenden Gesamtmarkt ein. Hinzu kam, dass auch die Reputation der EPD in puncto Liefertreue und Servicequalität nachgelassen hatte und zahlreiche Zusagen nicht eingehalten worden waren. Dazu Rogers:

> Seit zwei Jahren haben wir mit Schwierigkeiten zu kämpfen. Das Geschäft wird immer wettbewerbsintensiver, infolgedessen sind die Umsätze zurückgegangen. Wir haben daraufhin drastische Kürzungen bei Personal und Kosten vorgenommen. Das war schmerzhaft, aber ich glaube, jetzt haben wir das Schlimmste hinter uns. Wir haben wieder alles im Griff, aber es herrscht immer noch harte Konkurrenz. Die Stimmung ist schlecht; es gibt viele Meinungsverschiedenheiten zwischen einzelnen Gruppen, die wir einfach nicht gelöst bekommen. Es fehlt an gegenseitigem Vertrauen. Da ist kein Zusammenhalt mehr in der Mitarbeiterschaft, und die mangelnde Abstimmung untereinander schadet unserer Innovationsfähigkeit. Die meisten meiner Leute glauben, das schlechte Geschäft sei schuld an diesen ganzen Auseinandersetzungen; wenn es besser laufen würde, so sagen sie, hätten die gegenseitigen Nörgeleien von alleine ein Ende. Ich bin mir da ehrlich gesagt

nicht so sicher. Vielleicht kommen die Streitigkeiten wirklich von dem Druck, unter dem wir alle stehen, aber viel wahrscheinlicher ist doch, dass sie nur Symptome für ein tiefer liegendes Problem sind. Ich muss herausfinden, ob die Konflikte zwischen den Gruppen wirklich ernst sind, dann kann ich entscheiden, was ich tun soll.

Alltentown Materials Corporation

Allentown Materials Corporation, ein führender Hersteller von Spezialglas, wurde Ende des 19. Jahrhunderts in Allentown (Pennsylvania) gegründet. Wachstum und Reputation des Unternehmens gründeten sich auf seine Fähigkeit, neue Glasprodukte zu entwickeln und herzustellen, und es machte große Geschäfte in verschiedenen Glas- und Keramikmärkten. Im Jahr 1992 hatte Allentown eine starke Finanz- und Ertragsposition. Seine F&E-Investitionen, in Prozent des Umsatzes gerechnet, waren im Vergleich zu anderen Industrieunternehmen sehr ansehnlich. Im frühen 20. Jahrhundert hatte das Unternehmen das erste industrielle Forschungslabor eingerichtet (den Bereich Technische Stäbe / F&E), welches Grundlagenforschung sowie Produkt- und Prozessforschung in der Glas- und verwandten Technologien betrieb. Fertigungstechnische Stärken festigten Allentowns Wettbewerbsposition zusätzlich. Bis dato war Allentown stets in der beneidenswerten Lage gewesen, profitabel zu wachsen und keinem nennenswerten Wettbewerbsdruck ausgesetzt zu sein. Patente, fertigungstechnisches Know-how und die Kapitalintensität des Geschäfts verhinderten, dass Konkurrenten zur ernsthaften Bedrohung werden konnten.

Abbildung 1

Umsatz und Betriebsgewinn EPD , 1985–1992 (in Tsd. Dollar)

	1985	1986	1987	1988	1989	1990	1991	1992
Umsatz	54.518	93.177	93.852	85.854	108.496	113.780	102.206	102.986
Betriebsgewinn*	12.902	23.349	24.964	12.846	21.746	17.868	6.680	5.745

* Gewinnmarge ohne Fertigungs-, Verwaltungs- und Vertriebskosten

Quelle: Unternehmensinterne Unterlagen

Unternehmensorganisation. Die Organisationsstruktur von Allentown spiegelte die enge Verknüpfung zwischen Wachstum und Technologie wider. Eine besonders exponierte Position hatte der Bereich F&E; sein Leiter war dem Vorsitzenden der Unternehmensleitung direkt unterstellt. Die zweitstärkste Rolle spielte die Fertigung. Viele meinten, dort hätte man die besten Aufstiegschancen, denn von den Topmanagern des Unternehmens waren mehrere aus der Fertigung gekommen. Um eine starke Fertigungsorientierung beizubehalten, hatte das Unternehmen ein Kontrollsystem eingeführt, in dem die Werke als Profit Center geführt wurden. Ihre Finanzdaten wurden alle 28 Tage an die Zentrale übermittelt und 13 Mal pro Jahr einer Revision unterzogen, die sämtliche organisatorische Ebenen mit einschloss.

Viele Jahre lang waren sämtliche operativen Einheiten des Unternehmens im Stammhaus angesiedelt gewesen, aber mit zunehmendem Wachstum verteilten sich die Werke und Vertriebsniederlassungen weltweit. Noch 1992 hatten alle Geschäftsbereiche bis auf zwei ihren Sitz in Allentown; folglich ließen sich Probleme meist persönlich klären. Das gesamte Unternehmen war wie eine ziemlich eng verbundene Familie. Man traf sich regelmäßig auf dem Firmengelände und lief sich in der Stadt oder bei gesellschaftlichen Anlässen über den Weg. Die Mitarbeiter aller Ebenen und aus den unterschiedlichen Teilen der Organisation hatten zwanglosen Umgang miteinander. So war es nicht ungewöhnlich, dass ein Manager der gehobenen Führungsebenen im Verwaltungsgebäude auf Mitarbeiter aus den Abteilungen traf und sich spontan erkundigte, wie die Geschäfte so liefen – die Auftragslage, der Versand, die aktuellen Umsätze und Gewinne und so weiter.

Die EPD und ihre Vorgeschichte

Die Electronic Products Division (EPD) stellte hochwertige elektronische Komponenten (elektrische Widerstände und Kondensatoren) für unterschiedliche Märkte her. 1992 wurde über die Hälfte des Umsatzes mit Produktherstellern (Original Equipment Manufacturers / OEMs) erzielt, welche die Widerstände und Kondensatoren in großen Mengen einkauften und in eine Reihe unterschiedlicher Produkte einbauten. Das restliche Geschäft entfiel auf Zwischenhändler, welche die Komponenten in kleineren Mengen weiterverkauften. Wie die übrigen Sparten von Allentown wuchs auch der Komponentenbereich dank der herausragenden technologischen Expertise. Viele der EPD-Produkte waren im Markt einzigartig und auf die Bedürfnisse von OEMs zugeschnitten: Diese erwarteten von der EPD, dass sie die Stärken in Forschung und Entwicklung gezielt zur Erfüllung ihrer (der OEMs) strengen Komponenten-Spezifikationen einsetzte.

Der Markt für Komponenten. Mitte der 1980er-Jahre sorgten das US-Raumfahrtprogramm und die zunehmende Bedeutung von Raketenabwehrsystemen für eine wachsende Nachfrage nach hoch zuverlässigen Komponenten, denn jeder noch so kleine Fehler konnte die Sicherheit der hoch empfindlichen und teuren Geräte beeinträchtigen. Die Regierung war bereit, für Komponenten, die ihre extrem strikten Spezifikationen erfüllten, Höchstpreise zu zahlen; Allentown konnte diesen Markt dank seiner Expertise hervorragend bedienen.

Gegen Ende der 1980er-Jahre wandelte sich das Geschäft. Der Kalte Krieg ließ langsam nach, der Militärmarkt schrumpfte, und bei der EPD verlegte man sich stärker auf kommerzielle Märkte. So erlebte vor allem der PC-Markt ein explosionsartiges Wachstum; aber auch der wachsende Markt für Telekommunikationsgeräte – wie Mobiltelefone, Pager (Beeper), Faxgeräte und andere Produkte der Verbraucherelektronik – bot neue Einsatzmöglichkeiten für EPD-Komponenten. Dank ihres enormen technologischen Knowhows in Produktentwicklung und Fertigung konnte sich die EPD diese neuen Märkte erschließen und schnell eine starke Position aufbauen. Angesichts der großen Nachfrage wurde 1990 ein neues Fertigungswerk in Evans (Georgia) errichtet.

1992 entfielen schon 60 Prozent der EPD-Umsätze auf Computer, Telekommunikation und Unterhaltungselektronik. Das Management fühlte sich kontinuierlich gedrängt, die vorhandenen Produktlinien zu verlängern, da die OEMs immer neue Endverbraucherprodukte für ihre wachsenden Märkte entwickelten. Auf die spezifischen Bedürfnisse dieser Kunden mit immer neuen Sortimentsergänzungen einzugehen wurde als wettbewerbsbedingte Notwendigkeit gesehen, denn neu eingeführte Produkte konnten anfangs höhere Preise erzielen und boten daher Potenziale zur Umsatzsteigerung. Mit dem weiteren Wachstum dieser kommerziellen Märkte wurden allerdings die Käufer immer preissensitiver; die Folge war ein zunehmender, oft heftiger Preiskampf unter den Komponentenherstellern.

Der Wettbewerb drehte sich vor allem um den Preis, aber auch Qualität und Service waren wichtige Faktoren. Die Kunden bevorzugten Hersteller, die kurze Lieferzeiten (meist unter vier Wochen) zusagen konnten; gleichzeitig aber setzte ein effizienter Fertigungsbetrieb längere Vorlaufzeiten voraus. Auch strengere Qualitätsstandards wurden gefordert, denn minderwertige Komponenten konnten bei den OEMs zum Fertigungsstillstand führen. Im Wettstreit um deren großvolumige Aufträge verfielen die Preise rapide, sodass Kostendruck entstand. Rogers und seine Führungskräfte gewannen zunehmend den Eindruck, dass sich die EPD allmählich in einen Commodity-Hersteller verwandelte.

In der Tat sah die Zukunft für EPD in diesem dynamischen und unsicheren Umfeld düster aus. Dies war Thema vieler Diskussionen und Streitereien in der Organisation. Natürlich ließen sich die Absatzmengen jederzeit erhöhen, indem man niedrigpreisige Aufträge akzeptierte, aber das schadete der Profitabilität. Die meisten EPD-Mitarbeiter glaubten, eine Mengen- und Ertragssteigerung sei nur mit neuen Produkten zu erzielen. Von den Führungskräften zweifelte so mancher, ob die EPD die anspruchsvollen Ertrags- und Wachstumsziele von Allentown würde erfüllen können – ja, ob der Bereich überhaupt überleben würde.

Managementhistorie: Das Vermächtnis von Joe Bennett. Vor 1990 hatte Joe Bennett die EPD geleitet. Von Haus aus unternehmerisch eingestellt und bestrebt, seinem Bereich neue Geschäftsfelder zu erschließen, war Bennett seit der ersten Stunde für die EPD verantwortlich gewesen und hatte daraus ein einträgliches Geschäft für Allentown gemacht. Unter seiner Führung wurde sie zu einem von zwei Geschäftsbereichen mit Sitz außerhalb der Stadt Allentown (Pennsylvania), und darauf war er ziemlich stolz. In seiner Organisation förderte er den Willen zum Wachstum sowie eine gewisse Experimentierfreude. So veranlasste er beispielsweise persönlich die Erforschung einer neuen Technologie zur Überbrückung von Komponenten und integrierten Schaltkreisen. Nach Ansicht von Scott Allen, bis 1990 Controller bei EPD, verkörperte Bennett in besonderer Weise die Stärken des Geschäftsbereichs:

> Wir haben immer Neues ausprobiert, immer experimentiert. Wir waren schnell. Es war immer ein Tatendrang, ein Engagement, eine Unzufriedenheit mit dem Erreichten zu spüren. Zum Beispiel waren wir bei Computer-Anwendungen 14 Schritte voraus. Zu verdanken war das Bennett und der Tatsache, dass wir einer so dynamischen Branche tätig angehörten.

Bennett, der mit 48 Jahren unerwartet verstarb, war ein großer, kräftiger Mann, ein schneller Denker und kreativ. Er führte den Bereich fast alleine. So hatten beispielsweise die Werke Barnett (Kondensatoren) und Hopewell (Widerstände) lokale Markt- und Produktentwicklungsgruppen, deren Leiter Bennett direkt unterstellt waren. Viele der wichtigen Entscheidungen traf er selbst, und nichts wurde ohne seine Kenntnis und Zustimmung entschieden. In der Mitarbeiterschaft war er respektiert und gefürchtet. Ein Produktentwicklungsleiter für Kondensatoren beschreibt Bennett wie folgt:

> Joe ging sehr autoritär mit uns um. Als Folge hatten bei ihm diejenigen am meisten Erfolg, die taktierten und manipulierten. Man widersprach ihm besser nicht.
>
> Bennett hatte großen Einfluss auf unsere Organisation, unser Führungsstil spiegelte mit der Zeit den seinigen wider. Wir waren alle autoritärer, als wir vielleicht sonst gewesen wären. Ich war weniger gewillt, bei meinen Mitarbeitern Fehler zu dulden, obwohl ich sonst eigentlich der Meinung bin, dass es wichtig ist, aus den eigenen Fehlern zu lernen. Der ganze Druck und die unrealistisch hohen Anforderungen wurden von oben nach unten weitergegeben. Als Folge machten wir oft Zusagen, die eigentlich nicht zu halten waren.
>
> Im Leitungsteam gab es wenig Gruppenaktivitäten und gemeinsame Entscheidungen, außer bei spezifischen Problemen. Wir waren keine echte Gruppe. Wir kamen eigentlich nie zusammen, außer bei formalen Besprechungen. In der Gruppe, die Bennett direkt unterstellt war, gab es keinen Zusammenhalt.

Bennett war ein Mann der Widersprüche. Einerseits hielten die meisten seinen Führungsstil für extrem autoritär, andererseits war er sehr interessiert am Thema Organisationsverhalten und der Anwendung der Erkenntnisse im Management. Im Jahr 1989 initiierte er für den gesamten Bereich ein Führungs- und Organisationsentwicklungsprogramm: In mehreren Phasen sollten persönliche Führungsstile, die Gruppeneffektivität, die funktionsübergreifende Abstimmung und organisationsweite Problemstellungen untersucht und Maßnahmenpläne für Verbesserungen erarbeitet werden.

Don Rogers übernimmt die Leitung

Als Don Rogers im Juni 1990 Joe Bennetts Nachfolge antrat, übernahm er eine Organisation mit 900 Mitarbeitern, davon 175 Angestellte. Zum Bereich gehörten drei Produktionswerke und vier Vertriebsbezirke, und abgesehen von etwas F&E-Unterstützung durch den Bereich Technische Stäbe operierte er völlig eigenständig. Don Rogers direkt unterstellt waren ein Controller sowie die Leiter von Fertigung, Marketing, Vertrieb und Produktentwicklung (**Abbildung** 2 und 3 enthalten Informationen zur Organisation von EPD).

Rogers' Führungserfahrung. Bis dato war Rogers im Bereich Technische Stäbe Direktor für Elektronik-Werkstoffforschung gewesen. Seine Beförderung in die Unternehmensleitung galt als ungewöhnlich, da ihm die Erfahrung im Linienmanagement fehlte. Gleichzeitig mussten ihm aber die meisten seiner Kollegen zugestehen, dass sein fachliches Know-how für das Geschäft von EPD wichtig war und er eine Reihe von Eigenschaften aufwies, welche ihn für eine Position im Topmanagement geeignet erschienen ließen. Als Direktor für Elektronik-Werkstoffforschung war Rogers für die gesamte Forschung und Entwicklung im Bereich Technische Stäbe verantwortlich gewesen; folglich kannte er sich mit der Technologie bei der EPD gut aus. Er hatte häufig an Sitzungen der EPD teilgenommen und kannte das Elektronikgeschäft ganz gut.

Abbildung 2

Werdegang der Führungskräfte bei EPD

Don Rogers (40) – Mitglied des Gesamtvorstands und Leiter des Geschäftsbereichs Electronic Products Division. Promotion in Chemie an der University of Cincinnati (Ohio), M.S. in Chemie an der St. Johns University, B.S. am Queens College, New York, N.Y. Kam 1991 zu Allentown als Chemiker beim Bereich Technische Stäbe (R&D). 1985 Leiter der Elektronikforschung, 1988 Direktor für Elektronik-Werkstoffforschung im selben Geschäftsbereich. IM Juni 1990 zum Bereichsleiter EPD ernannt.

Bill Lee (39) – Leiter des Marketing. B.S. in Chemischer Verfahrenstechnik an der Rutgers University (New Jersey). Kam 1974 zu Allentown Materials als angestellter Ingenieur und hatte anschließend diverse technische und leitende Positionen in Glaswerken inne. Nach einer Tätigkeit im Bereich Marktplanung wurde er 1991 Marketingleiter bei EPD.

Ben Smith (43) – Fertigungsleiter. Studienabschluss als Ingenieur am Clarkson College. Wurde 1991 Fertigungsleiter bei EPD, nachdem er diverse Fertigungspositionen in den Bereichen Computer Products und Technical Products innegehabt hatte. Smith war ursprünglich als Fertigungsingenieur zu Allentown gekommen. Stationen seiner Laufbahn in den genannten Geschäftsbereichen waren die Positionen Abteilungsleiter, Hauptabteilungsleiter Produktion und Werksleiter in diversen Glaswerken: kurz vor seinem Wechsel zur EPD war er Fertigungsleiter im Geschäftsbereich Laborglas gewesen.

Ted Moss (45) – Leiter Produktentwicklung. Nach einem Studienabschluss im Maschinenbau am City College in New York City kam Moss zu Allentown Materials als angestellter Ingenieur. Nach fünf Jahren in anderen Unternehmensbereichen wechselte er schon in frühen Jahren zur EPD. Dort war er zuerst Projektingenieur, dann hatte er diverse Führungspositionen in der Produkt- und Prozessentwicklung inne. 1992 wurde er in seine gegenwärtige Position befördert.

Carolyn Green (31) – Bereichscontroller. Green kam 1986 zu Allentown. Zuvor hatte sie einen B.S. in Industrieller Verwaltung an der Yale University abgeschlossen, war bei einer großen Wirtschaftsprüfungsfirma tätig gewesen und hatte dann ihren MBA an der Harvard Business School absolviert. Vor ihrem Wechsel zu EPD als Bereichscontroller 1991 hatte sie eine Reihe von Controlling-Positionen auf Werksebene in den Geschäftsbereichen Computer Products und Display Panel Products (Bildschirmprodukte) innegehabt.

Jack Simon (34) – Leiter Vertrieb. Simon absolvierte an der St. Bonaventure University ein Studium der Soziologie. Er kam 1984 als Verkäufer zu Allentown. Seine gesamte Erfahrung bei Allentown sammelte er bei der EPD. Vor seiner Beförderung zum Vertriebsleiter im Jahr 1991 war er Bezirksleiter Vertrieb.

Schaubild 3

Organigramm Electronic Products Division

Mitglied in der Gesamtunternehmensleitung und Leiter Geschäftsführung Don Rogers					
Geschäftsfeld Elektronische Systeme	Leiter Fertigung Ben Smith	Controller Carolyn Green	Leiter Vertrieb Jack Simon	Leiter Produktentwicklung Ted Moss	Leiter Marketing Bill Lee
	Werk Hopewell (VA)		Bezirksleiter West	Entwicklung Kondensatoren	Marktentwicklung Glen Johnson
	Werk Barnett (GA)		Bezirksleiter Mittlerer Westen	Entwicklung Widerstände	Werbung
	Werk Evans (GA)		Bezirksleiter Nordosten		Wartungsdienst
			Bezirksleiter Südosten		Internationale Koordination
			Distributionsleiter		
			Kundendienst		

Quelle: Unternehmensinterne Unterlagen

Rogers hatte auch bedeutende persönliche Stärken. Er war hochintelligent, verfügte über eine schnelle Auffassungsgabe und konnte sich in kleineren wie auch größeren Gruppen gut ausdrücken. Die Führungskräfte bei der EPD waren beeindruckt von seiner Fähigkeit, selbst komplexe Probleme unterschiedlichster Natur – ob technisch oder führungsbezogen – schnell zu erfassen. Er war stets äußerst zuvorkommend und freundlich und brachte die Menschen dazu, sich ihm zu öffnen, da er selbst auch bereit war, andere an seinen Informationen und Ansichten teilhaben zu lassen. Nicht selten war man geradezu überrascht davon, was er alles offen aussprach und mit einem erörterte. Auch weihte er seine Führungskräfte in Probleme ein und beriet sich mit ihnen über anstehende Entscheidungen.

Ungeachtet dieser überaus positiven Eigenschaften und der Sympathie, die Rogers bei seinen Führungskräften genoss, wurden einige Aspekte seines

Führungsstils auch kritisiert. So brachten es seine Persönlichkeit und sein überlegener Intellekt mit sich, dass er Besprechungen fast durchweg dominierte. Manche stellten außerdem seine Konfliktfähigkeit infrage oder seine Führungsstärke in schwierigen Situationen. Einige der EPD-Führungskräfte beschrieben Rogers' Führungsstil wie folgt:

> Rogers ist kein guter Zuhörer. Er unterbricht gerne, sodass er gar nicht dazu kommt, die Meinung anderer bis zum Ende anzuhören, und es kommt mir fast vor, als könne er keine Kritik vertragen. Was noch schlimmer ist: Er ist mir fast ein bisschen zu lasch. Er sollte mich an meinen Zielen messen. Ich habe einige davon nicht erreicht, und da müsste er sich eigentlich einschalten. Außerdem – egal, was man zu ihm sagt, immer erhält man dieselben Antworten. Man kann ihm schon offen seine Meinung sagen, aber er hört nicht immer hin.
>
> Er kümmert sich nicht genug um die Probleme, die aus den unterschiedlichen Zielsetzungen für die Funktionen resultieren. Vielleicht ist das deshalb, weil er zu viel Zeit außerhalb des Bereichs verbringt, mit unternehmensübergreifenden Leitungsaufgaben. Aber das ändert nichts daran, dass er sich nicht genug kümmert.
>
> Wer Ärger macht, ist hier im Bereich nicht erwünscht und wird rausgedrängt. Führungskräfte schaffen keine Konflikte und stellen sich keinem Konflikt.

Rogers' Maßnahmen. Als Rogers in den Vorstand aufrückte und Geschäftsleiter der EPD wurde, führte er eine Reihe von Änderungen in der Organisation ein. Auf Drängen der Firmenleitung und aus der Überzeugung heraus, dass die EPD engere Kontakte mit dem Mutterunternehmen pflegen müsse, verlegte Rogers die Bereichsleitung wieder von Barnett nach Allentown. Auch die Marktentwicklungsgruppen brachte er wieder dahin zurück. In der Produktentwicklung beließ er die einzelnen Gruppen zwar in den Werken, er fasste aber die gesamte Funktion unter Leitung von Ted Moss zusammen, der in Allentown saß. Kurz nach seiner Beförderung trennte Rogers außerdem die Marketing-Funktion vom Vertrieb. Später kommentierte er das so:

> Ich hatte das Gefühl, dass die unterschiedlichen Verantwortlichkeiten von Marketing und Vertrieb eine organisatorische Trennung rechtfertigten. Der Vertrieb sollte sich darauf konzentrieren, Klinken zu putzen und Aufträge reinzuholen, während das Marketing sich mit Strategien

für Preise, neue Produkte und die Erschließung neuer zukunftsträchtiger Geschäfte befassen sollte. Marketing ist eher eine strategische Funktion als eine Funktion des Tagesgeschäfts.

Eine weitere große Veränderung betraf das Personal: Rogers besetzte sämtliche gehobenen Führungspositionen neu; lediglich die Leitung der Produktentwicklung blieb bei Ted Moss. Ben Smith, der neue Fertigungsleiter, hatte im Geschäftsbereich Laborprodukte eine ähnliche Position bekleidet, der neue Marketingleiter Bill Lee hatte verschiedene Fertigungspositionen bei anderen Unternehmensbereichen der Firma innegehabt und kürzlich die Leitung der unternehmensweiten Marktplanung übernommen. Carolyn Green, die neue Controllerin, hatte in verschiedenen Fertigungswerken des Bereichs Computer Products gearbeitet. Vom gesamten neuen Führungsstab kam nur der neue Vertriebsleiter Jack Simon aus dem Bereich selber.

Weiterhin machte sich Rogers daran, den Service der EPD zu verbessern. Zu diesem Zweck wurde vom Kundendienst ein Informationssystem entwickelt. Darüber hinaus machte der Fertigungschef die Werksleiter verantwortlich für die Erfüllung spezifischer Ziele auf den Gebieten Liefertreue und Bestellzeitenverkürzung. Außerdem verlangte Rogers einen Bericht über Bennetts Organisationsentwicklungsprogramm, das ursprünglich auf drei Jahre ausgelegt gewesen war. Dabei erfuhr er, dass das Programm positive Auswirkungen gezeigt hatte, dass aber die letzte Phase, in der es um die Verbesserung der Abstimmung zwischen den Funktionen ging, nicht zu Ende geführt worden war. Angesichts der Finanzprobleme und der Tatsache, dass er erst vor Kurzem in den Bereich gekommen war, beendete Rogers das Programm. Er war nicht überzeugt, dass es seine Probleme wirklich lösen konnte. Stattdessen beschloss er, sich alles, was er über die einzelnen Funktionen wusste, nochmals genauer anzusehen.

Überprüfung der Funktionen im Jahr 1992

Fertigung. Widerstände und Kondensatoren wurden in drei Werken massenproduziert: in Evans, Georgia (Widerstände), in Hopewell, Virginia (Widerstände) und in Barnett, Georgia (Kondensatoren). Jedes dieser Werke hatte einen Werksleiter und war mit sämtlichen Linien- und Stabsfunktionen ausgestattet, von der Produktion über Konstruktion, Qualitätskontrolle, Einkauf, Buchhaltung und Controlling bis hin zur Personalabteilung.

Die Werksleiter waren mit einer Ausnahme innerhalb der EPD aufgestiegen. Als Profit-Center-Leiter wurde ihre Leistung auf Basis von Bruttomargen und Fertigungskennzahlen bewertet, wie etwa an Durchlaufzeiten oder (nicht) eingehaltenen Lieferzusagen an die Kunden. Sie glaubten, dass für ihre Reputation und damit auch ihre Aufstiegschancen das Wachstum der Fertigung sowie die erzielten Bruttomargen ausschlaggebend waren. Alle gingen davon aus, dass ihr weiterer Karriereweg über die Stufen der Fertigungshierarchie führen würde, möglicherweise bis hoch zum Bereichsleiter. Und diese Erwartung war durchaus nicht unrealistisch, denn die Fertigung war die dominante Unternehmensfunktion.

Wegen des ausbleibenden Wachstums waren die Werksleiter von EPD extrem beunruhigt. In den letzten beiden Jahren waren die Fertigungsvolumina sogar rückläufig gewesen, und zusammen mit den Preissenkungen hatte das den monetären Wert der Ausbringung drastisch sinken lassen. Die Werksleiter sahen sich daher unter enormem Druck, die Kosten zu senken, um die Bruttomargen zu halten. Doch obgleich sie stellenweise Kostensenkungen erreichten, gingen die Bruttomargen zurück. Abgesehen von ein paar Ausnahmen erwirtschafteten die Werke von EPD unternehmensweit die niedrigsten Bruttomargen. Die Werksleiter selbst äußerten sich dazu wie folgt:

> Wir erleben in unseren Produktlinien einen Preisverfall und können nicht besonders viele Neuentwicklungen entdecken. Wir brauchen etwas Neues, was die Konkurrenz nicht hat. Unsere derzeitigen Produkte bieten kein Wachstumspotenzial mehr.

Die Frustration der Fertigung zeigte sich besonders in ihrer Haltung gegenüber Marketing und Vertrieb. Nach ihrem Eindruck konzentrierte sich der Vertrieb nur auf Absatzmengen und achtete überhaupt nicht auf die Bruttomargen. Sie warfen ihm vor, margenschwache Aufträge abzuschließen und sich nicht genügend um höhere Preise zu bemühen: Der Vertrieb ließe sich auf Kosten der Fertigung Erträge entgehen, und das ungestraft.

Dem Marketing standen die Werksleiter noch kritischer gegenüber. Ihrer Meinung nach hatte es seine Aufgabe verfehlt, dem Unternehmensbereich einen Weg zum profitablen Wachstum aufzuzeigen. Insbesondere warfen sie dem Marketingleiter Bill Lee eine fehlende »starke Hand« vor. Und sie ereiferten sich über das, was sie das »Spiel mit dem Köder« nannten: Aus ihrer Sicht lief dieses Spiel so ab, dass das Marketing ins Werk kam und einen Millionen-Dollar-Markt für einen neuen Widerstand oder Kondensator in Aussicht stellte – das war der Köder. Auf Basis dieser Prognose ließ die Fertigung Stückmuster durchlaufen und tätigte andere Investitionen, alles in Vorbereitung auf das neue Produkt, nur um ein halbes Jahr oder Jahr später festzustellen, dass das Marketing nun seine Absatz- und Ertragsprognosen deutlich nach unten korrigiert hatte. Bei der Fertigung schloss man daraus, das Marketing sei nicht in der Lage, Markttrends präzise vorauszusagen, und ganz allgemein unfähig. Viele waren sogar der Meinung, Bill Lee und einige seiner Leute sollten ausgetauscht werden.

Weiterhin war die Fertigung unzufrieden mit der Produktentwicklung: Angeblich lieferte sie oft Produkte, die auf den Fertigungsstraßen nicht gut liefen. Man erwartete sich von der Produktentwicklung neue, kostengünstige Komponenten, die aber blieben aus. Wann immer die Produktentwicklung im Zuge neuer Projekte Sonderläufe auf den Produktionsanlagen beantragte, fragte man sich in der Fertigung, wie man für diesen Aufwand entschädigt würde.

Marketing. Das Marketing war für unterschiedliche Aufgaben zuständig, darunter technischer Kundendienst, Werbung und – die wichtigste von allen – Marktentwicklung. Unter Glen Johnson war die Marktentwicklung verantwortlich für die Aufstellung von Absatzprognosen für das Folgejahr, Marktplänen für die nächsten drei Jahre, Marktanteilsanalysen und Plänen zur Verbesserung der Marktposition. Einer der Hauptansätze zur Erhöhung des Marktanteils war die Entwicklung neuer Widerstände und Kondensatoren (Produktverlängerungen). Es war Aufgabe der Marktentwicklung, diese neuen Geschäftsmöglichkeiten zu identifizieren und die Entwicklung entsprechender neuer Produkte in Abstimmung mit anderen Funktionen sicherzustellen. Da die Identifikation neuer Marktchancen in erster Linie in ihre Verantwortung fiel (mit Zuarbeit des Vertriebs), ebenso wie auch die Neuproduktplanung, stand man im Marketing unter dem Eindruck, die ganze Last der Produktentwicklung alleine zu tragen.

Im Marketing gab es zahlreiche neue Mitarbeiter, da es erst ein Jahr zuvor als separate Funktion etabliert worden war. Die meisten dieser Mitarbeiter waren aus dem Vertrieb gekommen. Johnson selbst war dort beispielsweise Bezirksleiter gewesen. Die Marketingleute hatten in der Regel ein technisches oder betriebswirtschaftliches Studium abgeschlossen und verfügten über ein oder zwei Jahre Vertriebserfahrung.

Völlig überwältigt von der schwierigen Aufgabe, für einen derart turbulenten Markt Prognosen, Planungen und Strategien zu erstellen, hatten die Marketingleute das Gefühl, dass niemand ihre Schwierigkeiten so richtig zu würdigen wusste. Einige waren der Meinung, die Anforderungen von Allentown an die Profitabilität neuer Produkte sei im Komponentengeschäft gar nicht zu erfüllen. Johnson, der Leiter der Marktentwicklung, sagte dazu:

> Einerseits geben die Leute von der Finanzabteilung zu, dass wir die Kriterien neu definieren müssen – andererseits lassen sie uns indirekt wissen, dass wir miese Arbeit leisten, und als Folge arbeiten wir mit eher konservativen Annahmen. In unserem Unternehmen wird Risikobereitschaft nicht gefördert. Wir sind irgendwie immer bemüht, die Art von Wettbewerbsvorteilen aufzubauen, die man nur mit Eigenentwicklungen und patentierten Produkten bekommt, und das ist unmöglich. Damit bremsen wir uns selber.

Die Marketingmitarbeiter kritisierten außerdem die Produktentwicklung und deren Reaktionsfähigkeit auf die Bedürfnisse des Geschäftsbereichs. Nach ihrer Ansicht wurden dort die Prioritäten falsch gesetzt und die Projekte immer zu spät in Angriff genommen. Dazu Johnson: »Moss startet Projekte, ohne den Ressourcenbedarf hinreichend zu kalkulieren. Es gibt keine Prozesse oder Kriterien für die Verankerung fester Prioritäten in der Entwicklung. 70 Prozent der Zeit gehen für die Prozess- und nicht die Produktentwicklung drauf.«

Am meisten aber ärgerte man sich im Marketing über die fehlende Kooperation und die ständigen Attacken vonseiten der Fertigung. Diese hatte im Marketing den Ruf, konservativ und risikoscheu zu sein. Das war umso ärgerlicher, als viele Marketing-Leute glaubten, durch das Hin und Her mit der Fertigung viel zu viel Zeit zu verlieren und von ihren eigentlichen Aufgaben abgehalten zu werden. Johnson ließ durchblicken, dass er den Job im Marketing nicht angenommen hätte, wenn er geahnt hätte, wie schwierig es sein würde, die Fertigung und andere in Bewegung zu bringen.

Vertrieb. Die Produkte der EPD wurden von einem etwa 25-köpfigen Direktvertrieb verkauft, der in vier Bezirke unterteilt war. Jeder Bezirk wurde von einem Bezirksleiter Vertrieb geführt, der dem Gesamtvertriebsleiter Jack Simon unterstellt war. Wie alle Bezirksleiter war auch Simon im Vertrieb groß geworden. Der Direktvertrieb besuchte Hersteller, deren Produkte elektrische Komponenten enthielten, und versuchte, durch Gespräche mit Einkäufern und Technikern Genaueres über die Bedürfnisse dieser Kunden zu erfahren, um dann Aufträge für Widerstände und Kondensatoren zu akquirieren. Im Vertrieb arbeiteten sowohl Berufsanfänger, frisch vom Studium, als auch ältere Kollegen mit langjähriger Erfahrung in der Branche.

Der Vertrieb der EPD arbeitete ganzheitlich, die Vertreter verkauften also an ein und dieselben Kunden Widerstände und Kondensatoren. Folglich waren sie darauf angewiesen, vielfältige Beziehungen zu Einkäufern und Entwicklungsingenieuren aufzubauen. Auf diesem Weg kamen sie an ihre Marktinformationen, und so ergaben sich auch die Gelegenheiten zur Angebotsabgabe. Gleichzeitig aber mussten die Vertreter mit genau denselben Ansprechpartnern auch über den Preis verhandeln. Da ihre Leistung an den verkauften Mengen gemessen wurde, strengten sie sich natürlich an, die budgetierten Absatzziele zu übertreffen. Allerdings wurden sie nicht auf Provisionsbasis bezahlt, und das sorgte vielfach für Diskussionen und Unzufriedenheit.

Simon erzählte von Misstrauen, Taktiererei, Beziehungsspielchen und politischen Winkelzügen zwischen Vertrieb und Marketing und fügte hinzu: »Wir Vertriebler glauben, dass wir vom Marketing nicht die besten Informationen bekommen.« Bei Besprechungen zur Budgetplanung kam es zu heftigen Auseinandersetzungen, weil der Vertrieb seine Prognosen auf die Direktansprache von Kunden stützte, während das Marketing dafür analytische Tools einsetzte. Dazu Simon: »Konflikte werden nicht sachlich gelöst, stattdessen gibt es Schuldzuweisungen. Ich traue denen [im Marketing] nicht über den Weg, und ich traue ihnen auch nicht zu, ihre Arbeit richtig zu machen.« Die Fertigung sah er etwas positiver:

> Unsere persönlichen Beziehungen mit der Fertigung sind gut, aber es gibt ein paar Dinge, die mir Sorgen machen. Ich weiß nicht – und im Grunde weiß das niemand –, ob und inwieweit die Werke tatsächlich ihre Kosten senken. Mein Gefühl ist, dass die Fertigung nicht so viel Druck bekommt, Kosten zu sparen, wie wir laufend unter Preisdruck gesetzt werden. Ein weiteres Problem ist der Service am Standort Hopewell – der ist einfach unter aller Kanone! Die in Hopewell arbeiten mit allen Tricks.

Auf den unteren Ebenen der Organisation schienen die Beziehungen zwischen Vertrieb und Fertigung noch schlechter zu sein. So war es offenbar mehrfach vorgekommen, dass sich der Leiter des Bezirks Mittlerer Westen und der Werksleiter in Evans am Telefon anbrüllten. Einmal hatte der Vertrieb um besonders schnelle Lieferung an einen Großkunden gebeten, da man befürchtete, dass eine zu langsame Reaktion der Kundenbeziehung schaden könnte. Der Leiter des Kundendienstes sagte dazu: »Die Beziehungen zum Werk Hopewell sind schlecht. Die Leistungsbeurteilung für Werksleiter muss anders werden. Der Service spielt da überhaupt keine Rolle. Inzwischen hat sich allerdings ein bisschen was geändert, und sie kümmern sich etwas mehr um den Service.«

Produktentwicklung. Im Unterschied zu den anderen Geschäftsbereichen von Allentown hatte die EPD ihre eigene Produktentwicklung. Ihre Aufgabe war es, Ergänzungen zum gegenwärtigen Sortiment zu entwickeln, wobei sie allerdings auch auf die Unterstützung des Bereichs Technische Stäbe zurückgreifen konnten. (Die meisten anderen Bereiche ließen die Produktentwicklung komplett vom Bereich Technische Stäbe durchführen und setzten lediglich Ingenieurteams zur Unterstützung der Fertigung ein.) Die Produktentwickler beschäftigten sich häufig auch mit Fragen der Fertigungsprozessentwicklung.

In der Regel waren zu jeder Zeit 10 bis 12 Produktentwicklungsprojekte im Gange, und sie erforderten häufig Technologieentwicklung in beträchtlichem Ausmaß. Die Entwicklung teilte sich in zwei Gruppen: Widerstände (im Werk Hopewell angesiedelt) und Kondensatoren (im Werk Barnett). Der Leiter der Produktentwicklung saß in Allentown, Pennsylvania, zusammen mit den anderen Führungskräften des Bereichs. Die Entwicklungsgruppe bestand aus Technikern, die ihren gesamten Berufsweg in der Forschung und Entwicklung durchlaufen hatten. Einige davon waren aus der zentralen F&E gekommen, viele hatten den Großteil ihrer Berufserfahrung bei der EPD gesammelt oder hatten zuvor als Techniker bei anderen Unternehmen der Elektronikbranche gearbeitet. Ted Moss, der Leiter der Produktentwicklung beschrieb seine Beziehungen zu anderen Einheiten so:

> Im Allgemeinen sind die Beziehungen meiner Abteilung zu den Werken ganz gut, obwohl es mit Hopewell ein paar Probleme gibt. Die meisten Sorgen macht mir das Marketing. Ich habe nicht das Gefühl, dass die uns für neue Produkte detaillierte Spezifikationen liefern. Außerdem verstehen die Marketing-Leute nicht, was Änderungen an den Spezifikationen alles nach sich ziehen. Ich glaube, das Problem könnte gelöst werden,

wenn wir die Spezifikationen gemeinsam mit dem Marketing schreiben würden. Ein weiteres Problem ist, dass die Marketing-Leute mehr nach vorne schauen und zukünftige Entwicklungen besser vorhersagen müssten. Sie wollen immer alles schon gestern. Wir brauchen Zeit!

Auch mit dem Vertrieb haben wir unsere Probleme. Wir brauchen von den Vertriebseinheiten feste Zusagen für die neuen Produkte. Ich wollte einmal die Vertreterberichte einsehen und habe Simon um Kopien gebeten. Er hat sie aber nicht rausgerückt und gab als Grund an, für die Interpretation der Berichte sei das Marketing zuständig. Ich musste zu Rogers selber gehen, damit etwas passierte.

Auch am Bereich Technische Stäbe, der einmal Produktentwicklung für die EPD gemacht hatte, äußerte Moss Kritik.

Von denen bekommt man nur unter größten Schwierigkeiten einen Zeitrahmen. Ihre Ausrichtung ist eine ganz andere, weil sie auch disziplinarisch anders aufgehängt sind. Sie haben keinen Grund zur Panik, wenn sie hinter dem Zeitplan liegen – dann versuchen sie halt, die Entwicklungsvorgaben zu beeinflussen. Ich brauche bei den Themen, an denen sie beteiligt sind, mehr Einfluss auf die Spezifikationen. Oft muss ich erst nach oben gehen [und mit ihren Chefs sprechen], um die Probleme mit dieser Gruppe gelöst zu bekommen.

Der Produktentwicklungsprozess

Nach seiner Überprüfung der Funktionen schaute sich Rogers als Nächstes den Produktentwicklungsprozess an. Zwei Vorfälle aus jüngster Zeit zeigten, dass dieser alles andere als glatt lief.

Zwei Fälle. Eines der Beispiele war die Sache mit dem Kondensator W-1201, einem neuen Produkt für den Computermarkt. Das Projekt war viermal unterbrochen und wieder gestartet worden, weil unterschiedliche Organisationseinheiten gleichzeitig unterschiedliche Informationen zum Stand der Dinge hatten. Das Marketing hielt den W-1201 für vielversprechend, die Produktentwicklung beurteilte ihn als technisch machbar. Der Vertrieb aber stellte die Wettbewerbsfähigkeit des Produktes infrage, da die Kostenvoranschläge der Fertigung zu hoch seien. Während noch diskutiert wurde, welche Produktmodifikationen zur Kostensenkung nötig wären, änderte sich die Einschätzung des Marketing zum potenziellen Markt, ebenso wie die Meinung der Produktentwicklung zur technischen Machbarkeit. Und da die Leiter jeder Funktion die Sinnhaftigkeit des Projektes unabhängig voneinander beurteilten, war nie so richtig klar, wo das Projekt gerade stand. Es kam so weit, dass einige der Verkäufer auf Basis von Produktmustern schon Bestellungen für den W-1201 einholten, ohne zu wissen, dass sich Fertigung und Marketing bereits gegen das Produkt entschieden hatten.

In einem zweiten Fall kam es zwischen Marketing und Werksmitarbeitern zu heftigen Auseinandersetzungen wegen einer angedachten neuen Beschichtung für einen elektrischen Widerstand. Das Marketing hatte beschlossen, dass aus Wettbewerbs- und Effizienzgründen eine neue, einheitliche Beschichtung erforderlich sei. Man hatte diesen Vorschlag der Bereichsleitung unterbreitet und dort die vermeintliche Zustimmung zur Änderung der Beschichtungen erhalten. Die Werke aber waren nicht gewillt, ihre Abläufe umzustellen: Zuerst wollten sie Auskunft darüber, ob die Produktentwicklung schon nachgewiesen hatte, dass die neue Beschichtung funktionieren würde und auch ohne Mehrkosten spezifikationsgerecht gefertigt werden könnte. Zudem trauten die Werke dem Marketing absolut kein Urteilsvermögen darüber zu, inwieweit diese Veränderung wirklich notwendig sei. Der für das Projekt zuständige Marketingmitarbeiter kam von den Besprechungen in den Werken regelmäßig entnervt zurück, und es frustrierte ihn sehr, dass er die Werksleute nicht zur Unterstützung bewegen konnte.

Produktentwicklungsbesprechungen. Einmal pro Abrechnungsperiode (also alle 28 Tage) fanden in Allentown, Pennsylvania, zwei ganztägige Sitzungen statt, bei denen potenzielle neue Produkte besprochen, koordiniert und beschlossen wurden. Es gab je eine Sitzung zu Kondensatoren und Widerständen. Insgesamt nahmen daran rund 20 Leute teil, darunter der Bereichsleiter, sein unmittelbarer Führungsstab, die Werksleiter und ein paar andere Entscheidungsträger aus anderen Funktionen.

Auf diesen Sitzungen herrschte ein ständiges Kommen und Gehen, weil die Teilnehmer immer wieder ihre Mitarbeiter nach Informationen fragen mussten. Es war nicht ungewöhnlich, dass ein Werksleiter hinausging, um einen seiner Ingenieure anzurufen und sich nach dem Stand eines Projektes zu erkundigen. Bei einer der Besprechungen wurde mehrfach erwähnt, dass Ted Young aus dem Marketing über das fragliche Projekt am besten informiert sei – nur war er leider nicht anwesend. Bei anderen Anlässen holte man Marketingleute (die ja in Allentown arbeiteten) hinzu, um den Anwesenden ihren Kenntnisstand über ein bestimmtes Projekte mitzuteilen. Wenn nötig, wurden auch Mitarbeiter der Werke und der Produktentwicklung hinzugeholt.

Den Vorsitz bei den Besprechungen hatte Johnson, der Leiter der Marktentwicklung, der typischerweise am Kopfende des Tisches saß. Er gab im Vorfeld eine Tagesordnung heraus und leitete meist die Diskussion, in der ein Projekt nach dem anderen abgehandelt wurde. Für jedes Projekt wurde der Fortschritt mit den Zielen verglichen, die bei der vorherigen Sitzung zwischen den Funktionen vereinbart worden waren. Jede Funktion erläuterte genauer, was sie in der Zwischenzeit für dieses Projekt getan hatte (zum Beispiel, welche Werkzeugwechsel in einem Werk durchgeführt worden waren). Hatte eine Funktion ihre Ziele nicht erfüllt, was häufig vorkam, dann wurden neue Termine gesetzt. Und obgleich aufgetretene Probleme stets geschildert wurden, wurden die Zielverfehlung und die Gründe dafür nur selten thematisiert. Kam es zu Meinungsverschiedenheiten, waren diese kaum zu lösen. Häufig konnten solche Auseinandersetzungen nur dadurch beendet werden, dass man die Uneinigkeit in den betreffenden Punkten festhielt und zum nächsten Punkt der Tagesordnung überging. Hin und wieder gab es Temperamentsausbrüche, doch offene Feindseligkeit oder Aggression kamen nur selten zum Ausbruch. Anschließend aber geschah es häufig, dass sich die Teilnehmer zu zweit oder in kleineren Gruppen im Gang, der Teeküche oder einem Büro trafen, um weiter zu debattieren.

In der Vergangenheit hatte der Bereichsleiter an den Produktentwicklungsbesprechungen nicht teilgenommen. 1992 wurde Rogers dann vom Marketing gebeten zu kommen, um Entscheidungen zu forcieren. Rogers übernahm bei den Sitzungen eine sehr aktive Rolle; er setzte sich meistens Johnson gegenüber ans andere Tischende. Häufig beteiligte er sich an den Diskussionen über neue Produkte, vor allem wenn es um technische Aspekte ging. Oft erklärte er anderen technische Details, die sie nicht verstanden. Seine Standpunkte wurden von den anderen eindeutig zur Kenntnis genommen, und man war der Ansicht, dass die Sitzungen dank seiner Anwesenheit besser geworden waren. Johnson aber graute davor:

> In der Nacht vor solchen Sitzungen kann ich nie schlafen. Ich denke über die verschiedenen Projekte nach, und darüber, wie schwer es ist, alle zu einer Einigung und einem gemeinsamen Vorgehen zu bewegen. Wir verbringen so viele Stunden bei diesen Besprechungen, aber die Teilnehmer halten sich einfach nicht an ihre Zusagen, bestimmte Dinge bis zu einem bestimmten Datum zu erledigen. Die Projekte hängen fest, und wir bringen sie einfach nicht vorwärts. Meiner Meinung nach sollten einige davon ganz eingestellt werden, aber auch das kriegen wir offenbar nicht hin. Ehrlich gesagt: Wenn ich noch mal von vorne anfangen könnte, würde ich diesen Job nicht mehr übernehmen. Denn wenn man

> sich das mal überlegt – wie viel Marketing mache ich eigentlich? Die meiste Zeit verbringe ich doch auf Besprechungen und bei erfolglosen Versuchen, andere zur Erledigung ihrer Aufgaben zu bewegen.

Ausblick auf 1993

Rogers war klar, dass etwas geschehen musste. Als sich das Jahr 1992 seinem Ende näherte, bereiteten sich Rogers und sein Führungsteam auf ihre zweite Quantensprung-Sitzung vor. Diese Sitzungen waren im Vorjahr ins Leben gerufen worden. Sie sollten ein Forum bieten, auf dem wichtige Problembereiche besprochen und die Mannschaft auf die Bereichsziele des nächsten Jahres eingeschworen wurde. Nun war es Zeit, sich dem Jahr 1993 zuzuwenden.

General Electric: Major Appliance Business Group[22]

Im Dezember 1980 hatten einige Manager des Geschäftsfelds Spülmaschinen bei General Electric (GE) – einem Teil des Geschäftsbereichs Major Appliance Business Group (MABG) – Grund zur Freude über die Fortschritte, die im Projekt C erzielt worden waren. Gleichzeitig aber waren sie beunruhigt über das, was sie in den letzten Monaten über das Projekt erfahren hatten und was sich daraus ergeben könnte. Im Dezember 1979 hatte die Konzernleitung von GE nach einem Jahr der Diskussionen, Planungen, Analysen und Überprüfungen eine Investition in Höhe von 28 Millionen Dollar für das Projekt C genehmigt. Gemäß der formalen Investitionsvorlage verfolgte das Projekt drei Hauptziele:

a. Weltweit bei Geschirrspülmaschinen eine führende Position in puncto Produktqualität und Profitabilität zu erreichen
b. Weltweit eine führende Position in Prozessqualität, Produktivität und Qualität des Arbeitsumfelds zu erreichen
c. Die Arbeitsplatzsicherheit zu erhöhen durch hochwertige, kostengünstige Produkte, die einen steigenden Marktanteil erringen.

Die Erfahrungen und Erkenntnisse aus dem Vorjahr hatten in jüngster Zeit mehrfach zu erhitzten Diskussionen zwischen den Führungskräften im Projektteam geführt. Sie drehten sich um wesentliche Projektbestandteile sowie mögliche Änderungen in einigen Punkten, die die Konzernleitung bereits abgesegnet hatte. Diejenigen, die mit der Leitung des Projektes, der Zielerfüllung sowie der Realisierung der Abläufe nach Einführung des Produktes am meisten zu tun hatten, hielten einige dieser Änderungen für möglicherweise gerechtfertigt und im besten Konzerninteresse. Allerdings war es in höchstem Maße unüblich, nach Genehmigung eines Projektes bei der Konzernleitung zusätzliche Investitionen zu beantragen, denn das roch nach unzureichender Planung im Vorfeld und mangelnder Disziplin bei der Einhaltung von Zusagen. Allein in den ersten 11 Monaten des Jahres 1980 – einem schwachen Jahr mit Mengen und Erträgen deutlich unter Plan – hatte man bei MABG am Standort Louisville insgesamt 17 Prozent der Mitarbeiter (fast 2000 an der Zahl) entlassen müssen.

Im November 1980 hatte Tom Corcoran, der Projektleiter von Projekt C, eine Reihe von Besprechungen mit seiner Arbeitsgruppe gehalten, um eine Bestandsaufnahme der bisherigen Fortschritte zu machen, mögliche Projektänderungen zu bewerten und das weitere Vorgehen zu besprechen. Als wesentliches Resultat dieser Sitzungen wurden fünf potenzielle Anpassungen definiert, die jedoch weitere Analyse erforderten. Vier davon würden den Gesamtaufwand für das Projekt erhöhen, eine würde ihn senken.

Grundsätzlich erschien jede Kombination aus diesen fünf Änderungen möglich, doch favorisierten die Beteiligten eine von drei Kombinationen:

1. Vorerst keine der Änderungen vorzunehmen, sondern das erste Halbjahr 1983 – den Abschluss von Projekt C – abzuwarten und dann in einem nachgeschalteten Verbesserungsprogramm nicht nur diese Anpassungen, sondern auch andere Verbesserungen anzugehen, die sich vielleicht bis dahin noch ergeben würden.
2. Einige der Änderungen jetzt vorzunehmen, dabei aber eine Kombination zu wählen, welche die erforderlichen Investitionen um nicht mehr als 2,8 Millionen Dollar (10 Prozent der genehmigten Summe) erhöhen würde. Das Überziehen von Investitionsbudgets war zwar bei GE nicht gern gesehen, erforderte aber bis zu einer Höhe von 10 Prozent keine gesonderte Genehmigung der Konzernleitung.
3. Innerhalb des nächsten Monats nochmals auf die Konzernleitung zuzugehen und eine hinreichende Erhöhung der Investitionssumme zu beantragen, um sämtliche Modifikationen durchzuführen, die nach dem Urteil der Arbeitsgruppe vor Abschluss des Projektes einfließen sollten.

Als Projektleiter war Corcoran sehr darauf bedacht, dieses Mal die Zustimmung seiner Gruppe zum richtigen Vorgehen zu erhalten, sodass alle ihre gesamte Energie auf das Projekt konzentrieren und unnötige Verzögerungen oder spätere Überraschungen vermeiden konnten.

Hintergrundinformationen zu MABG

Im Laufe der 1970er-Jahre war der Bereich MABG führender US-Hersteller für weiße Ware, also Kühlschränke, Herde, Mikrowellengeräte sowie Waschmaschinen, Spülmaschinen und Küchenabfallzerkleinerer. Verwaltungssitz des Bereichs war Louisville, Kentucky; dort waren auch die Hauptfertigungswerke für jedes der genannten Geräte angesiedelt, alle auf demselben Firmengelände. Darüber hinaus betrieb MABG auch eine Plastikkomponentenfertigung in Frankfort, Kentucky, sowie ein Montagewerk für Spülmaschinen in Milwaukee, Wisconsin: Dort wurden die Geräte der Marke Hotpoint gefertigt, deren Metallteile im Inneren mit Porzellan beschichtet waren. Mit Fabrikumsätzen in Höhe von fast 2 Milliarden Dollar entfielen auf MABG 1979 rund 10 Prozent der konzernweiten Umsätze und ein etwas höherer Anteil der Konzernerträge.

Die Organisation der MABG (siehe **Abbildung 1**) umfasste drei Linienfunktionen: Angewandte Forschung und Technische Planung, Fertigung und Operatives Marketing. In einem vierten Unternehmensbereich, Produktmanagement, waren die Geschäftsleiter für jede der großen Produktlinien – Kühlschränke, Spülmaschinen, Herde und Waschmaschinen – angesiedelt. Darüber hinaus hatte MABG eine Gruppe zentraler Unterstützungsfunktionen, die direkt dem Konzernleitungsmitglied unterstanden, der für die gesamte MABG verantwortlich war. Innerhalb jeder der drei Linienfunktionen gab es vier Geschäftsleiter, von denen jeder für eine der großen Produktlinien verantwortlich war. Diese Geschäftsleiter unterstanden in einer Matrix-Struktur zum einen dem funktional zuständigen Mitglied der Konzernleitung, zum anderen jeweils demjenigen Geschäftsleiter innerhalb des Bereichs Produktmanagement, der die Geschäftsergebnisse der Produktlinie verantwortete. Die wichtigsten Leute im Geschäftsfeld Geschirrspüler waren Roger Schipke, zuständiger Geschäftsleiter für Geschirrspüler innerhalb des Bereichs Produktmanagement, des Weiteren Roger Sundermeyer, innerhalb des Bereichs Angewandte Forschung und Technische Planung zuständig für die technische Planung der Produktverbesserungen an Geschirrspülern, sowie Gary Jones, innerhalb des Operativen Marketing zuständig für die Vermarktung von Geschirrspülern, und schließlich Ray Rissler, im Unternehmensbereich Fertigung zuständig für die Herstellung von Geschirrspülern.

Die vier großen MABG-Produktlinien wurden unter zwei Markennamen vermarktet: General Electric und Hotpoint. (Hotpoint war in den 1920er-Jahren von GE übernommen worden.) In den 1970er-Jahren waren die beiden Marken vollends integriert; dabei stand die Marke Hotpoint eher für »Nutzen«, die GE-Marke für »Qualitäts«-Produkte. Und obgleich die Preispunkte zum Teil überlappten, war das Hotpoint-Sortiment stärker in den mittleren und unteren Preissegmenten vertreten. Größere Innovationen in den Produkteigenschaften wurden in der Regel zuerst in der GE-Produktlinie eingeführt und ein, zwei Jahre später im Hotpoint-Sortiment. Im Jahr 1979 entfielen etwa 72 Prozent des Absatzes mit MABG-Spülmaschinen auf die Marke GE und 27 Prozent auf Hotpoint (das restliche Prozent entfiel auf Eigenmarken). Mit den Absätzen beider Produktlinien war GE die Nummer eins im Spülmaschinenmarkt.

Abbildung 1

MABG Linienorganisation (1980)

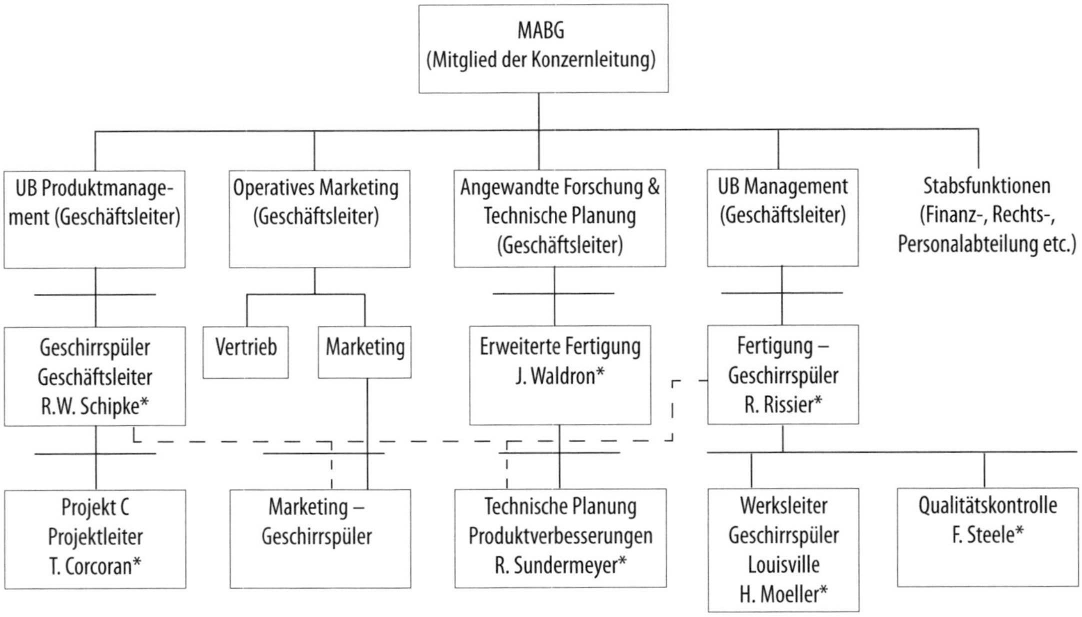

* Am Projekt C beteiligte Führungskräfte
--- Disziplinarische Unterstellungsverhältnisse in Matrixstruktur

Dieser bestand aus mehreren Segmenten. Es gab einige bewegliche Modelle auf Rollen, die man an den Wasserhahn in der Küche anschließen konnte, die überwiegende Mehrheit der Geräte aber war für den festen Einbau in Küchenunterschränke bestimmt. Etwa die Hälfte dieser Einbaugeräte wurde von Bauunternehmern für den Einbau in neuen Wohngebäuden gekauft. Bauunternehmer sind tendenziell preissensitive Käufer. Die andere Hälfte der Einbaugeschirrspüler ging an Firmen, die sich auf Umbau und Sanierung spezialisiert hatten, sowie an die Endverbraucher selbst. Diese waren in aller Regel mehr an der langfristigen Zuverlässigkeit, dem Komfort und der Leistung der Geräte interessiert als die Baufirmen.

Das MABG-Spülmaschinengeschäft in den 1970er-Jahren

Anfang der 1970er-Jahre betrachtete das Management der MABG das Spülmaschinengeschäft als problematisch, trotz Marktanteilen von über 20 Prozent, Mengenwachstum und insgesamt guten Geschäftsergebnissen (siehe **Abbildung 2**). GE stellte zwar Kühlschränke und Herde in Topqualität her, doch das Management war der Ansicht – und Umfragen bei Verbrauchern und Händlern bestätigten das –, dass die Geschirrspüler des Unternehmens lediglich als zweckmäßige Geräte von mittlerer Qualität galten.

Die Mehrheit der GE-Geschirrspüler unterschied sich in einem Punkt deutlich von den meisten Konkurrenzmodellen: Während die Bodenwannen und Türverkleidungen bei anderen Marken meist aus einer emaillierten Stahllegierung bestanden, waren sie bei den meisten GE-Geräten mit einer Schicht Weichvinyl, dem sogenannten Plastisol, überzogen. Anders als Keramik war Plastisol anfällig für Kratzer durch herabfallendes Besteck, und die Oberflächenschäden wurden durch Spülmittel noch verschlimmert. Ein Kratzer, und das darunter liegende Metall fing an zu rosten – das war nicht nur optisch unschön, sondern verkürzte auch die Lebensdauer der Geräte. Porzellanbeschichtete Wannen hingegen waren wohl nicht völlig rostfrei, doch kam es weitaus seltener zu Rostschäden. Ein weiteres Problem mit den Geschirrspülern von GE war die Geräuschentwicklung. Und zu guter Letzt wurde häufig auch der hohe Wasserverbrauch bemängelt, der den Stromverbrauch mit steigen ließ.

Abbildung 2

Kennzahlen des MABG-Spülmaschinengeschäfts

	1975	**1976**	**1977**	**1978**	**1979**
Marktanteil (Umsatz)	24%	24%	25%	25%	26%
Umsatz (in Tsd.$)	138.726	168.190	194.168	220.407	235.078
Preisindex	87,9	92,2	95,8	100,00	103,5
Nettoertrag (Tsd.$)	2.913	3.700	4.466	6.171	7.522
Umsatzrendite	(ROS) 2,1%	2,2%	2,3%	2,8%	3,2%
Kapitalrendite (ROI)	6,1%	7,9%	8,0%	12,5%	15,9%

Anmerkung: 1974 war ein schwaches Jahr für weiße Ware, 1975–1976 kam es zu einer starken Erholung

Quelle: Unternehmensinterne Unterlagen

Die Produktmanager für Geschirrspüler machten sich schon seit einiger Zeit Sorgen über die Qualität ihrer Produkte, und der Bereich Angewandte Forschung und Technische Planung hatte bereits Anfang der 1960er-Jahre begonnen, mehrere neue Plastik-Verbundstoffe daraufhin zu prüfen, ob sie den schwierigen Bedingungen der Spülgänge – 60 Grad heißes Wasser mit aggressiven Spülmitteln, das durchschnittlich 500 Stunden pro Jahr auf die Beschichtung gesprüht wurde – besser standhalten würden als die bisherigen Lösungen. Nach einigem Experimentieren mit handelsüblichen Materialien wie Nylon und Polyester entwickelten die GE-Forscher ein glasgefülltes Polypropylen-Verbundmaterial, das selbst unter härtesten Testbedingungen gute Leistungen zeigte, und ließen es patentieren.

GE nannte dieses neue Material PermaTuf® und führte es nach und nach bei den neuen Spülmaschinen ein – zunächst als Reinigerdeckel, dann als Besteckkorb, dann als Pumpengehäuse. Jede dieser Anwendungen stellte höhere Ansprüche als die vorherige, und dennoch kamen keine Reklamationen zu den PermaTuf-Teilen. 1968 hatte das Management genügend Vertrauen in das Material gefasst, um ein Entwicklungsprogramm für einen neuen Geschirrspüler mit Wanne und Türverkleidung aus PermaTuf zu starten. Von diesem Programm erhoffte man sich die Erfüllung zweier Ziele, die bis dato in der Produktgestaltung als gegensätzlich galten: ein kostengünstigeres Produkt mit gleichzeitig besserer Leistung zu schaffen. PermaTuf war rostfrei, widerstandsfähig gegen Dellen und in hohem Maße bruchfest. Zusätzlich ergaben Tests, dass die Plastikwanne auch die Betriebsgeräusche um 15 Prozent gegenüber Plastisol-Modellen reduzierte. Die Kosten würden ebenfalls zurückgehen, da die gegenwärtig eingesetzte Wanne aus 15 Teilen bestand, die einzeln auf speziellen Werkzeugen gefertigt, dann montiert und versiegelt werden mussten. Die PermaTuf-Wanne hingegen bestand aus einem einzigen Gussteil.

Aufgrund der geringeren Kosten des Materials betrachteten es die Marketing-Leute von GE PermaTuf zu Anfang als eine Möglichkeit, die Position der Marke GE am unteren Ende des Marktes – der vor allem Baufirmen bediente – zu stärken. 1971 waren dafür 17 Millionen Dollar zur Verfügung gestellt worden. Nach drei Jahren Entwicklung aber machte man diese Positionierungsentscheidungen rückgängig: Die Marktforschung von General Electric hatte herausgefunden, dass die meisten Verbraucher, ungeachtet der überlegenen Materialeigenschaften von PermaTuf im Vergleich zu Porzellan-Stahlwannen, Plastik immer noch als »billiges« Material ansahen. Man fürchtete, der Einsatz von PermaTuf in einem kostengünstigeren Gerät für Baufirmen werde dieses Image noch verstärken und damit die Chancen mindern, PermaTuf später als Premium-Produktmerkmal an qualitätsbewusste Verbraucher am oberen Marktende zu vermarkten. Das Management beschloss daher, PermaTuf zuerst in einem der höherpreisigen Modelle einzusetzen (das intern »Produkt PermaTuf A« genannt wurde); zwei Jahre später wollte man dann mit einem PermaTuf-B-Modell nachziehen, das im Mittelfeld des Sortiments angesiedelt sein sollte, und dann wollte man als wirklich kostengünstige Version das C-Modell einführen, mit dem man auf die Baufirmen am unteren Ende des Marktes abzielte. Gleichzeitig wurde beschlossen, dass man, um die Qualitätsanmutung von PermaTuf zu stärken, für das Gerät eine 10-jährige Garantie auf Wanne und Türverkleidung geben würde – doppelt so lange wie die branchenüblichen 5 Jahre.

Diese Neuausrichtung des Projektes auf halbem Weg zwang das Entwicklungsteam zu einer 18-monatigen, sehr aufwendigen Umgestaltung. Modell A kam schließlich im Oktober 1976 unter der Bezeichnung General Electric GSD 1050 in den Handel, über ein Jahr später als ursprünglich geplant. In der Eile, möglichst schnell damit auf den Markt zu kommen, ließ man eine interne Testphase aus, bei der die Konstruktion der Geräte normalerweise einer letzten Qualitätsprüfung unterzogen wurde. Nachdem 28000 Geräte verkauft worden waren, musste GE die GSD 1050 vom Markt nehmen, da es zu Reklamationen kam, die mit PermaTuf nichts zu tun hatten.

Als die Ursachen der Probleme geklärt waren, beschloss man, keine neue Version von Modell A herauszubringen. Stattdessen setzte man die Produkteigenschaften und Preise des Modells B auf ein etwas höheres Niveau, und es wurde eine zusätzliche Investition von 4 Millionen Dollar für die beschleunigte Entwicklung und Markteinführung dieses Produktes genehmigt. Drei Versionen kamen 1978 auf den Markt: die GSD 1200, die GSD 1000 und die GSD 900. Die Umsätze fielen jedoch 30 bis 40 Prozent geringer aus als erwartet, denn weder der Vertrieb noch die Händler waren sonderlich daran interessiert, neue Modelle mit dem gleichen Wannen- und Türverkleidungsmaterial wie dem misslungenen Modell A in den Markt zu drücken.

1979 erzielte das MABG-Spülmaschinengeschäft trotz der Probleme mit den Modellen A und B immer noch gute Ergebnisse – hohe Umsätze für die fünf Modelle in mittlerer und unterer Preislage hatten die Probleme am oberen Ende ausgeglichen. In dieser Situation beschloss das Marketing, dass es an der Zeit sei, die kostengünstigeren Geräte neu zu gestalten und dabei eine PermaTuf-Wanne vorzusehen – also Modell C zu entwickeln. Der Bereich Angewandte Forschung und Technische Planung hatte schon Vorarbeit geleistet und fühlte sich in der Lage, das Vorhaben zu unterstützen; auch die Fertigung war bereit mitzumachen.

Schon immer hatte die Finanzierung von Neugestaltungsprojekten bei MABG auch Zusatzaufwand für neue Werkzeuge und Fertigungsanlagen eingeschlossen; bei den Projekten A und B waren darauf rund 75 Prozent der Gesamtsumme entfallen. Im Rahmen der Investitionsvorlage für Produkt C beantragte daher eine Arbeitsgruppe mit Vertretern von Forschung, Entwicklung, Fertigung und Marketing bei der Konzernleitung einen Projektumfang von 18 Millionen Dollar, davon 3 Millionen für die Produktentwicklung und 15 Millionen für Prozessverbesserungen und neue Fertigungsanlagen.

Bei der Präsentation dieses Investitionsvorschlags stellte der CEO Jack Welch eine Reihe kritischer Fragen. Seine Sorge war, dass die MABG das Spülmaschinengeschäft nur »heilte«, anstatt daraus eine Weltklasse-Unternehmung außer Konkurrenz zu machen. Besonders besorgt waren Welch und ein paar andere Mitglieder der Firmenleitung über zwei wesentliche Schwachpunkte des Projektvorschlags: Zum einen hatte das Werk Louisville einen schlechten Ruf in puncto Qualität, Produktivität und Flexibilität; zum zweiten hatte man es bei GE aufgrund des starken gewerkschaftlichen Einflusses stets vermieden, am Standort Louisville allzu viel in das Spülmaschinenwerk und die anderen Fabriken zu investieren. Welch forderte das Führungsteam des Spülmaschinenbereichs auf, seinen Projektvorschlag nochmals zu überarbeiten – und zwar so, dass eine Produktgestaltung *und* eine Fabrik auf Weltklasseniveau dabei herauskämen. Letzteres bezog sich insbesondere auf die Automatisierung und die Wettbewerbsfähigkeit der Fertigung in den Bereichen Qualität und Kosten, aber auch auf das Thema Personal. Welch wollte einen Projektvorschlag, der aus dem Spülmaschinenwerk ein Vorzeigemodell der Mitarbeiterbeteiligung machen würde, das die Arbeitsmoral unter den Mitarbeitern steigern und die Wertschöpfung erhöhen würde. Er machte deutlich, dass er auch zu einer Erweiterung des Projektumfangs mit entsprechend höherem Investitionsaufwand bereit war, sofern dadurch sichergestellt sei, dass das Spülmaschinengeschäft Weltklasseniveau erreichen, eine Vorreiterrolle gegenüber anderen GE-Geschäftsbereichen – auch über die weiße Ware hinaus – übernehmen und dem Konzern und seinen Aktionären gute Renditen bescheren würde. Für die Verantwortlichen des Bereichs Spülmaschinen hieß das: zurück ans Zeichenbrett.

Projekt C

Eine 13-köpfige Arbeitsgruppe wurde zusammengestellt, um für das Geschäftsfeld Spülmaschinen Ansätze für einen Quantensprung in den Bereichen Produkt, Prozess und Personal zu erarbeiten und nach Genehmigung umzusetzen. Der Arbeitsgruppe gehörten Vertreter der MABG-Funktionen Marketing, Fertigung, Angewandte Forschung und Technische Planung und Finanzen an, des Weiteren mehrere Mitarbeiter der Stabsfunktionen, die mit dem Geschäftsfeld Spülmaschinen zu tun hatten. In den folgenden Monaten stellte die Arbeitsgruppe einen Projektvorschlag zusammen, der umfassende Veränderungen an der in Louisville gefertigten Geschirrspüler-Produktlinie vorsah; des Weiteren einen hochmodernen, robotergestützten Fertigungsprozess, der Qualität und Produktivität sicherstellen würde, bei voller Einbindung des gesamten Werkspersonals. Zentrale Bedeutung hatten dabei die beträchtlichen Veränderungen im Fertigungsprozess.

Veränderungen in der Fertigung

Unter der Leitung von Homer Moeller, dem Werksleiter des Spülmaschinenwerks in Louisville, und seinem Fertigungsteam wurden Ideen aus der gesamten GE-Organisation sowie von anderen Unternehmen gesammelt, die als weltweit führende Hersteller galten. Ergebnis war der Vorschlag, große Teile des Werks komplett neu zu gestalten, sodass die Umstellung der Produktlinie auf PermaTuf-Wannen- und -Türverkleidungen optimal unterstützt würde. Die Automatisierung sollte gezielt vorangetrieben werden – nicht nur, um Kosten zu senken, sondern auch zur Verbesserung der Qualität –, und die Produktgestaltung sollte auf die Möglichkeiten und Grenzen des neuen Prozesses abgestimmt werden. Weiterhin sollte der Prozess durch stärkere Kontrolle der Arbeiter sowie kürzere Durchlaufzeiten gekennzeichnet sein, und Produkttests sollten künftig umfassender in der Fertigung selbst stattfinden, anstatt sie einer separaten Qualitätskontrolleinheit zu überlassen.

Bei der Erstellung ihres Teils am Projektvorschlag legte die Fertigung einige Prinzipien zugrunde, die sie für angemessen hielt, um eine weltweit führende Position in puncto Prozessqualität, Produktivität und Arbeitsumgebung zu erreichen. Das erste Prinzip bestand darin, dass sich das Werk Louisville komplett auf die GE-Produktlinie mit PermaTuf-Ausrüstung fokussieren sollte. Bis 1983 sollten die Produkte mit geringeren Fertigungsmengen (mit Zustimmung der Gewerkschaften) nach Milwaukee verlagert werden, sodass man in Louisville einen rationellen und durchgängigen Arbeitsfluss würde sicherstellen können. Als Folge würde sich auch die Anzahl der Teile verändern, welche in die am Standort gefertigten Produkte eingebaut wurden; man setzte sich zum Ziel, sie von 4000 auf 800 zu reduzieren.

Das zweite Prinzip besagte, dass die wesentlichen Produktionsstufen als in sich geschlossene »Zellen« aufgebaut werden sollte: Diese sollten zwar durch Fließbänder verbunden sein, auf denen ausgewählte, straff kontrollierte Zwischenbestände transportiert würden, doch würde die Zellenstruktur die Zusammenarbeit innerhalb der Gruppen fördern und darüber hinaus die Automatisierung, die Prozessverbesserungen und das Testen wichtiger Baugruppen wie auch der fertig montierten Geschirrspüler erleichtern. Eine Handvoll solcher Zellen waren für das Werk vorgesehen (**Abbildung 3**).

Veränderungen im Bereich Personal

Projekt C umfasste auch eine Reihe größerer Veränderungen auf der Personalseite: Bislang waren die Beziehungen zwischen dem Standort Louisville und den Gewerkschaften häufig sehr angespannt gewesen; im Rahmen des Projektes sollte daher die Einstellung der Mitarbeiter zu ihrer Aufgabe, ihrem Umfeld und ihrem Beitrag zum Erfolg des Geschirrspülergeschäfts eine wesentliche Quelle für Verbesserungen werden. Dies würde eine systematische Datenerfassung zur gegenwärtigen Stimmung in der Mitarbeiterschaft erfordern, gefolgt durch periodische Aktualisierung, um Fortschritte objektiv messen zu können. Nach den Plänen der Projektleitung sollte die Gewerkschaft schon frühzeitig in die Projektbesprechungen eingebunden werden, um ihre Zustimmung und Unterstützung zu sichern. Dies war besonders wichtig, denn ohne die Zustimmung der Gewerkschaft konnte man den geringervolumigen Anteil der GE-Produktlinie nicht von Louisville nach Milwaukee verlagern – ein Thema, das der Gewerkschaft von Haus aus nicht passen würde.

Ein weiterer Grund für die Notwendigkeit der Gewerkschaftszustimmung lag darin, dass als Folge des engeren Produktfokus, der Automatisierung und der erhöhten Produktivität durch Projekt C der Bedarf an Lohnarbeitern im Spülmaschinenwerk Louisville zwischen 1979 und dem ersten Jahr des Produktionshochlaufs um 15 bis 25 Prozent zurückgehen würde. Man schätzte, dass sich mit zunehmender Marktakzeptanz des neuen Produktes auch die Mengen erhöhen würden und dass dies in den nächsten zwei bis vier Jahren den rückläufigen Arbeitskräftebedarf wieder ausgleichen würde; letztendlich würde die Mitarbeiterzahl also den Stand von Anfang 1979 erreichen oder sogar übertreffen. Es war daher erfolgskritisch sicherzustellen, dass die Gewerkschaft die Logik hinter dieser Personalfluktuation verstand und ihr zustimmte. (Das Management war darauf bedacht zu verhindern, dass es während der Markteinführung zu Streiksituationen kommen könnte, weil die Gewerkschaften von den Vorgängen überrascht würden oder weil es wegen der Personalkürzungen zu Auseinandersetzungen käme.)

Der dritte und möglicherweise bedeutendste Faktor in den personalbezogenen Ansätzen des Projektes C bestand darin, Arbeitskräfte nicht mehr als (austauschbare) Rädchen im Getriebe zu sehen, sondern als wichtige Quelle der Wertschöpfung. Voraussetzung dafür war eine systematische Einbindung der Mitarbeiter in die Aktivitäten sowie die Schulung der Lohnarbeiter, deren Personalstärke man für das Spülmaschinenwerk Ende 1983 auf etwa 1000 schätzte. Diese Arbeitskräfte sollten den Übergang vollziehen von der reinen Kenntnisnahme des Projektes C und seiner Ziele über die Stufen Akzeptanz, Mitarbeit und Engagement bis hin zur Übernahme eigener Verantwortung für die Projektergebnisse. Ziel des Projektleitungsteams war es, die Arbeiter zu einem Kernbestandteil des Geschäftserfolges im Geschäftsfeld Spülmaschinen zu machen.

Veränderungen in der Produktentwicklung

Schließlich wurden auch die für das Spülmaschinengeschäft zuständigen Führungskräfte des Bereichs Angewandte Forschung und Technische Planung gebeten, ihre Gestaltungsvorschläge nochmals gründlich zu überdenken. Sie waren zwar bereits völlig davon überzeugt, dass Wannen- und Türverkleidungen aus PermaTuf in allen GE-Geschirrspülern eingebaut werden sollten; dennoch sollten sie ihre Produktkonzepte nochmals überprüfen und stärker an der Fertigbarkeit, dem Sortiment, den Anforderungen des Werks und der reduzierten Teilemenge ausrichten. In der Entwicklung und Technischen Planung musste man sich noch stärker darum bemühen, höhere Qualität und niedrigere Gesamtbetriebskosten (geprägt durch Einkaufskosten, Gewährleistungs- und Kundendienstkosten) in die Konzepte einzubauen.

Abbildung 3

Entwurf für das Spülmaschinenwerk Louisville (Projekt C)

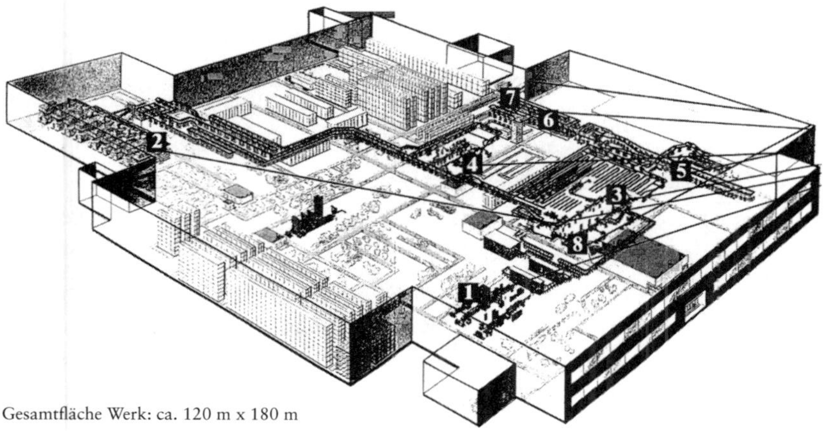

Gesamtfläche Werk: ca. 120 m x 180 m

(1) *Zelle für Einzelteile:* Fertigung von Teilen für den Einbau in die Türinnenseite und die Bodenwanne. Hier würde die Produktion mehr Automatisierung und Prozesskontrolle beinhalten, um Zwischenbestände zu minimieren.
(2) *Zelle für PermaTuf-Wannen- und -Türverkleidung:* Der Einsatz von Spritzgusswerkzeugen für Türverkleidungen, alle gesteuert durch eine programmierbare GE-Kontrolleinheit, ermöglicht geschlossene Regelkreise mit Rückmeldung zu mehreren Prozessvariablen. Dadurch sind innerhalb der Zelle die konstante Einhaltung von Toleranzwerten sowie hohe Produktivität und kurze Durchlaufzeiten gewährleistet.
(3) und (4) *Zellen für Vormontage Wanne und Tür:* Aus PermaTuf sowie den jeweiligen Metallkomponenten würden, vorwiegend automatisiert, Baugruppen zusammenmontiert. Wannen und Türen würden nicht von Hand auf das Band geladen oder heruntergenommen: Das Management war der Meinung, dass die manuelle Handhabung zu Abweichungen und höheren Kosten führte. Der Plan sah für einige der Teile eine Philosophie nach dem Motto »Make one – use one« vor – das heißt, die Teile-Fertigungsanlage musste direkt neben der Vormontage stehen.
(5) *Zelle für Endmontage:* Hier würden die Wannen und Türen mit den von einer Handvoll externer Zulieferer ›just in time‹ angelieferten Zukaufteilen zusammengebaut. Dazu würden die Arbeiter jeweils eine Montageeinheit vom laufenden Band herunter und in ihren Arbeitsbereich ziehen und nach zufriedenstellender Ausführung ihrer Aufgaben wieder zurück auf das Band stellen. So würden sie direkt für die Qualität ihrer Arbeit verantwortlich gemacht.
(6) *Zelle für Abschlusstest:* In dieser Zelle würde jede gefertigte Einheit einem konsequenten 100-Prozent-Leistungstest unterzogen. Eventuelle Reparaturen würden an Ort und Stelle ausgeführt, die Informationen darüber würden automatisch an die jeweilige Montagestation zurückgespielt, um Korrekturmaßnahmen in Echtzeit zu ermöglichen.
(7) *Zelle für Verpackung und Versand*
(8) *Computer-Leitstelle:* Von der Leitstelle – etwa 4 bis 5 Meter über dem Fabrikraum – aus würden sämtliche Fertigungsprozesse und Zwischenerzeugnisse verfolgt, in Echtzeit an das Management Bericht erstattet und der Betrieb visuell überwacht.

Jede Zelle sollte für sämtliche ausgeführten Aktivitäten allein verantwortlich sein und die dazu notwendigen Prozesskontrollen und Informationen zur Verfügung haben. Gleichzeitig sah Projekt C aber auch zwei Elemente vor, welche alle Stationen des Werks miteinander verbanden und ihre Aktivitäten zu einem Ganzen zusammenführten: Das Erste war das physische Fließbandsystem, welches jede Arbeitsstation mit den nachgelagerten Stationen verband, die ihre Erzeugnisse weiterverarbeiteten. Da die Fließbänder eine begrenzte Anzahl von Beförderungsplätzen aufwiesen, setzten Gestaltung und Auslegung des Systems dem Umfang an Zwischenbeständen natürliche Grenzen. Als Zweites würde ein Kanban-(Karten-)System eingesetzt, um den vorgelagerten (zuliefernden) Stellen mitzuteilen, was die nachgelagerten (abnehmenden) Abteilungen benötigten. Gemäß den Regeln des Just-in-time-Prinzips würde sich zu jeder Zeit eine begrenzte Anzahl von Kanbans im System befinden, und die vorgelagerten Stellen würden erst bei Vorliegen einer Kanban-Karte von den abnehmenden Abteilungen mit der Fertigung ihrer Umfänge beginnen können.

Genehmigung für Projekt C

Gegen Ende des Jahres 1979 hatte die Projektleitung von Projekt C – koordiniert und moderiert durch Corcoran – einen detaillierten Entwicklungsplan für die Themen Produkt, Fertigungsprozess und Mitarbeiter erstellt. Er enthielt mehrere wesentliche Elemente und sollte deutlich verbesserte Resultate in drei Dimensionen ermöglichen: Qualität, Produktivität und Pünktlichkeit (**Abbildung 4**). Noch wichtiger war vielleicht (angesichts der bei GE üblichen Genehmigungsprozesse für Projekte und Investitionen), dass das Projekt zu erheblichen Verbesserungen in den Marktanteilen, der Produktpositionierung im Markt sowie im unternehmerischen Ergebnis des Geschäftsfelds Geschirrspüler führen würde.

Laut dem Investitionsantrag, welcher der Konzernleitung im Dezember 1979 vorgelegt wurde, sah Projekt C tief greifende Veränderungen im GE-Sortiment Unterbau-Geschirrspüler vor, des Weiteren eine hochmoderne robotergestützte Fertigung und deutlich verbesserte Beziehungen zu den Arbeitskräften im Werk Louisville. Wie in der Zusammenfassung beschrieben, sah die Planung für die Geschirrspüler der Marke GE eine auf PermaTuf basierende Gestaltung vor, die folgende Ziele erfüllen sollte:

1. Bodenwannen und Türen mit Plastisol im gesamten Spülmaschinensortiment der Marke GE durch solche mit PermaTuf zu ersetzen und damit ein langlebigeres Produkt von höherer (tatsächlicher und wahrgenommener) Qualität zu bieten
2. Ein Qualitätsverbesserungsprogramm in Verbindung mit Verbesserungen am Sortiment und Fertigungsprozess durchzuführen. Höhere Qualität würde vor allem aus einheitlicheren Prozessen resultieren, die wiederum durch Automatisierung, engere Toleranzwerte für zugekaufte wie auch intern gefertigte bzw. montierte Komponenten sowie ein erhöhtes Qualitätsbewusstsein bei Management und Mitarbeitern erreicht würden.
3. Erhebliche Kosteneinsparungen in drei Bereichen zu erzielen:
   a. Produktkosten – einschließlich Material-, Personal-, Ausschuss- und Nachbesserungskosten – und effizienterer Einsatz des (in Anlagen und Bestände) investierten Kapitals. [Einsparung pro Stück gegenüber der bisherigen Plastisol-Ausführung: 8,52 Dollar]
   b. Transportkosten, da die fertigen Produkte 5 kg leichter sein würden als die bisherigen Plastisol-Modelle [Einsparungen pro Stück: 0,91 Dollar]
   c. Wartungskosten – einmal durch den Rückgang der Wartungsfälle, die in den ersten 90 Tage nach Kauf auftraten (da sämtliche Einheiten vor dem Versand gründliche Tests durchlaufen würden), zum anderen aufgrund der geringeren Reklamationssummen [Einsparungen pro Stück: 2,00 Dollar].

Diese Kostenersparnis von insgesamt 11,43 Dollar würde teilweise kompensiert durch die zusätzlich anfallenden Kosten für die Verlängerung der Garantie auf Wannen und Türverkleidungen aller PermaTuf-Modelle auf 10 Jahre. Im Ergebnis bleiben *Nettoeinsparungen pro Stück von 9,43 Dollar*.

Das Konzept sah weiterhin vor, dass die Fertigung der geringervolumigen Produkte – wie des Modells PermaTuf B und der frei stehenden Geschirrspüler – 1982 nach Milwaukee verlagert würde. Die Herstellung dieser Modelle in Milwaukee würde die Stückkosten um durchschnittlich 7 Dollar erhöhen, doch betrachtete man das als lohendes Opfer für die stärkere Fokussierung des Werks Louisville. Die PermaTuf-C-Modelle würden in Louisville 1983 Schritt für Schritt eingeführt werden. Bis 1985 würden auch die PermaTuf-B-Modelle auf die neue Gestaltung umgestellt.

Die erforderliche Investitionssumme für die Realisierung von Projekt C wurde auf *28 Millionen Dollar* geschätzt, wovon 1,9 Millionen bereits für die Prototypentwicklung und die Erprobung moderner Montagetechniken ausgegeben worden waren. Von den insgesamt 28 Millionen würden 5 auf die Produktentwicklung, 4 auf die Prozessentwicklung, 3 auf die Verlagerung einiger Fertigungsumfänge nach Milwaukee, 14,5 Millionen auf Fertigungsanlagen und 1,5 Millionen für eine mindestens zweiwöchige Qualitätsschulung und Einarbeitung der Lohnarbeiter entfallen. Die Projektleitung glaubte, dass der Wechsel zu einem kompletten PermaTuf-C-Sortiment ab 1983 zu einem Anstieg des GE-Marktanteils im Einzelhandelsmarkt führen würde, da man dann ein besseres Produkt zu bieten hätte (Vorschlag zur Werbung und Foto des Produktes: siehe **Abbildung** 5). Die Arbeitsgruppe prognostizierte für 1983 ein Netto-Marktanteilswachstum von 0,4 Prozent, das bis 1989 auf 2,0 Prozent ansteigen würde. Aufgrund der Kapazitätsgrenzen in der vorgeschlagenen Fertigungsanlage, die für 1985 bei 1,02 Millionen Stück veranschlagt wurde, würde der Marktanteilszuwachs 1986 bei 1,2 Prozent seine Obergrenze erreichen.

Bei ihrer Prognose der branchenweiten Umsätze ging die Arbeitsgruppe von einer zunehmenden Verbreitung der Geräte in den Haushalten aus, entsprechend einem durchschnittlichen jährlichen Anstieg der Stückzahlen um 5 Prozent, beginnend mit einem normalen Jahr in der Mitte der 1970er-Jahre. Die Marktgröße für den US-amerikanischen Geschirrspülermarkt wurde daher für 1986 auf 4,7 Millionen Stück veranschlagt. Der zusätzliche Ergebnisbeitrag aus dem Marktanteilszuwachs im Einzelhandelsmarkt wurde bis einschließlich 1989 auf 23,5 Millionen Dollar geschätzt (**Abbildung 6**).

Gemäß dem wahrscheinlichsten Szenario der Arbeitsgruppe versprach das Projekt bis 1989 Kostenersparnisse von 75 Millionen Dollar. Diese Zahlen beruhten auf einer detaillierten Analyse der hochgerechneten Produktkostensenkungen (**Abbildung 7**) sowie einer gründlichen Analyse der Ertrags- und Cashflow-Hochrechnungen (siehe **Abbildung 8**).

Um möglichst gründlich und korrekt zu sein, hatte die Projektleitung von Projekt C der Konzernleitung auch die kritischen Elemente genannt – vor allem:

1. die schwierige Aufgabe, die Endverbraucher davon zu überzeugen, dass PermaTuf als Material den emaillierten Wannen und Türen überlegen war und somit die gesamte Produktlinie im Vergleich zu Wettbewerbsprodukten nicht nur anders, sondern auch qualitativ höherwertig war
2. Wenn man sich mit dem gesamten Spülmaschinensortiment der Marke GE auf PermaTuf festlegte, dann könnte unter Umständen die Reputation des Unternehmens leiden, wenn beispielsweise ein preisorientierter Wettbewerber billige Plastikwannen und -türen aus Drittländern einkaufen würde und diese bei Gebrauch brechen und Wasser auslaufen würde.
3. Ein deutlicher Anstieg der Erdölpreise – etwa um 100 Prozent gegenüber 1979 – könnte die Stückkosten für PermaTuf um 3 Dollar ansteigen lassen.
4. Eine Investition von zusätzlichen 28 Millionen Dollar für eine moderne, computergesteuerte Anlage in Louisville würde der Gewerkschaft noch mehr Zulauf bescheren und noch mehr Einfluss auf den gesamten Standort verleihen.
5. Der Erfolg des Gesamtprogramms hing eindeutig davon ab, ob es gelingen würde, die Mitwirkung der Gewerkschaften und Arbeiter zu sichern, und ob diese die Produktkosten und Qualität im Spülmaschinenwerk als eigene Verantwortung begreifen würden.
6. Einige MABG-Führungskräfte waren der Ansicht, der Markt für Geschirrspüler sei zu klein und seine Wachstumsaussichten zu gering, um ein Investment in dieser Höhe zu rechtfertigen. Sie meinten, GE sei weitaus besser beraten, diese finanziellen und personellen Ressourcen beispielsweise für die MABG-Kühlschrankfertigung in Louisville einzusetzen, die jährlich ein Mehrfaches an Umsätzen und Erträgen einbrachte. Die Manager des Spülmaschinenbereichs setzten dem meist entgegen, dass die 28 Millionen Dollar dem Spülmaschinengeschäft einen derartigen Quantensprung ermöglichen würden, dass im folgenden Jahrzehnt keine weitere Investition mehr für dieses Geschäft benötigt würde, abgesehen von einer möglichen Kapazitätsausweitung in der zweiten Hälfte der 1980er-Jahre.

Nach eingehender und lebhafter Diskussion über den Projektvorschlag, seine Ziele und die erwarteten Ergebnisse und Risiken gaben Konzernleitung und Aufsichtsrat im Dezember 1979 ihre Zustimmung. Gegen Ende des Jahres 1980 war man mit den Aktivitäten in der Produktentwicklung, der Schaffung von Grundlagen für die Einbindung der Gewerkschaft und Arbeiter sowie der Prozessplanung schon gut vorangekommen und hatte als Nächstes vor, für das Spülmaschinenwerk Louisville die Aufträge für Maschinen und Anlagenplanung zu vergeben.

Abbildung 4

Projekt C – Kernelemente

Produkt	Fertigungsprozess	Mitarbeiter
Höhere Qualität, niedrigere Kosten PermaTuf® für Bodenwanne und Tür Vereinfachte Produktlinie (weniger Produkte und Teile) Integrierte Produkt- und Prozessgestaltung	Rationalisierte, durch Fließbandsystem verbundene Arbeitsflüsse JIT-Prinzipien Engere Toleranzgrenzen (für GE und Zulieferer) Minimum an Beständen Weniger händischer Umgang mit Materialien Automatisierung Konsequente Abschlusstestung der Produkte	Einbeziehung der Gewerkschaft Umschulung auf neuen Prozess und TQM Funktionsübergreifendes Managementteam für Projekt C Fokus auf Geschäftszielen anstatt funktionalen oder Gewerkschaftszielen

Geplante Zielkategorien

Qualität	Produktivität	Pünktlichkeit
Verlängerte Gewährleistung Weniger Mängel Weniger Ausfälle in Abschlusstests Geringere Wartungs- und Reklamationsquoten	Weniger indirekter Personalaufwand Weniger direkter Personalaufwand Volumensteigerung Schnellere Lagerumschläge Verlängerte Anlagen-Betriebszeiten	Weniger Umlaufbestände Kürzere Durchlaufzeiten Make one – Use one Beschleunigte zukünftige Produktentwicklung durch etablierten Prozess

Abbildung 5

Produktattrappe für potenzielle PermaTuf-C-Werbung

Abbildung 6

Hochrechnung: Auswirkung von Projekt C auf den Marktanteil

Jahr	Umfang des relevanten Einzelhandelsmarktes (in Tsd. Stück)	Marktanteilszuwachs im Einzelhandelsmarkt	Stückzahlwachstum GE (in Tsd.)	Durchschnittlicher Ergebnisbeitrag GE pro Stück unter Berücksichtigung der Einsparungen in Fertigungskosten durch Projekt C	Zusätzlicher Ergebnisbeitrag gesamt (in Tsd. Dollar)
1983	1.525	0,40%	6.1	$115.73	706
1984	1.650	0,80%	13.2	131.82	1.740
1985	1.810	1,10%	19.9	145.54	2.896
1986	2.000	1,20%	24	161.37	3.873
1987	2.000	1,20%	24	173.37	4.231
1988	2.000	1,20%	24	193.01	4.752
1989	2.000	1,20%	24	219.16	5.250
Gesamt					23.508

* Ausschließlich Marktsegmente, die mit PermaTuf C bedient werden (z.B. frei stehende Geräte und bestimmte andere Segmente sind nicht berücksichtigt)

Quelle: Unternehmensinterne Unterlagen

Abbildung 7

Hochrechnung: Kosteneinsparungen durch Projekt C

	1982	1983	1984	1985	1986	1987	1988	1989	Gesamt
Stückzahlen (in Tsd.)									
Wechsel von Plastisol zu PermaTuf C	—	300	690	761	866	866	866	866	5.215
Wechsel von PermaTuf B zu PermaTuf C	—	—	—	80	173	173	173	173	772
Frei stehende Geräte nach Milwaukee	50	50	50	50	50	50	50	50	400
Kostensenkung pro Stück: PermaTuf C vs. Plastisol									
Material, Ausschuss, Nachbesserung	—	$5.22	$5.63	$6.08	$6.57	$7.10	$7.66	$8.28	
Personalaufwand, sonstiges	—	3.30	3.58	3.84	4.15	4.48	4.84	5.23	
Abgehender Transport*	—	0.91	0.98	1.06	1.14	1.23	1.33	1.44	
10 Jahre Garantie auf Wannen und Türen**	—	(2.00)	(2.00)	(2.00)	(2.00)	(2.00)	(2.00)	(2.00)	
Rückgang Wartungsfälle, Kulanz	—	2.00	2.16	2.33	2.52	2.72	2.93	3.17	
Gesamt	—	9.43	10.33	11.31	12.38	13.53	14.76	16.12	
Kostensenkung pro Stück: PermaTuf C vs. PermaTuf B									
Material, Ausschuss, Nachbesserung	—	—	—	$5.30	$5.73	$6.19	$6.68	$7.22	
Personalaufwand	—	—	—	2.51	2.71	2.93	3.16	3.42	
Gemeinkosten, sonstiges	—	—	—	1.31	1.42	1.53	1.65	1.78	
Abgehender Transport*	—	—	—	2.64	2.86	3.08	3.33	3.60	
Gesamt	—	—	—	11.76	12.72	13.73	14.82	16.02	
Kostennachteil frei stehende Geräte	($7.00)	($7.00)	($7.00)	($7.00)	($7.00)	($7.00)	($7.00)	($7.00)	
Einsparungen (in Tsd.)									
Material, Ausschuss, Nachbesserung	—	$1.566	$3.885	$5.051	$6.681	$7.219	$7.789	$8.420	$40.611
Personalaufwand, sonstiges	—	990	2.456	3.123	4.063	4.387	4.738	5.121	$24.878
Gemeinkosten, sonstiges	—	—	—	105	246	265	285	308	$1.209
Abgehender Transport	—	273	676	1.018	1.482	1.598	1.728	1.870	$8.645
Gewährleistung	—	(600)	(1.380)	(1.522)	(1.732)	(1.732)	(1.732)	(1.732)	($10.430)
Rückgang in Wartungsfällen/Kulanz	—	600	1.490	1.773	2.182	2.356	2.537	2.745	$13.683
Kostennachteil frei stehende Geräte	(350)	(350)	(350)	(350)	(350)	(350)	(350)	(350)	($2.800)
Gesamt	($350)	$2.479	$6.777	$9.198	$12.572	$13.743	$14.995	$16.382	$75.796

Anmerkung: Für die Steigerung der Produktkostensenkung pro Einheit wurde ein Faktor von 0,8 Prozent eingerechnet
* PermaTuf C wiegt ca. 5 kg weniger als ein Plastisol-Gerät und ca. 12 kg weniger als PermaTuf B
** Ergibt gleichen Umfang wie derzeit für sämtliche PermaTuf-B-Spülmaschinen

Quelle: Unternehmensinterne Unterlagen

Abbildung 8

Hochrechnung: Erträge und Cashflow (in Tsd. $)

Zusätzliche Nettoerträge	**1979**	**1980**	**1981**	**1982**	**1983**	**1984**	**1985**	**1986**	**1987**	**1988**	**1989**	**Gesamt**
Veränderung Marktaneil (Abbildung 6)	—	—	—	—	706	1.740	2.896	3.873	4.281	4.752	5.260	23.508
Einsparungen in Produktkosten (Abbildung 7)	—	—	—	(350)	2.479	6.777	9.198	12.572	13.743	14.995	16.382	75.796
Realisierungskosten												
Investitionskosten	(21)	(232)	(324)	(4.412)	(1.261)	(701)	(39)	—	—	—	—	(6.990)
Abschreibungen	—	(1)	(2)	(839)	(2.071)	(2.183)	(2.022)	(1.999)	(1.800)	(1.780)	(1.776)	(14.473)
Inbetriebnahme	—	—	(10)	(170)	(490)	(330)	—	—	—	—	—	(1.000)
Einsparungen Wartung	—	—	—	—	50	50	50	50	50	50	50	350
Gesamt	(21)	(233)	(336)	(5.421)	(3.772)	(3.164)	(2.011)	(1.949)	(1.750)	(1.730)	(1.726)	(22.113)
Erträge (Verluste) vor Steuern	(21)	(233)	(336)	(5.771)	(587)	5.353	10.083	14.496	16.274	18.017	19.916	77.191
Bundessteuern (46 Prozent)	10	107	155	2.655	270	(2.462)	(4.638)	(6.668)	(7.486)	(8.288)	(9.161)	(35.506)
Investitionsdarlehen (10 Prozent)	1	—	16	1.972	195	36	0	0	0	0	0	2.220
Nettoerträge (-verluste)	($10)	($126)	($165)	($1.144)	($122)	$2.927	$5.445	$7.828	$8.788	$9.729	$10.755	$43.905
Cashflow – laufendes Jahr												
Nettoerträge (-verluste)	($10)	($126)	($165)	($1.144)	($122)	$2.927	$5.445	$7.828	$8.788	$9.729	$10.755	$43.905
Abschreibungen	—	1	2	839	2.071	2.183	2.022	1.999	1.800	1.780	1.776	14.473
Anlageinvestitionen	(10)	(4)	(163)	(19.719)	(1.950)	(354)	—	—	—	—	–	(22.200)
Bestandssenkung	—	—	—	—	60	750	190	50	50	50	50	1.200
Garantiereserve	—	—	—	—	172	535	754	736	694	566	430	3.887
Latente Steuern auf Reserve	—	—	—	—	(79)	(246)	(347)	(339)	(319)	(260)	(198)	(1.788)
Gesamt	($20)	($129)	($326)	($20.024)	$152	$5.795	$8.064	$10.274	$11.013	$11.865	$12.813	$39.477
Kumulierter Cashflow	($20)	($149)	($475)	($20.499)	($20.347)	($14.552)	($6.488)	$3.789	$14.802	$26.667	$39.477	

Quelle: Unternehmensinterne Unterlagen

Mögliche Anpassungen an Projekt C (November–Dezember 1980)

In den vorangegangenen Monaten hatte die Projektleitung eine Handvoll wichtiger Anpassungen am ursprünglichen Projektvorschlag als notwendig erkannt, und nun war man sich nicht einig über das weitere Vorgehen. Es hatte hitzige Debatten gegeben, und angesichts der Notwendigkeit, die Position der Arbeitsgruppe zu diesen Themen festzulegen, herrschte helle Aufregung. Als Projektleiter hatte Corcoran versucht, die Argumente für und gegen jede der fünf angedachten Änderungen systematisch zu sammeln. Anfang Dezember 1980 fasste er sie so zusammen:

1. *Qualitative Verbesserung des Fabrikumfelds.* Diese Anpassung sah vor, zusätzliche 1,5 Millionen Dollar für den Einbau einer Küche, die Renovierung der Toiletten und die Einrichtung eines Aufenthaltsraums für Mitarbeiter des Spülmaschinenwerks zu investieren. Der Vorschlag wurde von den Projektmitgliedern, den Mitarbeitern, der Gewerkschaft und anderen Beteiligten im Geschäftsfeld Spülmaschinen gutgeheißen: Es stellte eine positive Reaktion auf Mitarbeitervorschläge dar, würde eine Arbeitsumgebung von hoher Qualität schaffen – passend zu den Produkt- und Prozessverbesserungen in Projekt C – und damit demonstrieren, dass das Management seinen Worten auch Taten folgen ließ. Der Nachteil war, dass andere Werke am Standort Louisville zweifellos von der Gewerkschaft zu ähnlichen Verbesserungen gedrängt würden. Und da die anderen Werke 90 Prozent der Lohnarbeiter des Standorts beschäftigten, könnten solche Investitionen die Fixkosten der MABG in Louisville drastisch erhöhen.
2. *Schulungen in technischer Problemlösung.* Diese wären für die besten 20 Prozent der Lohnarbeiter gedacht und würden 1,5 Millionen Dollar kosten. Der Fokus läge darauf, den Mitarbeitern beizubringen, wie man technische Probleme erkennen, lösen und beheben kann, sodass diese Arbeiter bei Inbetriebnahme des Werks und auch danach bedeutende Beiträge zu den laufenden Verbesserungen leisten konnten. Dieser Vorschlag wurde nur von manchen Beteiligten befürwortet, darunter vor allen die Werksleitung des Spülmaschinenwerks, einige Gewerkschaftsführer und einige der besten Arbeiter. Die Werksmitarbeiter sahen ihn als Garantie für einen reibungsloseren Betrieb beim Fertigungshochlauf 1983 und danach. Die Gewerkschaft war zum Teil deshalb dafür, weil man erwartete, im Zuge des Rahmenvertrags eine höhere Einstufung der Arbeitsstellen und damit auch 25 bis 50 Cent höhere Stundenlöhne für die rund 200 Betroffenen aus-

handeln zu können. Die Werksleitung hatte keine Einwände gegen die erhöhten Personalkosten: Man war der Meinung, das würde »Zusammenstöße« reduzieren, denn als andere MABG-Werke in Louisville die Einstufung von Arbeitsplätzen änderten, konnten sich die betroffenen Arbeitskräfte nur um Stellen ihrer vorherigen Kategorie oder darunter bewerben.

Gegen diese Anpassung waren drei Gruppen: Die Erste waren die unterstützenden Funktionen des Bereichs Spülmaschinen (Wartung, Prozesstechnik, Materialplanung und Qualitätskontrolle), denn sie sahen darin einen Beweis dafür, dass man ihnen die reibungslose Inbetriebnahme mit Perma-Tuf C nicht zutraute. Gegen die Anpassung war außerdem – zumindest inoffiziell – die Mehrheit der Arbeiter, denn sie sah die fraglichen Aufgaben in der Verantwortung des Managements und nicht der Lohnarbeiter. Und zum Dritten waren auch die Führungskräfte in anderen GE-Werken am Standort Louisville entschieden gegen den Vorschlag, da er eine besser bezahlte Kategorie von Arbeitsstellen schaffen würde (und sie zwingen würde, diese ebenfalls einzuführen) und weil sie nur unter Schwierigkeiten würden verhindern können, dass ihre besten Lohnarbeiter mit der Zeit zum Spülmaschinenwerk abwandern würden.

3. *Korrekturen am Management-Informations- und -Unterstützungssystem von GE.* Dieser Anpassungsvorschlag betraf Korrekturen am gegenwärtigen System für Werksbuchhaltung, Materialverfolgung und Qualitätsberichtswesen. Ziel wäre, die Aktivitäten in Projekt C durch die hauseigenen Informationssysteme besser zu ergänzen, zu verstärken und zu unterstützen. Die dafür benötigte Investitionssumme würde zwar bei 2,8 Millionen Dollar liegen, und außerdem wäre zusätzlicher Zeitaufwand der Projektleitung erforderlich (da sie einige der Systemanpassungen konzipieren müsste). Doch würde auf diese Weise verhindert, dass sich die Systeme irgendwann als Engpassfaktoren entpuppten, welche spätere Verbesserungen in der Fabrik erschwerten. Durch Einschluss von Systemanpassungen im Projekt C auf – definiert durch die Führungskräfte, die über die Projektziele am besten Bescheid wussten – würde man die Grundlage für spätere, umfassendere Optimierungsläufe an diesen Systemen schaffen und sicherstellen, dass sie Verhaltensweisen im Sinne des Projektes C optimal unterstützten.

Die Linienführungskräfte hielten dies zwar für ein längerfristig wichtiges Thema und fürchteten, dass nur dann etwas geschehen würde, wenn man es im Projekt C mit abdecken würde. Dennoch sprachen sich nur wenige dafür aus, das Thema unmittelbar mit aufzunehmen: Es war für den Projekterfolg nicht unbedingt notwendig, da das Projektteam die vorhandenen Management-Informationssysteme in der Umsetzungsphase ohnehin nicht nutzen musste, und es würde die Komplexität und Arbeitsbelastung des Teams weiter erhöhen.

4. *Einplanung einer zusätzlichen Entwicklungsphase zur Geschäftsprozessoptimierung*. Diese Anpassung sah vor, die Produkt- und Prozessentwicklung *vor* der Markteinführung der PerfaTuf-C-Produktlinie um eine oder mehrere Prototypenphasen zu ergänzen. Diese zusätzliche Schleife würde weitere Detailverbesserungen, eine intensivere Fehlersuche und eine bessere Integration der Produkt- und Prozessgestaltung ermöglichen. Die direkten Kosten dieses Qualitätssteuerungsmoduls würden sich auf 1,2 Millionen Dollar belaufen, zudem würde es die Projektdauer um 3 bis 4 Monate verlängern und die Einführung der ParmaTuf-C-Produktlinie entsprechend verzögern. Die Werksmitarbeiter waren alle für diese Anpassung: Man war der Ansicht, die resultierenden Einsparungen in den Produktkosten könnten bis zu 1 Dollar pro Stück betragen und die Qualitätsverbesserungen könnten weitere Marktanteilszuwächse von bis zu 0,5 Prozent bewirken. In den letzten Monaten hatten die Mitarbeiter des Fertigungsbetriebs festgestellt, dass sie immer noch viel über die »frühe Einbeziehung der Fertigung« und die effektive Integration von Produkt- und Prozessentwicklung zu lernen hatten. Auch die Abteilung Erweiterte Entwicklung befürwortete die Aufschiebung: Dort hatte man eine Reihe von Ideen für verbesserte Produkteigenschaften und -leistung entwickelt, die bei Zwischenschieben einer weiteren Entwicklungsphase noch mit eingebaut werden könnte.

Das Marketing war gegen diesen Vorschlag: Man wollte nicht riskieren, mit dem neuen Produkt zu spät auf den Markt zu kommen. Die Finanzabteilung war sicher, dass die Opportunitätskosten einer Verzögerung alle denkbaren Kosteneinsparungen zunichte machen konnten. Darüber hinaus waren beide Einheiten der Ansicht, dass man, wenn eine hinreichende Anzahl von Verbesserungsideen identifiziert wurden, im Geschäftsjahr 1984/85 ein kleines Verbesserungsprogramm durchführen und die gleichen Kostenvorteile erreichen konnte (wenngleich mit geringfügig mehr Ressourcen), aber ohne den Nachteil einer verzögerten Markteinführung. Im Marketing war man sich einig, dass jede Abweichung vom Terminplan – und sei es auch aus validen Gründen – das Projekt C in ebenso schlechtem Licht erscheinen lassen würde wie viele frühere GE-Projekte, bei denen die Fertigstellungstermine verpasst worden waren.

5. *Verschiebung oder völlige Streichung des Baus der integrierten, computergestützten Leitzentrale.* Diese Anpassung würde 1,0 Millionen an bislang nicht getätigten, aber bereits genehmigten Investitionsmitteln einsparen, die dann für andere Änderungen am Projekt verwendet werden könnten. Die Betriebsleitung hatte die Anpassung vorgeschlagen, weil sie die Sinnhaftigkeit dieses Raums zunehmend skeptisch sah und lieber dem Fertigungspersonal mehr Verantwortung und Kontrolle geben wollte als einer zentralen Stabseinheit. Zur Begründung wurde angeführt, dass eine Computer-Leitzentrale vielleicht irgendwann nützlich sein könnte, dann aber lieber erst gebaut werden sollte, wenn die genauen Anforderungen besser bekannt seien, anstatt dass man nun mit wenig oder gar keiner Erfahrung das »ideale Kontrollsystem« zu konzipieren versuchte. Die Nachteile einer Verschiebung oder völligen Streichung dieses Projektteils bestanden darin, dass sowohl die Konzernleitung als auch das Marketing diese Leitzentrale schon im Zusammenhang mit dem »Weltklasseprogramm« des GE-Spülmaschinenbereichs öffentlich erwähnt hatten. Darüber hinaus hatte die Gewerkschaft das Konzept nach langem Hin und Her akzeptiert, und die Verantwortlichen für Management-Informationssysteme und Controlling betrachteten sie als besten Ansatz, um eine enge Koordination und Kontrolle der automatisierten Spülmaschinen-Fertigungsanlage sicherzustellen.

Aus Sicht von Corcoran ging es nun darum zu entscheiden, ob und welche dieser Anpassungen im Projekt C mit berücksichtigt werden sollten. Sollten die dafür notwendigen zusätzlichen Investitionsmittel netto über 10 Prozent betragen, müsste die Arbeitsgruppe nochmals die offizielle Genehmigung von Konzernleitung und Aufsichtsrat einholen. Dieser Gedanke behagte niemandem, denn inzwischen versuchte man schon ein Jahr lang, »alles richtig zu machen« und sich dabei immer an Welchs Anweisung zu halten, »gleich von Anfang an alles richtig zu machen«. Andererseits aber wollten Corcoran und seine Arbeitsgruppe ganz sicher sein, dass das Projekt und seine Resultate nicht durch Fehlentscheidungen beeinträchtigt würden. Um alles im Plan zu halten, mussten diese Themen bis zur Monatsmitte endgültig geklärt sein, sodass sämtliche Ressourcen und Energien wieder auf die erfolgreiche Durchführung von Projekt C konzentriert werden konnten.

General Motors: Packard Electric Division[23]

David Schramm, Leitender Ingenieur für Kabel- und Komponentenentwicklung (KKE), schaute auf die RIM-Kabeldurchführung in seiner Hand und dachte über die Risken und Chancen nach (Glossar der Begriffe siehe **Anhang**). Packard Electric hatte die Kabeldurchführung in RIM-Technologie (RIM: Reaction Injection Moleding / Reaktionsspritzguss) entwickelt, um die Kabel vom Motorraum durch die Feuerschutzwand in den Innenraum von Pkw zu führen.

Der Ausschuss »Produkt, Prozess und Betriebssicherheit« (PPB), der für den Produktentwicklungsprozess verantwortlich war, hatte Schramm um seine Analyse und Empfehlung gebeten, ob Packard Electric bei einem Fahrzeug des Modelljahrs 1992 auf die RIM-Kabeldurchführung umstellen sollte. Es war schon der 1. März 1990, und angesichts des Zeitaufwands für die Umstellung von Anlagen und Werkzeuge musste die Entscheidung binnen einer Woche fallen (Projektzeitplan siehe **Abbildung 1**). Dabei waren viele Mitarbeiter der Produktentwicklung hell begeistert von den Möglichkeiten, die die neue Komponente bot, während sie in der Fertigung viele ablehnten.

Hintergrundinformationen zu Packard Electric

Die Packard-Brüder gründeten Packard Company im späten 19. Jahrhundert, um Kohlefaserlampen und Transformatoren herzustellen. Im Jahr 1899 gelang der Einstieg in die junge Automobilbranche, und das Unternehmen begann mit der Herstellung von Fahrzeugen. Dieses Geschäft wurde dann irgendwann verkauft, doch Packard machte als Zulieferer für Zündanlagen weiter. 1932 wurde das Unternehmen von General Motors übernommen und wurde zum GM-Unternehmensbereich Packard Electric Division.

Die Bereichsleitung blieb im Lauf der Jahre relativ autonom in ihren Entscheidungen. Die ersten 90 Jahre seines Bestehens hatte Packard nur sieben Geschäftsführer gehabt. Der Großteil des Geschäftes wurde zwar mit Unternehmensbereichen von General Motors bestritten, doch gab es auch andere Kunden aus der Automobilindustrie.

Im Laufe der 1980er-Jahre geriet GM unter zunehmenden Wettbewerbsdruck, insbesondere von Seiten japanischer Importe. Der Marktanteil im US-Markt fiel zwischen 1980 und 1989 von 45 auf etwa 34 Prozent. Doch ungeachtet dieser Probleme der Muttergesellschaft verzeichnete Packard Electric ein weiterhin stetiges Umsatz- und Ertragswachstum von jährlich 8 bis 9 Prozent. Dies war zwei Faktoren zu verdanken: zum einen dem Ausbau des Geschäfts mit anderen Automobilherstellern, zum anderen dem wachsenden Anteil elektronischer Komponenten im Fahrzeug. Bis 1989 war der Jahresumsatz von Packard auf 2 Milliarden Dollar angestiegen, wovon ein Viertel auf Nicht-GM-Kunden entfiel.

Die Produkte von Packard Electric

Die Führungskräfte von Packard Electric bezeichneten ihr Geschäft als »Energie- und Signalverteilung«. Das Unternehmen verkaufte sämtliche elektrischen Kabel und Verbindungsteile, die zur Verbindung der elektrischen Baugruppen in einem Fahrzeug benötigt wurden (siehe **Abbildung 2**). Das Geschäft teilte sich in zwei Bereiche: Bauteile und Baugruppen. Zum Bereich Bauteile gehörten sämtliche Einzelteile, aus denen das elektrische System eines Fahrzeugs besteht. Zum Bereich Baugruppen gehörten Kabel, Steckverbindungen und Kabelkanäle (also Hüllen für das geordnete Zusammenhalten mehrerer Kabel). Kunden von Packard Electric waren zum einen Autohersteller und andere Konzerngesellschaften von GM (wie Delco Electronics oder Harrison Radiators), welche die Erzeugnisse von Packard Electronics in Subsysteme für die Fahrzeugmontage einbauten, zum anderen auch Ersatzteilhändler.

Die erzeugten Baugruppen waren komplette Kabelbäume oder Subsysteme, die direkt in ein Automobil eingebaut werden konnten. Typischerweise verkaufte Packard Electric die gesamte Verkabelung (genannt Kabelstrang) für ein Fahrzeug an den Autobauer, der sie auf seiner Endmontagelinie im Fahrzeug installierte. Die Komplexität der Verkabelung war äußerst unterschiedlich, abhängig von den Anforderungen des jeweiligen Fahrzeugs; ein komplexer Kabelbaum konnte mehrere Hundert Bauteile und bis zu 1500 Meter Kabel umfassen.

Erschwerend kam bei der Entwicklung der Kabelbäume hinzu, dass sie als in sich geschlossene Einheit eingebaut werden sollten. Typischerweise umfassten Kabelbäume Bündel von bis zu 150 Kabeln. Damit waren sie sehr unflexibel, und es galt, eine Trassierung zu finden, die nicht nur zum Design des Wagens passte, sondern sich auch für Versand und Installation säuberlich verpacken ließ.

Der Einbau der Kabelbäume war kompliziert, da die Verkabelung durch die gesamte Länge und Breite des Fahrzeugs verlief und bei jedem Montageschritt Verbindungen hergestellt werden mussten. Von den 20 bis 30 Stunden Gesamtzeit für die Endmontage eines typischen Fahrzeugs entfielen zwischen 60 und 90 Minuten auf die Installation des Kabelbaums. Einer der Ingenieure von Packard Electric schrieb dazu:

Die Kabellieferanten lernen beim Autobauer jeden kennen – von der Entwicklung bis zur Fertigung. Sie sind in jeden Prozessschritt involviert und müssen sich um tausend kleine Details kümmern. Am einfachsten ist in einem Auto die Verkabelung zu verändern; bei Fertigungsproblemen wird sie folglich immer zuerst angepasst. Vor allem aber nehmen die Kunden die Verkabelung gar nicht zur Kenntnis – so lange, bis es ein Problem gibt, und dann ist das gleich eine Katastrophe. Die meisten Unternehmen wollen mit der Verkabelung nichts am Hut haben, weil man so viele Details beachten muss und nie positives Feedback bekommt, aber wir bei Packard Electric machen eben Verkabelung, und wir lieben unser Geschäft.

Da Änderungen an der Verkablungen für Fahrzeugentwickler relativ einfach waren, kam es bei Packard Electric stets zu aufwändigen Konstruktionsänderungen. Selbst für einen Kabelbaum für ein ausgereiftes Fahrzeug gingen jährlich im Durchschnitt zwei große und Dutzender kleinerer Änderungsaufträge ein. Diese Änderungen verursachten einen enormen Zeitaufwand – nach Schätzungen von Packard Electric verbrachten die rund 500 Ingenieure etwa die Hälfte ihrer Zeit mit Änderungsaufträgen. Auch wuchs die Anzahl unterschiedlicher Einzelteile ins Uferlose (siehe **Abbildung 3**). Da Packard Electric in der Lage sein musste, für jedes Teil im Bedarfsfall auch Ersatzteile herzustellen, mussten Konstruktionszeichnungen und Fertigungswerkzeuge für über 45000 Teile vorgehalten werden. Zu den resultierenden Kosten hatte Schramm zwar nie zuverlässige Daten bekommen können, doch war er sich sicher, dass sie beträchtliche Ausmaße annahmen.

Die Senkung der Kosten für die Änderungsaufträge und die Einhaltung der Teilezahl waren zentrale Ziele für Packard Electric. In den letzten Jahren war es schon besser gelungen, Konstruktionsänderungen in eine frühere Entwicklungsphase zu verlegen und die nachfolgenden Änderungen pro Teil zu reduzieren, doch war die Gesamtzahl der Änderungsaufträge mehr oder weniger konstant geblieben, da mit zunehmender Bedeutung der Elektrik im Fahrzeug auch die Komplexität der Kabelbäume (gemessen an der Gesamtlänge der Kabel und der Anzahl der Steckverbindungen) jedes Jahr 6 bis 8 Prozent zunahm.

Abbildung 1

Projektzeitplan RIM 1

Nr.	Bezeichnung	Dauer
1	Feststellung Machbarkeit RIM	0 Tage
2	Beginn Versuche	414 Tage
3	Bestimmung Materialien	370 Tage
4	Montagemuster	104 Tage
5	Präsentation Attrappe bei Kunden	0 Tage
6	Entwicklung Komponenten	250 Tage
7	Fortsetzung Materialentwicklung	190 Tage
8	Testlauf Fertigungstakt	60 Tage
9	Auswahl Zulieferer für Fertigungswerkzeuge	220 Tage
10	Auswahl Materialien	0 Tage
11	Bestellung und Eingang Materialien	30 Tage
12	Kundenbesprechung/Statusbericht	1 Tag
13	Entwicklung der Fertigung	640 Tage
14	Fertigungstechnische Fehlerbeseitigung	0 Tage
15	Auswahl Gussmaschine	250 Tage
16	Bestellung und Erhalt Fertigungsanlagen	110 Tage
17	Einholung Genehmigungen der Umweltbehörde	70 Tage
18	Durchführung Tests extern	60 Tage
19	Installation und Test Fertigungsanlagen	90 Tage
20	Entwicklung eines materialwirtschaftlichen Konzeptes	150 Tage
21	Einarbeitung auf RIM-Anlagen	150 Tage
22	Festlegung von Vorgehensweisen für Kabelbaum-Reparatur	150 Tage
23	Systementwicklung	325 Tage
24	Einbau Kabeldurchführung in Kabelbäume	20 Tage
25	Durchführung »5 und 5«-Test	20 Tage
26	Prototypenbau und -versand an Kunden	15 Tage
27	Anpassung und Test	100 Tage
28	Prototypenbau und -versand an Kunden	30 Tage
29	Anpassung und Test	30 Tage
30	Vorbereitung Montageband	3 Tage
31	Überführung Anlagen ins Werk	10 Tage
32	Pilotlauf: Bau und Versand an Kunden	25 Tage
33	Anpassung und Test	42 Tage
34	Festlegung Qualitätsprüfungen	6 Tage
35	Start Produktneueinführung	0 Tage
36	Bau und Versand von Produktteilen an Kunden	139 Tage

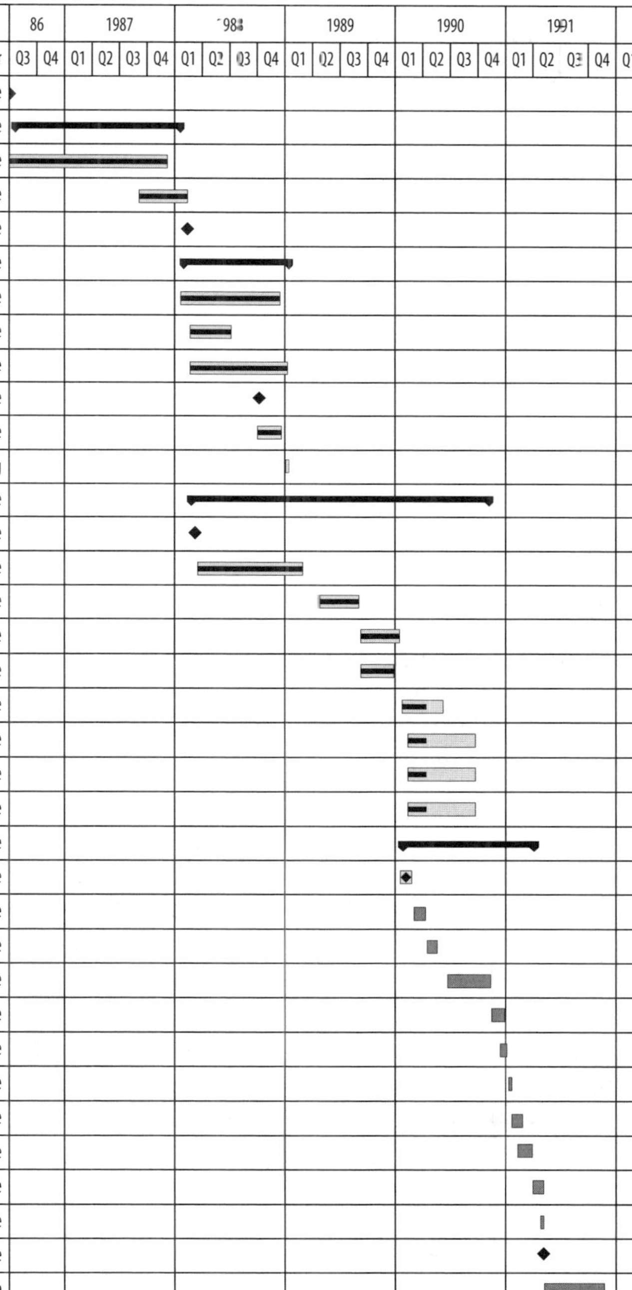

			86		1987				1988				1989				1990				1991				
Nr.	Bezeichnung	Dauer	Q3	Q4	Q1	Q2	Q3	Q4	Q1	Q2	Q3	Q4	Q1	Q2	Q3	Q4	Q1	Q2	Q3	Q4	Q1	Q2	Q3	Q4	Q1
38	Verbesserung Qualität/Ausbringung	81 Tage																						◆	
37	Hochlauf kommerzielle Produktion	0 Tage																							

Projekt RIM-Kabeldurchführung — Kritisch — Fortschritt — Zusammenfassung

Datum: 01.03.90 — Unkritisch — Meilenstein ◆ — gebündelt

[1] Anfang 1988 wurde die RIM-Kabeldurchführung offiziell zum Projekt gemacht. Ziel war die Bedienung eines spezifischen Kunden.

Abbildung 2

Energie- und Signalverteilungssystem im Automobil

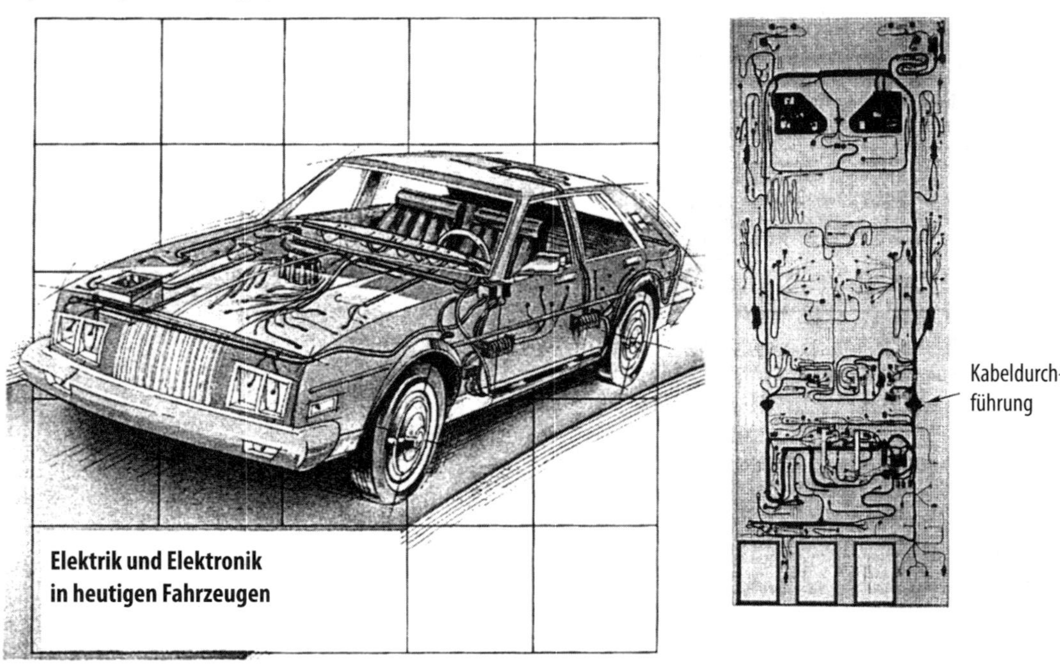

Abbildung 3

Statistik zur Entwicklung der Teilezahl (Lagereinheiten) und Änderungsaufträge

Statistik Lagereinheiten (SKUs)1	Anwendungsentwicklung	Teileentwicklung
Anzahl aktiver SKUs	2.800	45.000
Anzahl jährlich neu hinzukommender SKUs	1.200	2.400
Anzahl jährlich aus dem Programm genommener SKUs	1.100	300
Lebensdauer einer typischen SKU	2 Jahre	10 Jahre
Statistik Entwicklungsaufwand		
Anteil Ressourceneinsatz für neue SKUs	40 Prozent	65 Prozent
Anteil Ressourceneinsatz für Änderungsaufträge	60 Prozent	35 Prozent

[1] Für die Anwendungsentwicklung umfasste eine SKU einen fertig montierten, einbaubereiten Kabelbaum. Für die Teileentwicklung war eine SKU ein einzelnes Bauteil.

Die Organisation für die Produktentwicklung

An der Konzeption neuer Produkte waren drei Funktionen beteiligt: *Produktentwicklung, Fertigungsplanung* und *Betriebssicherheit* (siehe **Abbildung 4**). Die Produktentwicklung kümmerte sich um Gestaltung und Konstruktion des Produktes; die Prozessentwicklung war zuständig für die Entwicklung eines Komponentenfertigungsprozesses; die Gruppe Betriebssicherheit war dafür zuständig, dass die Qualitäts- und Leistungsversprechen von Packard Electric in allen Phasen des Geschäfts eingehalten wurden. Die Gruppe *Technische Kooperation* unterstand dem Leiter der Betriebssicherheit und hatte dafür zu sorgen, dass Rückmeldungen von Kunden direkt an die Fertigung, die Ingenieure und das Management von Packard Electric weitergespielt wurde. Die Aufgabe dieser Gruppe war die interne Vertretung des Kunden, und sie überprüfte jede interne Entscheidung, die einen Kunden betraf.

Die Fertigungsplanung unterteilte sich in mehrere Untergruppen. Davon waren insbesondere die Gruppen Prozessentwicklung und Arbeitswirtschaft für den Produktentwicklungsprozess von Bedeutung: Die Prozessentwicklung entwickelte in einem ersten Durchgang einen wiederholbaren Fertigungsprozess, der in weiteren Durchläufen verfeinert und dokumentiert wurde. Die Gruppe Arbeitswirtschaft war verantwortlich für die Schulung des Bedienpersonals, die Einpassung des Prozesses in die Gesamtanlage und die Koordination des Hochlaufs.

Die Produktentwicklungsfunktion umfasste vier Abteilungen: *Kabel- und Komponentendesign (KKD)* war, wie der Name schon sagt, zuständig für die Gestaltung der Bauteile (wie Verbindungsstücke und Kabeldurchführungen) sowie der Kabel. Bei Letzteren gehörten dazu die Bestimmung des jeweils benötigten Kabelmaßes, die Anzahl der Drahtlitzen, die jeweils zu einem Kabel zusammengedreht werden sollten, sowie die zu verwendende Isolation. In der *Anwendungsentwicklung* wurde der Kabelbaum als Ganzes gestaltet – dazu gehörten die Anzahl und Länge der Kabel sowie der Verbindungstyp und andere Bauteile. Häufig benötigte die Anwendungsentwicklung Bauteile, die es noch gar nicht gab, und diese wurde dann von KKD neu entwickelt. Die langfristige Produktentwicklung war Aufgabe der Gruppe *Erweiterte Entwicklung*. Die Abteilung *Produktsicherung* schließlich hatte dafür zu sorgen, dass die Produktgestaltung stets den Qualitätsstandards von Packard Electric entsprach.

Sowohl KKD als auch die Anwendungsentwicklung arbeiteten mit einem System von »Ingenieuren vor Ort« (IvO). Dies waren hauseigene Ingenieure, die einem Kunden zugeteilt und direkt auf dessen Betriebsgelände oder in dessen Entwicklungszentrum tätig waren. Die IvO von KKD hatten vornehmlich mit den Entwicklern der internen oder externen Elektrik-Zulieferer der Autohersteller zu tun, während die IvO der Anwendungsentwicklung mit den Entwicklern der Autohersteller selbst zusammenarbeiteten. Zweck dieses Systems war es, die Produktgestaltung von Packard Electric besser auf die Kundenbedürfnisse abstimmen zu können. Durch Übernahme eines wachsenden Anteils der Elektrik-Entwicklung entlastete Packard Electric den Kunden von einem Teil des Entwicklungsaufwands und erreichte für sich selbst eine vollständigere Integration in den Entwicklungsprozess.

Abbildung 4

Ausschnitt aus der Produktentwicklungsorganisation bei Packard Electric

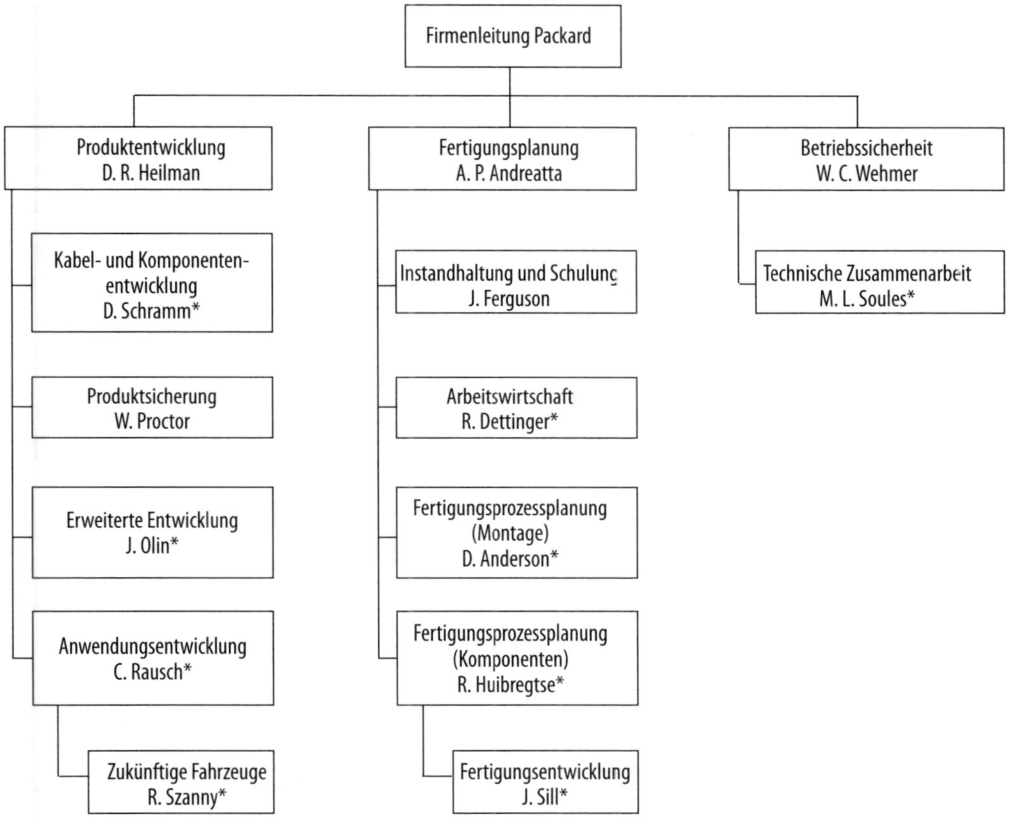

Mitglieder des Ausschusses Produkt, Prozess und Betriebssicherheit

Das IvO-Programm war äußerst erfolgreich und umfasste inzwischen 100 Ingenieure. Die Kunden waren sehr interessiert daran, ihren indirekten Entwicklungsaufwand zu reduzieren. Einige waren zu Anfang skeptisch gewesen, da sie glaubten, die IvO würden ihre Entscheidungen an den Interessen von Packard Electric ausrichten, doch Packard Electric hatte von Anfang an deutlich gemacht, dass es Aufabe der IvO war, im besten Kundeninteresse zu handeln. Auch Packard Electric zog aus diesem System seine Vorteile, denn die IvO hatten sicherzustellen, dass Packard Electric zu jeder Zeit genauestens über die Kundenbedürfnisse informiert war und damit die beste Lösung bereitstellen konnte.

Das IvO-Programm passte in einen Trend, nach dem Automobil-Montagewerke immer mehr Entwicklungsumfänge auf Packard Electric übertrugen. Der Leiter der Anwendungsentwicklung, Carl Rausch, beschrieb diesen Trend wie folgt:

> Man könnte die Gestaltungsvorgaben der Kunden in drei Ebenen unterteilen: Ebene 1 ist eine breite Funktionsvorgabe: Der Kunde sagt uns, was er oder sie mit dem Produkt vorhat; wir entwerfen das gesamte Energie- und Signalverteilungssystem. Ebene 2 ist eine Systemvorgabe: Der Kunde hat ein Gesamtsystem entworfen, überlässt uns aber die Wahl der Komponenten. Ebene 3 ist eine Detailspezifikation: Dabei sollen wir lediglich die Komponenten nach Vorgabe fertigen und zu einem Produkt zusammenbauen. Früher bekamen wir hauptsächlich Vorgaben des Typs 3, aber wir haben uns in Richtung Ebene 1 vorgearbeitet. Damit haben wir mehr Freiheiten und mehr Einflussmöglichkeiten – wir können unsere betrieblichen Prozesse viel besser aufeinander abstimmen und Standardabläufe zur Problembehebung definieren. So können wir die Qualität verbessern und die Gesamtkosten reduzieren.

Um die Tätigkeiten aller genannten Funktionen zusammenzuführen, wurde der Ausschuss Produkt, Prozess und Betriebssicherheit (PPB) gebildet, bestehend aus den Leitern der Abteilungen KKD, Anwendungsentwicklung, Erweiterte Entwicklung, Technische Zusammenarbeit, Fertigungsentwicklung, Fertigungsprozessplanung und Arbeitswirtschaft. Aufgabe des Ausschusses war die Festlegung einer übergreifenden Strategie und Vorgehensweise für das Entwicklungsprojekt, die Weichenstellung für wichtige technologische Entscheidungen und die Förderung der Koordination zwischen den Funktionen.

Die RIM-Kabeldurchführung

Von der Verkabelung eines Fahrzeugs musste ein Großteil durch den Bereich »hinter dem Armaturenbrett« (also zwischen dem Motorraum und dem Fahrgastraum) hindurchgeführt werden. Für die Durchführung durch die Feuerschutzwand wurde eine Kabeldurchführung (oder Kabelgehäuse) benutzt. Sie hatte drei Zwecke zu erfüllen: (1) die Kabel an Ort und Stelle zu halten, sodass sie nicht verrutschen und sich damit aus der Verbindung lösen oder ihre Isolationsschicht abschürfen konnten; (2) das Motorgeräusch zu dämpfen und nicht in den Fahrgastraum durchdringen zu lassen; (3) das Eindringen von Wasser oder Dämpfen aus dem Motorraum in den Fahrgastraum zu verhindern.

Die erste Kabeldurchführung von Packard Electric war die Spritzguss-Hartschalen-Kabeldurchführung oder SHK (siehe **Abbildung 5**), entwickelt gegen Ende der 1970er-Jahre. Im Grunde bestand sie aus einer Hartplastikplatte mit einem kammartigen Durchlass, durch den die Kabel geführt wurden. Der Kamm diente dazu, die Kabel getrennt zu halten; ein Kunststoff-Harzkleber wurde in den Kammbereich eingespritzt, um ihn zu versiegeln und das Durchsickern von Wasser zu verhindern. Da der Kleber allerdings relativ zähflüssig war, schloss er nicht vollkommen dicht um alle Kabel ab; die so entstandene Abdichtung war spritzwasserfest, aber nicht hundertprozentig wasserdicht. Entsprechend bestand sie nicht den härtesten Leckagetest – den statischen Wassertest –, bei dem sie von einer Seite fünf Minuten lang einer fünf Zoll (etwa 13 Zentimeter) hohen Wassersäule ausgesetzt wurde (weshalb der Test gemeinhin als »5/5-Test« bezeichnet wurde).

Das Eindringen von Wasser in den Fahrgastraum war in den 1980er-Jahren häufig Gegenstand von Kundenbeschwerden an die Montagewerke gewesen, und die Ingenieure von Packard Electric hatten nach einer Lösung für dieses Problem gesucht. Im Juli 1986 hatte dann Bob McFall, ein Prozessingenieur bei Packard Electric, die Idee, mithilfe der RIM-Technologie eine Kabeldurchführung um die Kabel herum zu fertigen. RIM war eine Unterart der Spritzgusstechnologie, die seit ein paar Jahren für großvolumige Anwendungen wie Autotürverkleidungen und Stoßstangen eingesetzt wurde. Das Prinzip dahinter war ähnlich dem des Epoxydharzes: Zwei Flüssigkeiten wurden gemischt und bildeten dann in weniger als einer Minute einen gummiartigen Feststoff (siehe **Abbildung 6**). Bevor die Mischung aushärtete, war ihre Viskosität sehr gering (vergleichbar etwa der von Wasser), sodass sie zwischen die Kabel sickern und eine hervorragende Versiegelung bilden konnte.

Entwicklung der RIM-Kabeldurchführung

Von Juli 1986 bis zum Ende des Jahres 1987 arbeitete McFall nebenbei (zu etwa 10 Prozent seiner Zeit) an einer RIM-Kabeldurchführung und experimentierte in den Labors von Packard Electric mit unterschiedlichen Materialien. Bis Anfang 1988 hatte er mehrere unterschiedliche Konfigurationen entwickelt. In dieser Zeit war es seine Hauptaufgabe gewesen, für einen Automobilkunden an der Entwicklung von Komponenten für das elektrische System in einem Fahrzeug der Oberklasse mitzuarbeiten. Er arbeitete eng mit Keith Turnbull zusammen, einem Packard-IvO, der vollzeitig im Entwicklungszentrum des Kunden eingesetzt war und dort im für die Markteinführung des neuen Modells (1992) zuständigen Kundenteam mitarbeitete. Da McFarren wusste, dass gerade dieser Kunde sehr über das Thema Sickerwasser im Passagierraum besorgt war, brachte er bei einem seiner zahlreichen Besuche bei Turnbull und dem Kunden eine seiner Attrappen der RIM-Kabeldurchführung mit.

Bei dem Autohersteller waren sowohl die Elektrik-Verantwortlichen als auch die Montageprozessplaner von der RIM-Komponente begeistert. Turnbull hatte sich genauer mit den Beschwerden der Kundenwerke beschäftigt und wusste, dass es immer wieder Probleme gab, weil die bruchempfindliche SHK-Komponente während der Montage beschädigt wurde und bei der Endmontage Lecks entdeckt wurden (Daten hierzu siehe **Abbildung 7**). Er hatte auch davon gehört, dass sich die Servicetechniker der Händler in ihren Garantieberichten darüber beschwerten. Die Reparatur der Kabeldurchführungen nach der Installation war ein größeres Unterfangen, ob sie nun am Ende der Fahrzeugmontage durchgeführt wurde (Minimum: 2 Stunden à 45 Dollar) oder in den Reparaturwerkstätten (über 4 Arbeitsstunden zu Gewährleistungskosten von 35 Dollar pro Stunde).[24]

In der Hoffnung, diese Probleme in künftigen Modellen verhindern zu können, fragte der Kunde (auf Drängen von Turnbull) bei McFall nach, ob die neue Kabeldurchführung für das 1992er-Oberklassemodell verfügbar sei. McFallen war nicht befugt, diesem Zeitplan zuzustimmen, doch er hielt ihn für machbar. Ermutigt durch die Kundenreaktion begann er, andere Einheiten bei Packard Electric in das Thema einzubinden. Im Laufe des folgenden Jahres verstärkte KKD seine einschlägigen Bemühungen, und die Fertigungsplanung stellte fortan einen Teil ihrer Ressourcen dafür zur Verfügung. Turnbull verfolgte die Fortschritte, doch verbrachte er die meiste Zeit auf anderen Projekten, bis er der Meinung war, dass die Sache »definitiv laufen« würde.

In den nächsten Monaten beschäftigten sich McFall und andere mit diversen Aspekten des RIM-Projektes. So arbeiteten sie beispielsweise an der Materialentwicklung und bemühten sich, ein RIM-Material zu finden, das dem ständigen Wechsel zwischen Heiß und Kalt standhalten würde, ohne sich zu verziehen oder brüchig zu werden. Schließlich beschlossen sie, dass die RIM-Kabeldurchführung innen durch eine Stahlplatte verstärkt werden müsste. Daneben begannen sie, sich nach geeigneten Werkzeugen umzusehen. Sie kamen jedoch relativ langsam voran, denn sämtliche Ingenieure waren die meiste Zeit mit anderen Projekten beschäftigt.

Im Januar 1989 verlangte der Kunde einen Statusbericht zum RIM-Projekt. Über das Ergebnis war man alles andere als erfreut. Das Projekt war nicht sehr vorangekommen, und es war nicht sicher, ob es bis zum Modelljahr 1992 fertig werden würde. Bislang hatten die großen Hersteller von RIM-Anlagen noch keine Maschine gefertigt, die für diese Anwendung klein genug war. Alle bekannten Alternativen waren teuer, personalintensiv und umständlich. Das Kunde machte sehr deutlich, dass er die RIM-Kabeldurchführung unbedingt wollte und ihren Einsatz im 1992er-Modell plante, das im Werk Rayville gebaut werden sollte. Aufgrund des verstärkten Drucks vonseiten des Kunden weitete man nun bei Packard die Bemühungen um das RIM-Projekt beträchtlich aus, und Turnbull arbeitete enger mit dem Packard-Team zusammen.

Eine Zeitlang sah es so aus, als ob das Projekt mangels einer Gussmaschine von geeigneter Größe abgebrochen werden müsste. Die meisten RIM-Anlagen waren groß und teuer, denn sie waren dafür ausgelegt, große, relativ hochwertige Komponenten zu fertigen. Die Kosten einer solch großen Anlage waren für reine Experimentierzwecke nicht zu rechtfertigen. Das Projekt stand kurz vor dem Abbruch, da stieß der Leitende Ingenieur aus der Anwendungsentwicklung bei einer Fachmesse zufällig auf eine kleine RIM-Anlage, die von einer achtköpfigen Firma entwickelt worden war. Sie kostete nur 80.000 Dollar und hatte die richtige Größe für die geplante Anwendung.

Im Juni 1989 wurde die Maschine bestellt; im Oktober traf sie ein. Leider konnte man sie bei Packard Electric nicht umgehend testen, da man feststellte, dass man wegen der Giftigkeit des RIM-Materials entprechende Genehmigungen von der Umweltbehörde einholen musste. Im Januar 1990 trafen diese Genehmigungen ein, und die Tests auf der Maschine liefen an. In dieser Zeit setzten die Abteilungen Produktentwicklung und Prozessplanung die RIM-Maschinen weiterhin außerhalb von Packard Electric ein.

Abbildung 5

Gegenüberstellung der Alternativen: SHK- und RIM-Kabeldurchführung

SHK

RIM-Kabeldurchführung

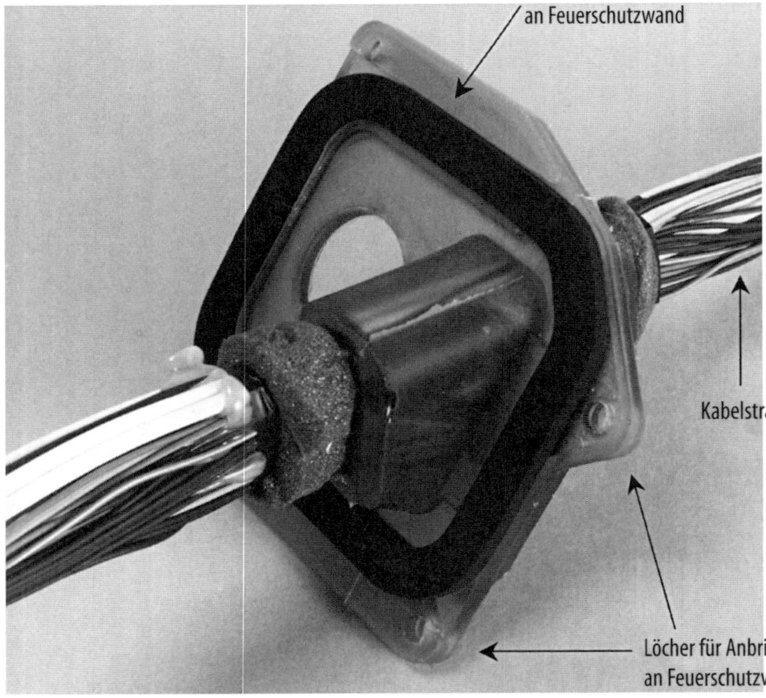

Abbildung 6

Schematische Darstellung einer RIM-Maschine

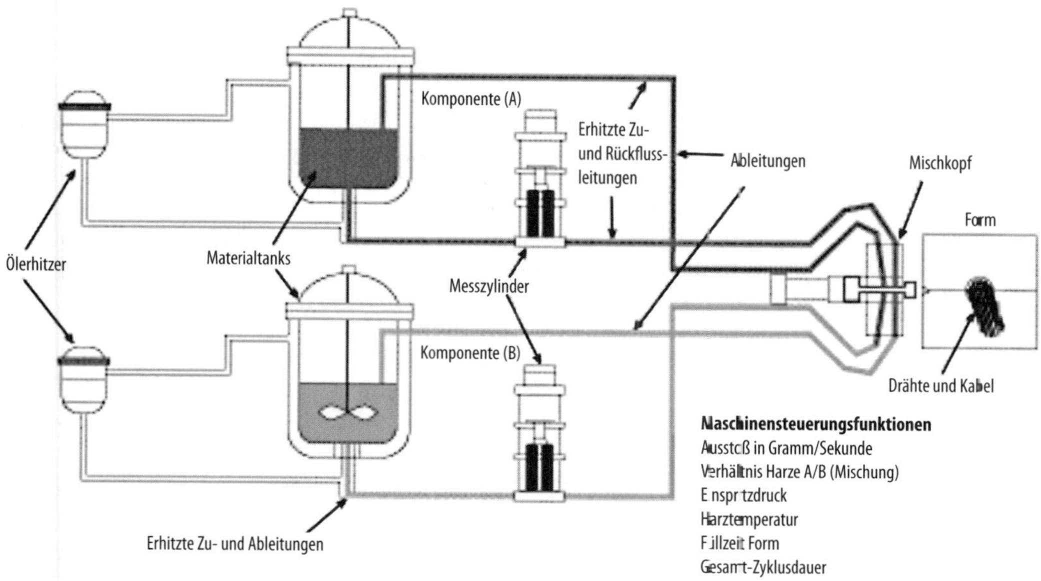

Abbildung 7

Leckagedaten aus dem Fahrzeugmontagewerk Rayville

Memorandum

An: Bob McFall, Prozessingenieur
Von: Keith Turnbull, IvO, Anwendungsentwicklung
Datum: 2. Februar 1988

Unsere Kabelbäume mit der SHK sind immer noch auf Branchenniveau, aber das Eindringen von Wasser ist für Rayville ein ernstes Thema. Ihr Projekt kann uns Zugang zu weiteren Projekten verschaffen, wenn wir das Problem gelöst bekommen. Meine hiesigen Ansprechpartner, die am neuen Modell arbeiten, fragen mich immer wieder nach dem Fortschritt des RIM-Projektes.
Die Leute vom Fahrzeugmontagewerk haben mir einige repräsentative Leckagedaten zum jetzigen Modell gegeben, bei dem unsere SHK eingesetzt wird. Zum Kabelbaum für 1987 gab es viele Änderungsaufträge, sie war also fast schon eine Neuentwicklung. Jedes Fahrzeug geht am Ende der Montage durch einen Sprühwassertest; die Qualitätssicherung nimmt dann Fahrzeuge mit Lecks zur Ursachenüberprüfung vom Band. In den beigefügten Tabellen steht alles Wichtige.

Fahrzeugmontage Rayville: Wasserleckage pro Tag (1987) [1]

	Wochen seit Einführung Modell		
	Woche 4	Woche 26	Woche 48
Türen			
Fenster			
Kofferraum			
Unter Armaturenbrett			
Heiz-/Lüftungsleitungen			
Lenksäule			
Kabelbaum			
Fußpedale			
Gesamtproduktion/Tag	60 Fahrzeuge	300 Fahrzeuge	300 Fahrzeuge

Montagewerk Rayville: QS Zuordenbare Ursachen – Leckage unter Armaturenbrett, Kabelbaum, SHK-Kabeldurchführung (1987)[1]

	Wochen seit Einführung Modell		
	Woche 4	Woche 26	Woche 48
Kabeldurchführung verrutscht			
Blech verbogen			
Schraubenlöcher falsch gesetzt			
Fehlender oder gerissener Dichtungsring			
Sprung in Kabeldurchführung			
Keine Versiegelung in Kämmen			
Andere Leckage in Kabelsträngen			
Fehlende Festziehschrauben			
Anzahl Fahrzeuge mit Leckage	30 (von 60)	11 (von 300)	3 (von 300)

[1] Möglicherweise mehrere Defekte pro Fahrzeug; Daten bezogen auf Produktion eines Tages

Aktueller Stand des RIM-Projektes

Bis Ende Februar 1990 wurden mehrere RIM-Kabeldurchführungen erfolgreich in die Kabelbäume eingebaut, die dann bei dem fraglichen Kunden zum Einsatz kamen. Dabei schnitt die RIM-Komponente eindeutig besser ab als die SHK, doch immer noch nicht gut genug, um den 5/5-Test zu bestehen. Die Ingenieure von Packard Electric waren jedoch zuversichtlich, die Produktleistung verbessern und den Test bestehen zu können. Auch der Kunde war nach wie vor sehr für den Einsatz der RIM-Kabeldurchführung – unter der Prämisse, dass sie störungsfrei produziert werden konnte –, obgleich die Kosten dafür deutlich über denen der SHK lagen: Sie betrugen zu Anfang 7 Dollar, gegenüber 4,40 Dollar für die SHK (Details zum Kostenvergleich siehe **Abbildung 8**).

Nach wie vor waren jedoch noch einige Probleme mit dem Herstellprozess zu lösen. Die wohl kritischsten betrafen die Handhabung der Materialien: Es war von essenzieller Bedeutung, die beiden RIM-Materialien strikt getrennt zu halten. Würde beispielsweise der Behälter mit Material A an den Schlauch für Material B angeschlossen, konnte das die gesamte Maschine zum Stillstand bringen. Diese Sorge war nicht unberechtigt, denn es war bei anderen Unternehmen zu Vorfällen gekommen, bei denen ein Tankwagen vom falschen Tank befüllt worden war, was den Wagen, Schlauch und Tank in eine einzige starre Masse verwandelt hatte.

Abbildung 8

Packard-Betriebskostenvergleich RIM und SHK (Schätzung von Januar 1990)

	RIM-Kabeldurchführung vs. SHK	
Zusätzliche laufende RIM-Kosten pro Fahrzeug	**1992**	**1994**
Personal	($.80)	($.80)
Material	$.65	$.65
Gemeinkosten*	$.2.75	$.95
Summe Zusatzkosten für RIM pro Fahrzeug	$.2.60	$.80
Zusätzliche Investitionen für RIM	$.350.000	$.450.000

* Die Gemeinkostenquote basiert auf indirekten Kosten wie Management- und Ingenieurgehältern und anderen indirekten Personalkosten, Anlageninstandhaltung, Steuern und Abschreibung auf Anlagen

Annahmen:

1. 1992: 68000 Fahrzeuge pro Jahr durch zwei Endmontagelinien bedient, an denen pro Tag die Verkabelung für 300 Fahrzeuge produziert wird
2. 1994: 220000 Fahrzeuge pro Jahr durch vier Endmontagelinien bedient, an denen pro Tag die Verkabelung für 940 Fahrzeuge produziert wird (Annahme: Ausweitung auf andere Luxusmodelle des Herstellers)
3. Kompletter RIM- oder SHK-Aufbau erforderlich für jeweils zwei Kabelbaum-Montagelinien
4. Eine Reserve-Gussanlage pro Werk
5. Keine Werkzeugwechsel erforderlich

Ein weiteres Problem war, dass Material A vor der Zusammenmischung bei 18 Grad Celsius gefror und dann unbrauchbar wurde. Folglich war es sehr wichtig, dieses Material bei über 18 Grad zu lagern. Schließlich waren beide Materialien hoch giftig und benötigten daher eine spezielle Überwachung. Aufgrund dieser Eigenschaften war Packard Electric gehalten, für die Handhabung dieser Materialien eine Reihe klarer Abläufe festzulegen und strikt einzuhalten.

Ein zweiter Problembereich betraf die Ausfallrisiken in den Fertigungsanlagen. Ein Ausfall bei der Kabelbaumproduktion konnte die gesamte Montagelinie beim Kunden zum Stillstand bringen – was allgemein als Super-GAU angesehen wurde. Und da sämtliche Kunden von Packard Electric Just-in-time-Lieferung wünschten und die Vorlaufzeiten immer kürzer wurden, blieb eine extrem geringe Fehlerspanne. Es war überaus wichtig, dass die Maschine 16 Stunden am Tag unterbrechungsfrei laufen konnte. Angesichts der begrenzten Erfahrung mit dem System war es für Packard Electric vorerst noch schwierig, einen solchen ausfallsicheren Betrieb zu gewährleisten.

Der dritte Problembereich betraf die Reparatur bestehender Kabelbäume. Die Anbringung der RIM-Kabeldurchführung barg einige Risiken für den Kabelbaum, da er von der Gussform eng umschlossen sein musste, um ein Aussickern des Materials zu verhindern. Wenn dies zur Durchtrennung der Kabel führte oder die Kabeldurchführung nicht vollständig mit dem Material ausgefüllt würde, müsste der gesamte Kabelbaum repariert werden, denn er war zu kostspielig (etwa 180 Dollar), um ihn einfach wegzuwerfen.

Außer einem Reparaturprozess, der sich in den Werken von Packard Electric durchführen ließ, musste auch ein Kabelbaum-Reparaturprozess für Fahrzeugmontagewerke und Autohändler konzipiert werden. Da die RIM-Kabeldurchführung die Kabel eng umschloss, war es nach der Anbringung unmöglich, ein defektes Kabel zu entfernen. Die einzig mögliche Lösung war, ein zusätzliches Kabel durch ein Bohrloch in der Kabeldurchführung zu stecken, aber dazu waren noch zahlreiche Details zu erarbeiten. Nach Schramms Schätzung würden vier Ingenieure etwa fünf Monate brauchen, um die offenen Fragen im Zusammenhang mit der RIM-Kabeldurchführung zu klären.

Ansichten zur RIM-Kabeldurchführung

Schramm wusste, dass die RIM-Kabeldurchführung für einige Leute zu einem emotional besetzten Thema geworden war. Die Produktentwickler standen ihm in der Mehrheit sehr positiv gegenüber: Aus ihrer Sicht bot die neue Komponente außer der besseren Abdichtung mehrere andere Vorteile; so machte sie etwa die Gestaltung der Durchführung selber weit weniger komplex. Da innerhalb der SHK zur getrennten Durchführung der Leitungen ein Kamm erforderlich war, mussten über 150 Maße spezifiziert werden – gegenüber etwa 30 bei der RIM-Komponente.

Ebenso verringerte sich auch die Anzahl unterschiedlicher Durchführungsalternativen, die für den Einbau in zahlreichen unterschiedlichen Fahrzeugmodellen erforderlich waren. Zwar war man bezüglich der Anzahl Leitungen, die durch einen SHK-Kamm passten, einigermaßen flexibel; dennoch wurde dieser typischerweise alle zwei bis drei Jahre neu gestaltet, da sich die Anzahl der Kable im Kabelbaum verändert hatte. Diese Änderungen in der Gestaltung waren fast so kostspielig wie die Erstentwicklung und nahmen typischerweise rund 600 Ingenieurstunden (à rund 50 Dollar) sowie ungefähr 13.000 Dollar für Werkzeugwechsel in Anspruch.

Im Vergleich dazu war die RIM-Kabeldurchführung einfacher, sodass die Erstentwicklung nur rund 100 Ingenieurstunden und etwa 7.000 Dollar an Werkzeugkosten erforderte. Auch war die RIM-Kabeldurchführung wesentlich flexibler, denn die Anzahl der Leitungen, welche durch die Feuerschutzwand gelegt werden konnten, war lediglich durch den verfügbaren Raum begrenzt. Mit dem gegenwärtigen Design würde Packard die Anzahl der Leitungen verdoppeln können, ohne etwas an der RIM-Kabeldurchführung zu verändern. Die größere Flexibilität bedeutete außerdem, dass möglicherweise dieselbe Kabeldurchführung für unterschiedliche Fahrzeugmodelle eingesetzt werden konnte – was bei der SHK undenkbar gewesen wäre. Zwar würde es vermutlich nie eine einzige Kabeldurchführung für alle Modelle geben, doch eine für drei oder vier Modelle lag durchaus im Bereich des Möglichen.

Ein weiterer Vorteil lag in der Platzersparnis: Um eine akzeptable Abdichtung zu erreichen, hatte die SHK jedes Mal, wenn mehr Kabel dazukamen, verlängert werden müssen. Der derzeit verwendete SHK war 80 Millimeter länger als die RIM-Komponente. Damit nahm sie nicht nur kostbaren Platz weg, sie wurde bei dieser Größe auch anfälliger für Sprünge und damit für Lecks. Angesichts des Trends zu immer mehr Kabeln war absehbar, dass sich dieses Problem noch verschlimmern würde.

Ein weiteres Argument, dass die Ingenieure zugunsten der RIM-Kabeldurchführung vorbrachten, war die neue Technologie: Mit zunehmender Erfahrung mit dieser Technologie war ein deutlicher Rückgang der Kosten zu erwarten, was sowohl der RIM-Kabeldurchführung als auch anderen, zukünftigen RIM-Projekten zugute kommen würde.

Ganz anders dachten die Fertigungsingenieure über RIM: Nach ihrer Ansicht würde der RIM-Prozess das Auftreten von Lecks nicht wesentlich verringern. So war beispielsweise die Prozessingenieurin Kitsa Airazas überzeugt, der Kunde würde die Ursachen für Leckage völlig missverstehen:

> Das Problem ist, dass die (Kunden-) Ingenieure den Pappbechertest machen: Sie füllen einen Pappbecher mit Wasser und gießen es über die Leitungen. Das ist das Gleiche wie ein statischer Wassertest, aber man fährt doch mit seinem Auto nicht unter Wasser. Die Kabeldurchführung muss eigentlich nur einen Spritzwassertest am Ende der Montagelinie bestehen, und das schafft die SHK problemlos. Ich glaube, wenn man das den Fahrzeugingenieuren nur richtig erklären würde, dann würden die das auch verstehen, aber so haben sie sich eine Meinung über die Eigenschaften der SHK gebildet, die nur schwer zu ändern ist.

Ein Ingenieur aus der Komponentenentwicklung widersprach Aizaras Äußerungen:

> Da haben wir's wieder! Die Technische Planung hat eine super Produkt- und Prozessidee, der Kunde ist begeistert, und die von der Fertigung wollen sie ausbremsen. Wenn wir auf die warten würden, könnten wir nie eine neue Technologie einführen.

Die Fertigungsingenieure setzten sofort dagegen, dass jeder vernünftige Techniker erkennen könnte, was die RIM-Kabeldurchführung für die Prozesssicherheit bedeuten würde. Die Prozesssteuerungsgrößen waren um ein Vielfaches komplexer als für das SHK-Gussverfahren; die Entwicklung und Implementierung der strikten materialwirtschaftlichen Prozeduren würde sehr viel Aufwand erfordern und die Prozesskomplexität drastisch erhöhen. Außerdem sei schon das Einspannen des Kabelbaums auf der RIM-Maschine riskant, da der Kabelbaum bei jeder Bewegung beschädigt werden könnte.

Die Maschine selbst gab auch Anlass zur Sorge: Angesichts der Größe der Herstellerfirma war zu vermuten, dass Packard Electric mehr oder weniger auf sich selbst gestellt sein würde. Zwar hatten die SHK- und die RIM-Maschine in etwa die gleiche Kapazität (jede konnte rund 70000 Kabelbäume pro Jahr versorgen), doch war die RIM-Maschine viel größer: Sie benötigte etwa 25 Quadratmeter Fläche, die SHK-Maschine nur rund 10 Quadratmeter. Bei etwa 250 Dollar Kosten pro Quadratmeter und Jahr ergab das einen Unterschied von 3.750 Dollar pro Jahr pro Maschine. Die Fertigungsmenge für das fragliche 1992er-Modell wurde auf 50000 bis 70000 Stück pro Jahr geschätzt, sodass zunächst eine Maschine ausreichen würde.

Die RIM-Maschine war auch wesentlich schwerer zu transportieren. Das war eine recht wichtige Frage, denn die Maschine würde wahrscheinlich mehrmals zwischen den Werken transportiert werden müssen: vom Werk in Warren, Ohio, wo die Prozessentwicklung stattfand, zur Erstproduktion ins Werk Mississippi, von dort wahrscheinlich zum Standort der Kabelbaum-Endmontage. Ein Ingenieur aus der Anwendungsentwicklung namens Ron Szanny sah darin einen offensichtlichen Konflikt mit Packard Electrics Strategie:

> Die RIM-Kabeldurchführung ist ein gutes Produkt, aber ich bin mir nicht so sicher, ob sie wirklich in die Fertigungsstrategie unserer Firma passt. Bisher sah die so aus, dass die Hightech-Fertigung der Komponenten hier in den USA stattfand und die Teile dann nach Mexiko transportiert wurden, wo die Lowtech-Montage durchgeführt wird. Die RIM-Maschine ist

> ziemlich hightech, wird aber womöglich dann in Mexiko eingesetzt. Durch die Sprachbarriere und die Distanz gäbe es dann noch viel mehr Probleme mit der Kontrolle, die gerade für die RIM-Technologie so wichtig ist.

Airazas sprach für viele ihrer Kollegen aus der Prozessplanung, als sie sagte:

> Die Automobilfirmen und auch unser Management betonen immer wieder, dass wir Kosten sparen müssen. Unsere Dienstreisen sind eingeschränkt worden, wir hatten Einstellungsstopps und sogar Entlassungen. Jetzt wird davon geredet, fast doppelt so viel für eine Komponente auszugeben, die den Prozess verkompliziert, das Risiko erhöht und vielleicht gar keine Leistungsverbesserung bringt. Ich will ja gar nicht anzweifeln, dass RIM für manche Komponenten eine wichtige Technologie ist, aber dies ist die falsche Anwendung dafür. Wenn wir jetzt auf die RIM-Kabeldurchführung umstellen, dann ist das ein sehr schlechtes Signal.
>
> Um es noch einmal ganz klar zu sagen: Wir glauben, dass wir die RIM-Komponente zum Laufen bringen können, wenn wir das wirklich wollen, aber es würde viel Arbeit, Mühe und Sorgen machen. Ich glaube, wir sind deshalb dagegen, weil uns die Kostenprobleme über den Kopf wachsen können. Mag sein, dass die Konstrukteure beim Autohersteller begeistert davon sind, aber wir alle wissen, dass sie irgendwann die RIM-Kabeldurchführung zum Preis der SHK wollen.

Schramm fasste die Ansichten vieler seiner Produktentwickler so zusammen:

> Eines ist schon mal klar: Der Kunde will RIM und ist bereit, dafür zu bezahlen. Er hält es für wichtig, die Technologieführerschaft zu behalten, und RIM wird dazu beitragen. Witzigerweise habe ich neulich bei einem Besuch bei unserer deutschen Niederlassung in Reinshagen gesehen, dass sie mit einer RIM-Kabeldurchführung für eine deutsche Luxus-Automarke herumexperimentierten. Da hat keiner gefragt, was sie kostet – es hieß einfach, »wenn das Teil die Leistung verbessert, machen wir es«.
>
> Außerdem gibt es Einsparungen, die bislang gar nicht berücksichtigt wurden, weil sie schwer zu kalkulieren sind. Beispielsweise muss bei der SHK jeder Arbeiter am Kabelmontageband seine Leitungsdrähte und Kabel in den SHK-Kamm hineinstecken. Mit der RIM-Komponente entfällt dieser Arbeitsgang. Ich weiß nicht, wie man diese Verbesserung ein-

rechnet, denn da geht es um eine kleine Arbeitsmenge, die aber über viele Arbeiter verteilt ist, aber sicherlich gibt es da einige Einsparungen (Kabelbaummontage siehe **Abbildung 9**).

Entscheidungsoptionen für Schramm

Die Entscheidung zur RIM-Kabeldurchführung war ein gutes Beispiel für die Art von Situationen, die Packard Electric eigentlich vermeiden wollte: Eine wichtige Entscheidung musste unter Zeitdruck getroffen werden, und die Meinungen der Betroffenen gingen sehr stark auseinander. Wie auch immer die Entscheidung ausfallen würde, eine der beiden Gruppen würde sich aller Wahrscheinlichkeit nach mit einer schwierigen Aufgabe konfrontiert sehen: entweder dem Kunden Nein zu sagen oder unter großem Zeitdruck einen Prozess zu entwickeln. Turnbulls letztes Memorandum bestätigte, dass der Kunde von Packard die Lösung von Problemen erwartete, die ebenso durch ihn selbst wie durch Packard Electric verursacht worden waren (siehe **Abbildung 10**).

Aus Schramms Sicht gab es drei mögliche Vorgehensoptionen: Die erste war, für das 1992er-Modell dieses Kunden ganz auf RIM umzustellen. Diese Option war die riskanteste, denn wenn es zu einer größeren Störung käme, die auch die Fertigung des Kunden beeinträchtigte, hätten alle Verantwortlichen mit harten Konsequenzen zu rechnen. Eine Möglichkeit zur Verringerung dieses Risikos bestand darin, die Anschaffung zweier RIM-Maschinen zu empfehlen – eine davon als Reserve –, aber davon hielt Schramm überhaupt nichts, denn abgesehen vom Zusatzaufwand würde dies den Druck zur Optimierung der Prozesse nur verringern.

Eine zweite Option war die »Parallelentwicklung«: Parallel zur RIM-Kabeldurchführung konnte auch eine SHK für das 1992er-Modell des Kunden vorbereitet werden. Die beträchtlichen Nachteile dieser Option lagen auf der Hand: Da Packard Electric mit der Entwicklung der RIM-Komponente beschäftigt gewesen war, müsste man nun die SHK in aller Schnelle entwickeln. Darüber hinaus würde das ganze logistisch zum Alptraum werden, sobald das Fahrzeug in die Produktion ging: Zwei Sätze an Rohmaterial müssten bestellt und verfolgt werden, und sowohl im Fahrzeugwerk als auch im Werk von Packard Electric hätte man zwei unterschiedliche Kabelbäume auf dem Montageband.

Die letzte Option war die einfachste und risikoärmste: Schramm konnte empfehlen, dass Packard Electric für sämtliche 1992er-Modelle bei der SHK blieb. Der Gedanke, die neue Technologie aufzugeben, behagte ihm nicht, denn er selbst sah darin viele potenzielle Vorteile. Auch befürchtete er, dass das RIM-Projekt, wenn es jetzt nicht aktiv weiterverfolgt würde, an Dynamik verlieren und später vielleicht gar nicht mehr realisiert werden würde.

Schramm seufzte. Seine Empfehlungen zum Thema RIM-Kabeldurchführung sollten dem PPB-Ausschuss bis zum Ende der Woche vorliegen. Bis dahin musste er sich nicht nur eine klare Meinung zum Thema RIM versus SHK gebildet haben – er musste sich auch überlegen, welche Änderungen am Entwicklungsprozess er vorschlagen würde, um ähnliche Probleme in Zukunft zu vermeiden.

Abbildung 9

Kabelbaum-Montageprozess bei Packard

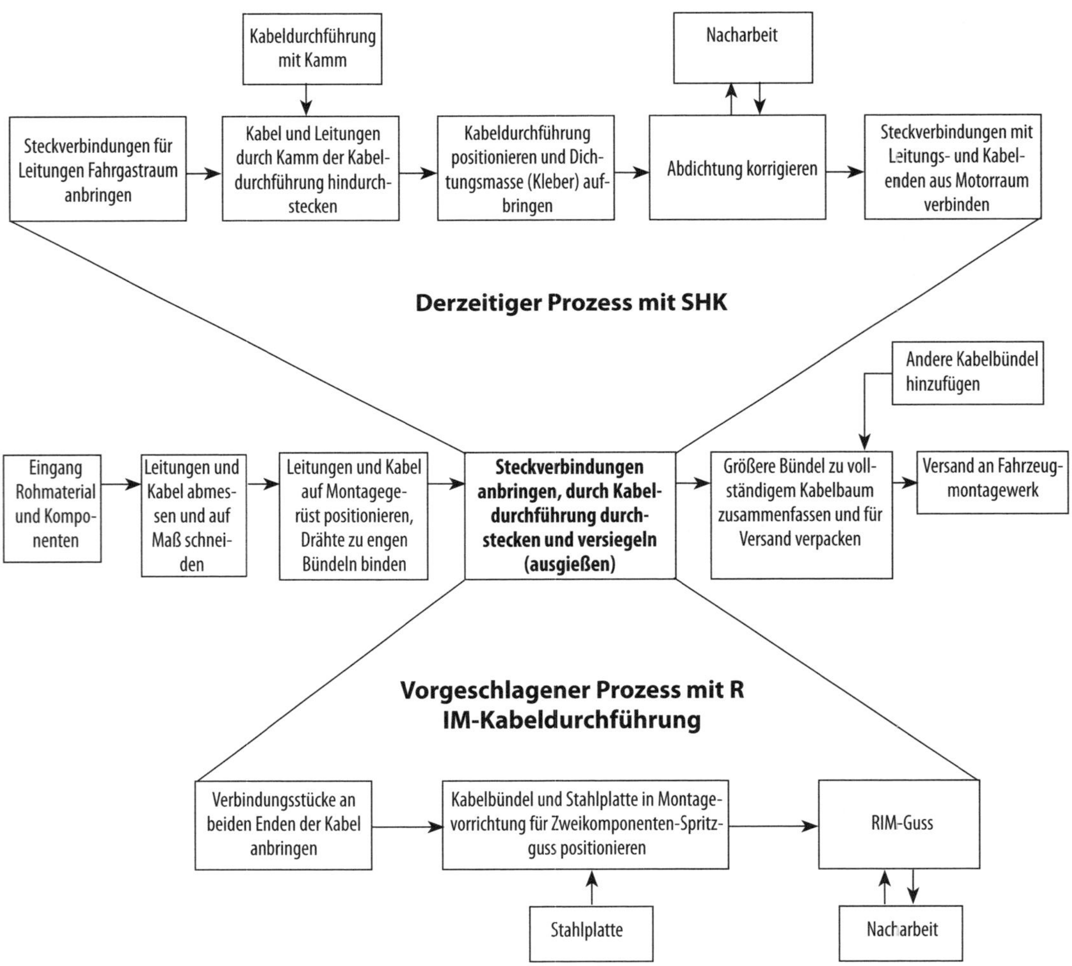

Abbildung 10

Fehlerdaten zu Packard-Kabeldurchführungen und Daten der Autohändler

Memorandum

An: David Schramm, Leitender Ingenieur KKD
Von: Keith Turnbull, IvO, Anwendungsentwicklung
Betr.: Ersatz SHK
Datum: 30. Januar 1990

Hiermit bestätige ich die Absicht unseres Kunden, im 1992er-Fahrzeugmodell die SHK durch die RIM-Kabeldurchführung zu ersetzen. Ständige Reparaturen an schadhaften Kabeldurchführungen oder Kabelbäumen sind für dieses Oberklassemodell keine akzeptable Lösung. Der Kunde ist bestrebt, Schäden aus allen möglichen Quellen zu eliminieren; Leckstellen und Eindringen von Wasser stellen ein unnötiges Problem dar.
Ich habe mit dem QS-Leiter unseres Werks in Mexiko gesprochen: Er meint, seine Qualität sei anderen Kabelbaumherstellern weit über egen, selbst mit der SHK. Er hält den Pappbechertest für hilfreich bei Einführung eines neuen Kabelbaums, dieser entspricht aber nicht den tatsächlichen Gebrauchsbedingungen eines Fahrzeugs. Er glaubt, dass seine Kabelbäume kein Spritzwasser durchlassen. Seine Daten für die letztjährigen Sendungen an das Fahrzeugmontagewerk Rayville sind untenstehend zusammengefasst. Sie sprechen eine klare Sprache: Er kann selbst nach einem Jahr noch keine völlig wasserundurchlässigen Kabelbäume herstellen.

Kabelbäume für Fahrzeugwerk Rayville (1989): Daten aus Packard-Kabelbaummontagewerk Mexiko – Qualitätssicherung
Zuordenbare Ursachen, Inspektion vor Versand Kabelbäume (SHK)

	Wochen seit Neueinführung Kabelbaum*			
	Woche 4	Woche 13	Woche 28	Woche 52
Kabeldurchführung nicht richtig an Kabelbündel platziert (Toleranzüberschreitung +/– 6mm)	15	3	3	2
Kabel falsch in Kamm platziert	14	7	3	3
Kabel mussten entfernt und neu abgedichtet werden	3	0	0	1
Unregelmäßige Verteilung Abdichtungsmasse	8	0	1	0
Zu viel Abdichtungsmasse	19	4	3	0
Luftblasen in Abdichtungsmasse	7	4	4	3
Fehlende Abdichtungsmasse auf einer Seite	6	3	1	1
Fehlende Abdichtungsmasse auf beiden Seiten	4	1	0	0
Durchsickern durch Kabelbündel (Pappbechertest)	60	94	54	42
Gesamtfertigung Kabelbäume pro Tag	70	285	320	350

*Daten für einen repräsentativen Tag der genannten Woche

Dieses Thema hat mich so beschäftigt, dass ich einen der größten Händler im Großraum Detroit besucht habe, um nach seiner Meinung zu den Verkabelungen zu fragen. Seine Akten sind vielleicht nicht vollständig, aber ich habe Unterlagen über Leckagereparaturen gefunden. Ich habe versucht, die Unterlagen für das letzte Modellhalbjahr (KW 27 bis 52) nach den handschriftlichen Anmerkungen auf den Reparaturblättern zu sortieren. Den Kundendienstleiter gefällt das gar nicht, wenn die Kunden mit Lecks unter dem Armaturenbrett kommen – die Reparatur dauert Stunden, und die Kunden beschweren sich.

Händlerreparaturen: Ursachen Leckage unter Armaturenbrett – SHK Kabelbaum

Bruch Kabeldurchführung	2	Gerissener Dichtungsring	1
Wasser sickert durch Kabel	1	Fehlende Befestigungsschrauben	1

Nach meiner Schätzung entspricht die Stichprobe etwa 1 bis 2 Prozent der Fahrzeuge vom 1989er-Modell, die diesen Händler verkauft haben und für die sie jetzt den Kundendienst machen. Ich hoffe, die RIM-Kabeldurchführung wird ein Erfolg und hilft uns, in einige andere Neufahrzeugprogramme hineinzukommen.

Anhang: Glossar der verwendeten Begriffe

Abdichtung	Harze und Kleber, die zur Verklebung von Materialien dienen und diese wasserdicht machen
Armaturenbrett	Konsole am vorderen Ende des Fahrzeuginnenraums, in der das Radio, Lüftungssystem etc. enthalten sind
Änderungsauftrag	Formale Vorgaben für Änderungen an Produkt- oder Prozessspezifikationen
Dichtungsring	Ring aus weichem, biegsamem Material zwischen Kabeldurchführung und Feuerschutzwand, das der Abdichtung dient
EPA (Environmental Protection Agency)	US-Behörde, welche den Gebrauch giftiger Substanzen regelt und kontrolliert
Feuerschutzwand	Metallwand hinter Armaturenbrett, welche Motorraum und Fahrgastraum voneinander trennt
Kabelbaum	Bündel von Leitungen und Kabeln, die elektrische Signale und Energie von und zu den elektronischen und elektrischen Komponenten eines Fahrzeugs transportieren
Kabeldurchführung	Plastikvorrichtung, welche elektrische Leitungen und Kabel, die durch die Feuerschutzwand eines Fahrzeugs geführt werden, an Ort und Stelle hält. Die Kabeldurchführung ist an der Feuerschutzwand zwischen Motorraum und Fahrgastraum befestigt.
KKD (Kabel- und Komponentenentwicklung)	Abteilung innerhalb der Produktentwicklung
Montagevorrichtung	Vorrichtung, die Kabelbündel und Stahlplatten in einer Gießform an Ort und Stelle hält, während die Spritzgussmasse um sie herum in die Form gespritzt wird
PPB (Produkt, Prozess, Betriebssicherheit)	Ausschuss, der den Produktentwicklungsprozess bei Packard Electric steuert
RIM (Reaction Injection Molding)	Einspritzung zweier flüssiger Harze (Polymere) in eine Form. Beide Chemikalien reagieren miteinander und bilden dann einen festen Kunststoff mit der Konsistenz von Hartgummi
SHK (Spritzguss-Hartschalen-Kabeldurchführung)	Kabeldurchführung aus Spritzguss (auf Basis von Polymergranulat). Das Material ist relativ starr und leicht brüchig

SKU (stock-keeping unit/ Lagereinheit)	Jede/s Bauteil, Komponente oder fertige Baugruppe, die im Fertigungssystem von Packard eine eigene Kennnummer und Bezeichnung erhält
Technische Zusammenarbeit	Direkt dem Leiter Betriebssicherheit unterstellte Einheit; bietet direkten Kanal für Kundenfeedback

Malaysia in den 1990er-Jahren (A)[25]

Im Frühherbst 1991 traf der malaysische Premierminister Mahathir bin Mohamad Vorbereitungen für eine Reise nach New York. Dort würde er eine Rede vor der UNO-Vollversammlung halten und außerdem mit amerikanischen Geschäftsleuten zusammentreffen, die an Investitionen in Malaysia interessiert waren. In den drei Jahrzehnten seiner Unabhängigkeit hatte Malaysia ein rapides Wirtschaftswachstum und relative politische Stabilität erlebt. Der Premierminister war entschlossen, diese Stabilität beizubehalten, zum Teil durch Realisierung noch ehrgeiziger wirtschaftlicher Ziele in der Zukunft.

Was Malaysias internationaler Reputation schaden könnte, waren Berichte, nach denen die malaysische Regierung ökologische Werte unzureichend achtete. Besonders kritisch äußerte sich die westliche Presse über den »unkontrollierten Kahlschlag« der Regenwälder im ostmalaysischen Teilstaat Sarawak, im Norden der Insel Borneo (siehe **Abbildung 1** und **2**). Nach den Worten einer britischen Umweltschützergruppe werde der Regenwald in Sarawak »so schnell abgeholzt, dass er innerhalb von acht Jahren völlig kahl gerodet sein wird«.[26] Die westlichen Umweltgruppen übten politischen Druck auf ihre Regierungen aus, Einfuhrsperren für malaysische Holzimporte zu verhängen, und versuchten, durch Anfragen an internationale Organisationen wie die Internationale Tropenholzorganisation ITTO Einfluss auf die malaysische Forstwirtschaftspolitik auszuüben.

Dieser Umweltaktivismus brachte eine zusätzliche Komplexität in die ohnehin schwierige wirtschaftspolitische Problematik um die Erschließung von Rohstoffvorkommen in Malaysia. Die Ausfuhr von Holz und anderen natürlichen Rohstoffen war eine wichtige Devisenquelle für das Land, und in der zunehmenden vertikalen Integration – der Übernahme weiterer Wertschöpfungsstufen in der Kette von der Rohstoffförderung zur Fabrikation fertiger Produkte – lag ein wichtiger Bestandteil der malaysischen Wachstumsstrategie. Öffentlich geäußerte Besorgnis der Europäer und Amerikaner über ökologische Werte könnte die Nachfrage nach malaysischen Produkten dämpfen und die wirtschaftlichen Pläne der Regierung empfindlich beeinträchtigen. In seiner Ansprache an die UNO, ebenso wie in der Formulierung seiner politischen Ziele und Ansätze, musste Premierminister Mahathir die komplexen Wechselbeziehungen zwischen der ehrgeizigen Wirtschaftsstrategie seiner Regierung, der Nutzung von natürlichen Ressourcen wie Regenwäldern sowie den Beziehungen seines Landes zu Umwelt- und anderen Gruppierungen außerhalb Malaysias in Betracht ziehen.

Malaysia

Im achtzehnten Jahrhundert übernahmen die Briten die Herrschaft über die Kolonie Malaya, im Süden Thailands auf der malaiischen Halbinsel gelegen. Die Gegend hatte zuvor unter der Herrschaft der Portugiesen und dann der Holländer gestanden. Später übernahmen die Briten dann auch die Kontrolle über die nördlichen Teile der Insel Borneo, vierhundert Meilen östlich von Malaya im südchinesischen Meer gelegen.

Während der Kolonialzeit brachten die Briten Arbeiter von Indien nach Malaya, um auf den neuen Kautschukplantagen zu arbeiten. Angehörige der chinesischen Volksgruppe hatten zwar schon seit Jahrhunderten in der Region gelebt, doch kamen während der britischen Hegemonie Massen von chinesischen Immigranten hinzu, um in den Minen und Plantagen zu arbeiten. Inder und Chinesen gesellten sich einer Bevölkerung hinzu, die bereits von beträchtlicher ethnischer Vielfalt geprägt war: Die Halbinsel bewohnten islamische Malaien, während das nördliche Borneo von zahlreichen einheimischen Bevölkerungsgruppen bewohnt war.

Die gesamte Region, einschließlich Malaya, Singapur, Borneo, Sumatra und Java, fiel im Zweiten Weltkrieg in japanische Hand. Malaya wurde 1957 von den Briten unabhängig und schloss sich 1963 mit Singapur zur neuen Föderation Malaysia zusammen. Die Staaten Sarawak und Sabah im nördlichen Borneo schlossen sich der Föderation ebenfalls an. Singapur blieb allerdings nur zwei Jahre lang Mitglied und trat 1965 wieder aus. (Die frühere Kolonie Malaya heißt heute »malaysische Halbinsel« oder »Westmalaysia«, Sabah und Sarawak werden zusammen »Ostmalaysia« genannt.)

Wirtschaftsstrategie

Die neue Nation Malaysia war in einer guten Ausgangslage, um Kautschuk zu produzieren, und reich an Rohstoffen wie vor allem Holz und Zinn. Fast die Hälfte der Exporteinnahmen entfiel 1960 auf Kautschuk, doch mit zunehmender Diversifikation der Exportwirtschaft sank dieser Anteil. Zinn steuerte in den 1960er- und 70er-Jahren einen wesentlichen Anteil zu den Exporteinnahmen bei; nach der Ölkrise von 1973 wurden auch Erdöl und Erdgas wichtige Exportgüter. 1980 entfiel ein Viertel der Exporteinnahmen auf Treibstoffe, und die staatseigene Erdölgesellschaft Petronas leistete einen ähnlich hohen Beitrag zu den Staatseinnahmen.[27]

Wie viele andere Entwicklungsländer verfolgte auch Malaysia Ende der 1950er- und während der 60er-Jahre eine Strategie der Einfuhrsubstitution, teils auf Drängen der Weltbank.[28] Gegen Ende der 60er-Jahre begann die Regierung, zunehmend Exporte zu fördern; allerdings wurden die Einfuhrbeschränkungen und die Anreize für Firmen, in die Produktion für den inländischen Markt zu investieren, nicht völlig aufgehoben. Die malaysische Regierung setzte unterschiedliche politische Instrumente ein, um exportorientiertes Wachstum zu fördern. So wurde ein Dutzend Freihandelszonen geschaffen, in denen Komponenten und Rohmaterialien zollfrei eingeführt werden durften; es gab Steuerfreijahre und andere Investitionsanreize, und die Anforderungen in puncto Technologieaustausch waren sehr gemäßigt.

Niedrige Löhne und ein relativ weit verbreiteter Gebrauch des Englischen ergänzten diese politischen Maßnahmen zur Schaffung eines attraktiven Umfelds für ausländische Direktinvestitionen. Intel, National Semiconductor und andere Hightech-Firmen bauten in den 1970er- und 80er-Jahren Montagewerke in Malaysia, und die malaysische Halbleiterindustrie wuchs zwischen 1975 und 1986 um 20 Prozent jährlich.[29]

Gleichzeitig war Malaysia bestrebt, sein Rohstoffportfolio weiter zu diversifizieren. Die Holzproduktion und -exporte nahmen in den 60er- und 70er-Jahren kontinuierlich zu.[30] Auch pflanzten die Malaysier riesige Mengen an Ölpalmen an; das aus den Samen gewonnene Palmöl erzielte in den späten 80er-Jahren höhere Exporteinkünfte als Kautschuk. Sowohl Kautschuk als auch Ölpalmen wurden auf Plantagen angebaut, nachdem der dortige Regenwald abgerodet worden war.

Zusätzlich zu dieser Rohstoffdiversifikation förderte die Regierung bei den Rohstoffunternehmen eine Vorwärtsintegration, um den Preisschwankungen im Rohstoffmarkt zu entgehen. Mithilfe von Steuerfreijahren, anderen steuerlichen Anreizen und Beschränkungen des Rohstoffexports wollte man erreichen, dass die einheimische Herstellung von Bauholz, Sperrholz, Holzformen, Möbeln, Reifen, Latexhandschuhen und dergleichen an die Stelle der Rohholz- und Rohkautschukexporte treten würde. Gegen Ende der 1980er-Jahre ging jedoch immer noch über die Hälfte der Forstproduktion als Stückholz in den Export, und auch vom Kautschuk wurde das meiste in Rohform und nicht als Fertigprodukte exportiert.[31]

Die malaysischen Regierungsbeamten standen alternativen Modellen der wirtschaftlichen Entwicklung kritisch gegenüber, wie – neben der Importsubstitution – auch dem Modell, das sie der Weltbank und dem Internationalen Währungsfonds zuschrieben, und nach dem der Export von Rohstoff-Massengütern vorangetrieben werden sollte, um Deviseneinnahmen zu erzielen, mit denen wiederum Verbrauchs- und Investitionsgüter aus Industrieländern gekauft werden konnten. Nach Ansicht von Premierminister Manathir würde ein solches Programm nur zur Überproduktion von landwirtschaftlichen und Rohstoffgütern führen, und damit zu einem Rückfall in den Handelsbedingungen für Entwicklungsländer. »Die Überbleibsel dieses Modells sehen wir heute in vielen Teilen der Welt, vor allem in Afrika«, so der Premierminister.[32]

Stattdessen plante die malaysische Regierung eine kontinuierliche Steigerung des Exports von Industriegütern und parallel eine allmähliche Senkung des Rohstoffanteils. Nach ihren Plänen sollten die Ausfuhren von Industriegütern im Laufe der 1990er-Jahre um ein Vierfaches zunehmen; gleichzeitig sollten die Einnahmen aus Treibstoff- und Zinnexporten leicht zurückgehen, die Einnahmen aus Stück- und Nutzholz um 50 Prozent sinken.[33] (**Abbildung 3** bis 7 zeigen die volkswirtschaftlichen Eckdaten für Malaysia während der 1980er-Jahre, einschließlich Volkseinkommen, Zahlungsbilanz, Exportstruktur und Einkommensverteilung; **Abbildung 8** zeigt die volkswirtschaftlichen Daten von Malaysia und anderen Nationen im Vergleich.)

Die ehrgeizigen Pläne der malaysischen Regierung schlossen auch die Förderung von Automobilen der Marke Proton Saga mit ein, von denen die ersten 1985 vom Band gingen. Die Fahrzeuge wurden von einem Joint Venture zwischen Mitsubishi Motors und einem malaysischen Staatsunternehmen entwickelt und gefertigt und waren die meistverkaufte Automarke in Malaysia. Mitsubishi steuerte einen Großteil des technischen und Management-Know-hows bei; nachdem es 1988 die Leitung des Proton-Werks übernahm, erzielte Proton im Folgejahr erstmals einen Gewinn. Der Stolz auf die technologischen Errungenschaften des Joint Ventures und der Optimismus über die Marktchancen des Fahrzeugs im Ausland wurden nur gedämpft durch die Zweifel, ob die Herstellung von Automobilen für Malaysia das Richtige sei. Zum Teil rührten diese Zweifel daraus, dass auf Automobilimporte nach wie vor hohe Zölle erhoben wurden. Wie viele andere asiatische Länder schützte auch Malaysia im Zuge seiner wirtschaftlichen Entwicklungsstrategie viele heimische Industrien.[34]

Malaysia war Mitglied der Südostasiatischen Staatengemeinschaft ASEAN, der auch Brunei, Indonesien, die Philippinen, Singapur und Thailand angehörten. Die ASEAN wurde 1967 als beratendes Forum für Auslands- und Sicherheitsfragen gegründet, wandte sich aber nach dem Vietnamkrieg der wirtschaftlichen Zusammenarbeit zu. So wurde beispielsweise seit Anfang der 1990er-Jahre zwischen Malaysia und seinen Nachbarstaaten die Schaffung einer ASEAN-Freihandelszone diskutiert, in welcher der Handel nur sehr geringen Zöllen und minimalen sonstigen Beschränkungen unterliegen würde. Einige Beobachter meinten dazu jedoch, dass eine solche ASEAN-Freihandelszone wenig hilfreich und womöglich sogar kontraproduktiv wäre. »ASEAN-Staaten haben engere wirtschaftliche Verbindungen mit den anderen Pazifik-Anrainern [z.B. mit den USA und Japan] als miteinander ... Die ASEAN-Volkswirtschaften sind im Großen und Ganzen eher kompetitiv als komplementär. Unter diesen Umständen würde jeder Versuch, den Handel in der Region durch selektive Zollsenkungen zu verstärken, zu einer groß angelegten Umlenkung des Handels führen, in deren Rahmen anstatt der kostengünstigen Drittländer nun teurere Partnerländer zu primären Einfuhrquellen gemacht würden.«[35] (1988 wurden malaysische Handelswaren im Wert von 5,1 Mrd. Dollar an die ASEAN-Staaten exportiert, doch davon entfielen 4,1 Mrd. Dollar auf Singapur. Im selben Jahr gingen Warenexporte im Wert von 4,2 Mrd. Dollar nach Japan und im Wert von 3,7 Mrd. Dollar an die USA.[36])

Soziale Rahmenbedingungen

Die Führer Malaysias betrachteten schnelles Wirtschaftswachstum als Voraussetzung für politische Stabilität. Viele Malaysier und auch ausländische Beobachter hielten ethnische und religiöse Spannungen für das zentrale Problem der malaysischen Politik und im Grund auch für die zentrale Grundbedingung des Lebens in Malaysia. So schrieb beispielsweise *The Economist* 1987: »Malaysia bleibt eine unbehagliche Rassenmischung, in der die Spannungen bislang vielleicht nur deshalb unter Kontrolle gehalten werden konnten, weil die Beschäftigungsquote hoch ist und jedes Jahr mehr in der Lohntüte steckt.«[37]

Die Malayen, zusammen mit den Mitgliedern der vielen einheimischen ethnischen Gruppen im Norden Borneos, wurden von der Regierung als *Bumiputras* – wörtlich »Söhne der Erde« – bezeichnet. 1990 machten diese Gruppen etwas mehr als die Hälfte der malaysischen Bevölkerung aus. Der chinesischen Bevölkerungsgruppe gehörte etwa ein Drittel der Malaysier an, die Übrigen waren zum Großteil Inder.

Die Chinesen in Malaysia bildeten unter der britischen Vorherrschaft den Kern der modernen Geschäftswelt und dominierten auch nach der Unabhängigkeit weiterhin die Wirtschaft des Landes.[38] »Die Malaien hatten eine schwächere Position in allen möglichen Bereichen, von der Bildung bis hin zu den Gewerbebetrieben, und 1969, als die chinesische Opposition ihre Sitze im Parlament mehr als verdoppelte und die politische Vormachtstellung der Malaien bedrohte, entlud sich deren Groll in zwei Revolten.«[39] Hunderte von Menschen kamen dabei ums Leben.

Als Reaktion darauf führte die Regierung ihre »New Economic Policy« (NEP) ein, die sie selbst beschrieb als »sozialtechnische Maßnahme, um die sozioökonomischen Ungleichgewichte zwischen ethnischen Gruppen und Regionen zu verringern«.[40] Die NEP sah ethnische Quoten vor »für Bildung, Beschäftigung und Eigentumsfragen sowie diverse Finanzhilfen, Lizenzen und Kreditprogramme«.[41] Nach dem Plan sollten die Malaien ihre Eigentumsanteile an Unternehmen zwischen 1971 und 1990 von 1,5 auf 30 Prozent ausweiten. »Neue Universitäten und technische Institute für malaiische Studenten wurden gegründet, und Malaiisch wurde zur offiziellen Sprache für universitäre Lehrveranstaltungen. Den Chinesen wurde das Recht auf ihre eigene chinesische Universität verweigert. Für die Zulassung zum Universitätsstudium wurden Quoten eingeführt, und im gehobenen Staats- und diplomatischen Dienst musste eine Quote von 4 Malaien zu 1 Nicht-Malaien erfüllt werden.«[42]

Unter der NEP waren die Ungleichheiten zwischen den verschiedenen ethnischen Gruppen zurückgegangen: Das durchschnittliche Einkommen der reicheren chinesischen Haushalte stieg weiterhin, doch das der *Bumiputra*-

Haushalte stieg schneller. (Siehe **Abbildung 7.**) Die NEP schaffte es jedoch nicht, die Einkommensunterschiede zwischen den ethnischen Gruppen ganz auszumerzen, und verfehlte auch einige andere quantitative Ziele, wie etwa die 30 Prozent Eigenkapitalanteil. Dennoch erklärte die Regierung 1991 die NEP für insgesamt erfolgreich. »Malaysia ist … eines der sehr wenigen Länder, dem es in nur 20 Jahren in bemerkenswerter Weise gelungen ist, nicht nur Wachstum zu erzielen, sondern auch die Probleme der Armut und der wirtschaftlichen Ungleichgewichte effektiver zu bekämpfen.« Die Regierung erklärte damit die NEP als abgeschlossen und rief statt ihrer die National Development Policy (NDP) ins Leben, welche viele ähnliche Ziele umfasst, aber keine klaren quantitativen Zielgrößen nannte.[43]

Im Rahmen dieser Pläne brauchten Firmen unter chinesischer Leitung malaiische Partner, um die Eigentumsvorschriften zu erfüllen. Diese und ähnliche Regelungen führten nachweislich zu neuen Formen der »politischen Rente« und der Ineffizienz. So sagte ein malaiischer Unternehmer dazu: »Meine Partner sind alle Chinesen; sie stellen das Kapitel zur Verfügung, und ich verlange 51 Prozent Anteil. Ich vergewissere mich immer, dass meine Investoren im richtigen politischen Lager sind. Ich gehe dann zu den Beamten und Politikern und hole alle Genehmigungen, die wir brauchen. So können sie das machen, was sie wollen, und ich verdiene gutes Geld damit.«[44]

Verteidiger der NEP hielten dagegen, dass die Kritiker dieser Politik nicht verstünden, dass man den Wohlstand zwischen ethnischen Gruppen verteilen müsse, um die politische Stabilität zu fördern. »Wir sitzen auf einem Pulverfass, und es gibt viele Verrückte, die nur zu gerne zünden würden«, sagte dazu 1991 ein Kabinettsmitglied. »Unsere Aufgabe ist es zu verhindern, dass sie zum Zuge kommen.« Der Premierminister seinerseits betonte immer wieder, wie wichtig es sei, die Armut zu bekämpfen und den Wohlstand neu zu verteilen, sodass jeder Bürger das Gefühl haben könnte, an der malaysischen Wirtschaft teilzuhaben. Durch kräftige Investitionen in Bildung, weitere Modernisierung der Infrastruktur, weitere Anlockung ausländischer Direktinvestitionen und Vorwärtsintegration über die Rohstoffstufe hinaus wolle Malaysia bis 2020 ein »voll entwickeltes Land« werden.

Politische Struktur

Seit ihrer Gründung war Malaysias parlamentarische Regierung von einer Koalition politischer Parteien dominiert, die zusammen als Barisan Nasional (BN) bekannt war. Die dominante Partei innerhalb der BN war die United Malays National Organization (UMNO), deren Mitglieder sich aus

Malaien rekrutierten. Außerdem gehörten der BN auch die Malaysian Chinese Association, der Malaysian Indian Congress und die Gerakan-Partei an. In Sarawak war die BN durch die Sarawak National Party, die Parti Pesaka Bumiputra Versatur, die Sarawak United People's Party und die Parti Bangsa Dayak Sarawak vertreten. Jede Partei innerhalb der BN bestand zum überwiegenden Teil aus Mitgliedern jeweils einer ethnischen Gruppe.

Dazu der *Economist*: »Malaysia ist keine Demokratie im exakten Wortsinn. Jeder Erwachsene kann wählen. Die Wahlen verlaufen weitgehend fair. ... Die UMNO-Koalition gewinnt einmal leichter, einmal weniger leicht, aber sie gewinnt immer. Die Opposition wird niemals die Regierung bilden können, doch wenn eine Oppositionspartei ihre Sache gut macht, dann wird sie unter Umständen eingeladen, sich der Koalition anzuschließen und sowohl an der Entscheidungsfindung als auch Vergünstigungen politischer Ämter teilzuhaben.«[45] Manche verglichen den malaysischen Regierungsstil, bei dem eine breite Koalition den beteiligten Parteien Sitze in der Legislativen und im Parlament zuteilt und kontinuierlich die Wahlen gewinnt, mit dem japanischen System.

Wirtschaftliche Leistung

Während die Führer des Landes sich noch weitgehend auf Einkommensverteilung und politische Stabilität konzentrierten, wuchs die malaysische Wirtschaft in den 1970er-Jahren um durchschnittlich 7,6 Prozent pro Jahr.[46] Mitte der 80er-Jahre schwächelte die Konjunktur etwas, als die Weltpreise für Erdöl, Zinn, Kautschuk und Palmöl gleichzeitig einbrachen, aber Malaysia schloss die Dekade mit drei aufeinanderfolgenden Jahren realer BIP-Wachstumsraten von 9 Prozent ab. Im Laufe der 1980er-Jahre lag die reale Wachstumsrate bei 5,9 Prozent. Diese beeindruckenden Zahlen schienen Premierminister Manathir recht zu geben, wenn er meinte, binnen 30 Jahren aus Malaysia ein voll entwickeltes Land zu machen und das Pro-Kopf-Einkommen von 1990 (2.300 US-Dollar) verzehnfachen zu können. Andere Beobachter waren jedoch darüber besorgt, dass Malaysia weiterhin von ausländischen Investoren abhängig war, denn diese würden sich als Folge des steigenden Lohnniveaus billigere Arbeitskräfte in Thailand, Indonesien, China oder Vietnam suchen. Ebenso wurde darauf verwiesen, dass die reichsten 20 Prozent der malaysischen Bevölkerung immer noch 16-mal so viel verdienten wie die ärmsten 20 Prozent, womit die Einkommen in Malaysia ungleichmäßiger verteilt waren als in Korea, Taiwan, Singapur oder Indonesien.[47]

Die Forstindustrie in Malaysia

Im Jahr 1991 wurden mit Nutzholz mehr Devisen für Malaysia eingenommen als mit Zinn und Kautschuk zusammen (siehe **Abbildung 5**). Die Regierungsbeamten Malaysias schenkten der Forstindustrie viel Beachtung, denn sie betrachteten sie als ideale Grundlage für eine rohstoffbasierte Industrialisierung. Auch westliche Journalisten und Umweltschützer schenkten ihr viel Aufmerksamkeit: Sie sahen darin eine ökologische Horrorgeschichte, die von Ressourcenverschwendung, Überforstung und Zerstörung traditioneller Kulturen handelte.

Wie die meisten anderen Regierungen weltweit, so griff auch die Regierung Malaysias kräftig in die Forstwirtschaft ein. Die meisten malaysischen Waldgebiete gehörten den Teilstaaten. Während die Staaten der malaysischen Halbinsel einen Großteil ihrer Autorität über die Forstpolitik an die Bundesregierung abgetreten hatten, behielten die ostmalaysischen Staaten Sabah und Sarawak die direkte Kontrolle über die Ausbeutung von Waldressourcen innerhalb ihrer Grenzen.

Klassifizierung des Waldlandes und forstwirtschaftliche Planung

Die Regierungsbehörden legten für ihre Gebiete mittels eines komplizierten Waldlandklassifizierungs- und -planungssystem Abforstungsgrenzen fest. Für jedes bewaldete Gebiet wurde festgelegt, für welche Nutzarten es sich am besten eignete. Die meisten der staatseigenen Waldgebiete wurden als Permanent Forest Estate (PFE) – zu deutsch etwa »dauerhaft bewaldetes Anwesen« – klassifiziert. Die Forstbehörden waren gehalten, die PFE »mit dem Ziel der Maximierung sozialer, ökonomischer und ökologischer Nutzeffekte für die Nation und ihre Menschen in Übereinstimmung mit den Prinzipien eines gesunden Forstmanagements« zu verwalten.[48] Andere Gebiete wurden zu Wildreservaten oder Nationalparks erklärt, und die Nutzholzproduktion war dort verboten. Der Rest der staatseigenen Gebiete wurde als Staatswälder bezeichnet und war für die Forstwirtschaft oder die Umwandlung für landwirtschaftliche Nutzung eingeplant. (**Abbildung 9** zeigt die Gesamtflächen in jeder Kategorie für die malaysische Halbinsel, Sarawak und Sabah.)

Wenn ein Gebiet von den Staatswäldern für landwirtschaftliche Nutzung oder Kautschuk- oder Ölpalmenplantagen eingeplant wurde, dann wurde im Zuge der Abholzung dort die gesamte ursprüngliche Bewaldung entfernt (ein Prozess, der als Abrodung bezeichnet wurde). Dagegen sollten Staatswälder, die nicht für die Landwirtschaft geeignet schienen, so abgeholzt werden, dass eine spätere Aufforstung möglich war. Dasselbe galt für alle Gebiete in den PFE. Nach Angaben malaysischer Forstwirtschaftler wurden die natürlichen Regenwaldbestände in den PFE sehr selektiv abgeholzt. Nur ein Baum pro 1000 Quadratmeter wurde gefällt. In den folgenden 25 bis 30 Jahren würden die höchsten der übrigen Bäume die Größe der abgeholzten Bäume erreichen. Die Planer der Regierung gingen davon aus, dass das Gebiet nach Ablauf dieser Zeit wieder – ebenfalls selektiv – abgeholzt werden konnte und sich dieser Zyklus unbegrenzt beibehalten ließ.

Das Konzessionssystem

Die Behörden, die für die malaysischen Waldgebiete zuständig waren, vergaben Forstkonzessionen an private Interessenten. Eine solche Konzession gab dem Inhaber das Recht, gegen Zahlung von Gebühren und Förderabgaben innerhalb einer bestimmten Zeit eine festgelegte Menge Nutzholz von einem bestimmten Stück Nutzholzland abzuernten.

Die Konzessionsinhaber konnten ihr Stückholz an unabhängige Fabriken verkaufen oder das Holz vom Konzessionsgebiet selbst weiterverarbeiten. 1990 konkurrierten über 1000 Sägewerke und 80 Furnier- und Sperrholzfabriken um das Rohholz aus Malaysia. (Zusätzlich verarbeiteten rund 650 weitere Fabriken das Holz zu Möbeln, Parkett, Spanplatten, Hartfaserplatten, hölzernen Formen, Streichhölzern, Bleistiften und anderen Holzprodukten.[49]) Alternativ konnten Konzessionsinhaber in Sabah und Sarawa ihr Stückholz immer noch an den Exportmarkt verkaufen.

In den Bergwäldern, die nach wie vor den Großteil des kommerziellen Waldlandes in Sarawak ausmachten, erachteten die Forstwirte der Regierung Erntezyklen von 25 bis 30 Jahren als angemessen. Lizenzen auf den PFE-Gebieten in Sarawak hatten Laufzeiten von 10 bis 15 Jahren, konnten aber bei Ablauf mit Zustimmung des staatlichen Forstministeriums erneuert werden. Jede Konzession in den PFE erstreckte sich auf ein Gebiet von rund 200 bis 1000 Quadratkilometern Fläche. (Zum Vergleich: Das Saarland und Vorarlberg sind je rund 2600 Quadratkilometer groß, der Schweizer Kanton Uri rund 1000.)

Die Inhaber einer solchen Lizenz zahlten an die Regierung Förderabgaben, deren Höhe von der Erntemenge abhing. Typischerweise betrugen diese Abgaben 15 bis 30 Prozent des Stückholzpreises, je nach Holzart; diese Abgaben steuerten 40 bis 45 Prozent der Einnahmen des Staates Sarawak bei. Neben den Förderabgaben und Genehmigungen zahlten die Konzessionäre auch einen relativ geringen Aufschlag, der für medizinische und Bildungsleistungen für die Regenwaldbewohner vorgesehen war.[50]

Einige westliche Beobachter störten sich daran, wie die Forstkonzessionen vergeben und gehandhabt wurden: Sie warfen der Regierung vor, damit zur rapiden Entwaldung beizutragen. In der Regel waren die Konzessionsinhaber Firmen, die außer der Konzession keine nennenswerten Aktivposten aufweisen konnten, und wer genau hinter den Konzessionen stand, war meist nicht bekannt. Der *Economist* schrieb dazu 1990: »Ministerpräsident von Sarawak erteilt Abholzungsgenehmigungen nach Gutdünken« und führte aus, der Vorgänger des jetzigen Ministerpräsidenten habe Konzessionen für über 12000 Quadratmeter an Mitglieder seiner Familie vergeben, und der seit 1987 amtierende – seinerseits ein Verwandter des Vorgängers – habe weitere 16000 Quadratkilometer an Familienmitglieder konzessioniert. Der sarawakische Minister für Tourismus und Umwelt, so der *Economist* weiter, »schiebt dem keinen Riegel vor – aber er besitzt ja auch selbst drei große Konzessionen«.[51]

Illegale Abholzung durch einige Konzessionäre, ihre Subunternehmer oder andere galt als großes Problem. Mit insgesamt nur 1600 Mitarbeitern hatte das sarawakische Forstministerium eine raue, unerschlossene Gegend von der Größe New Yorks zu kontrollieren, die weitgehend frei von Straßen und Zufahrtswegen war. Mengenvorgaben für die Holzernte waren somit schwer auf Einhaltung zu überprüfen. Ein einziger Stamm des Meranti-Holzes – des meistgeernteten Hartholzbaums in Sarawak – konnte für einen durchschnittlichen Malaysier zweieinhalb Monatseinkommen bedeuten.

Die malaysischen Regierungsbeamten argumentierten damit, dass das bestehende System bei allen Mängeln immer noch besser sei als alle denkbaren Alternativen. »Wenn die jetzigen Ernten 10 bis 20 Prozent über den Zielmengen im Forstwirtschaftsplan liegen, dann ist das ein annehmbarer Preis für politische Stabilität«, so ein Minister.

Förderung nachgelagerter Industrien

Die Regierungen von Malaysia, Sarawak und Sabah setzten alle Subventionen und Steuererleichterungen ein, um die lokale Herstellung von Nutzholz, Furnier, Möbeln und anderen Holzprodukten zu fördern. Gleichzeitig beschränkten sie den Zugang zu Holz verarbeitenden Industrien: Firmen benötigten staatliche Genehmigungen für den Bau neuer Fabriken. Trotz der

Anreize blieb der Stückholzexport aus Sabah und Sarawak in den frühen 1990er-Jahren der einträglichste Sektor innerhalb der malaysischen Forstwirtschaft (siehe **Abbildung 10**).

Im Jahr 1985 verhängte die malaysische Regierung einen Ausfuhrstopp für unverarbeitetes Stückholz von der malaysischen Halbinsel, um eine inländische Verarbeitung zu forcieren. 1991 überlegte man sich, die Exportzölle für Nutzholz und Sperrholz anzuheben, um eine weitere vertikale Integration zu fördern. Aus ähnlichen Gründen sprach sich die malaysische Regierung auch für eine Einschränkung der Stückholzexporte aus Sabah und Sarawak aus, doch diese gingen in den frühen 1990er-Jahren unvermindert weiter.

Die Vorwärtsintegration in die Verarbeitungsstufen Nutzholz, Sperrholz oder Möbel würde Malaysia vor den angeblichen Absprachen japanischer Handelsfirmen bewahren, die den Großteil des Stückholzes aufkauften, und auch vor dem Zwangsregime der volatilen Rohstoffpreise. Darüber hinaus würde sie mehr Beschäftigung im Bereich Forstprodukte schaffen, und es sprach vieles dafür, dass sie auch die Belastung der Regenwälder reduzieren würde, da die gleiche Holzmenge mehr Arbeitsplätze schaffen und mehr Exporteinnahmen erzeugen würde. (In Sarawak waren nach Angaben rund 75000 Menschen in der Holz- und verwandten Industrien beschäftigt, das entsprach knapp einem Zehntel der verfügbaren Arbeitskräfte.)

Die Regierung des Staates Sarawak gewährte einen 80-prozentigen Abschlag auf die Förderabgaben für Stückholz, wenn diese auf sarawakischem Gebiet weiterverarbeitet wurden. Zusätzlich gewährte die malaysische Regierung großzügige Steuererleichterungen für Firmen, die in Holz verarbeitende Fabriken investieren wollten. Unternehmen mit »Pionierstatus« – dazu gehörten so gut wie alle Forstproduktunternehmen in Sarawak – waren fünf Jahre lang von der Einkommenssteuer befreit, und Steuergutschriften auf die Investitionssteuer taten ein Übriges, um die Steuerlast für neue Holz verarbeitende Unternehmen zu erleichtern.[52]

Umweltfragen

Nach einem viel zitierten Bericht der Weltkommission für Umwelt und Entwicklung (WCED) gab es in den 1980er-Jahren weltweit noch umgerechnet etwa 10 Millionen Quadratkilometer tropischen Regenwald. Bis dahin hatte der Mensch bereits geschätzte 6 bis 7 Millionen Quadratkilometer zerstört. Jedes Jahr wurden mehr als 100000 Quadratkilometer Regenwald vernichtet, und weitere 100000 Quadratkilometer wurden in ihrem ökologischen Gleichgewicht ernsthaft gestört.[53]

Dieser Rückgang des tropischen Regenwaldes gab Umweltschützern aus mehreren Gründen Anlass zur Sorge. Auf lokaler Ebene konnte die Entwaldung die Erosion und den Verlust an Erdboden fördern, als Folge erhöhte sich das Risiko von Überflutungen katastrophalen Ausmaßes. Durch die Abholzung beschleunigte sich auch das Aussterben bestimmter Pflanzen- und Tierarten. Der tropische Regenwald bedeckte zwar nur 6 Prozent der Erdoberfläche, beheimatete aber mindestens die Hälfte, womöglich sogar bis zu 90 Prozent aller Spezies weltweit. Viele Biologen waren überzeugt, dass das durch den Menschen verursachte Aussterben von Pflanzen- und Tierarten mehrere Hunderttausend Male so hoch läge wie die natürliche Aussterberate.[54]

Der Verlust dieser Spezies, von denen die meisten kaum näher untersucht und viele vermutlich nicht einmal bekannt waren, bedeutete, dass ihr potenzieller Nutzen für die menschliche Entwicklung nie erschlossen werden könnte. Zahlreiche wild lebende Spezies hatten sich bereits als nützlich erwiesen für die Herstellung von Medikamenten, die Schaffung neuer Stämme für landwirtschaftliche Kulturpflanzen oder durch andere Beiträge in Form von »Gummiarten, Ölen, Harzen, Farben, Gerbstoffen, pflanzlichen Fetten und Wachsen, Insektiziden und vielen anderen Stoffen«[55]. Andere Spezies in unbekannter Zahl hätten womöglich ebenso nützlich sein können.

Weiterhin ging man davon aus, dass die Entwaldung zusätzlich zur Erderwärmung beitrug, die durch die erhöhte Konzentration von Kohlendioxid und anderen Gasen in der Atmosphäre verursacht wurde. Unterschiedliche Studien ergaben, dass zwischen 5 und 15 Prozent des Klimawandels auf Abforstung zurückgehen könnte.[56]

Zwar befanden sich nur 2 bis 3 Prozent der weltweiten tropischen Regenwälder in Malaysia, doch zogen die dichten und artenreichen Wälder in den Hügeln Nord-Borneos das besondere Interesse von Umweltschützern und der westlichen Presse auf sich und waren Gegenstand hitziger Auseinandersetzungen.

Zuverlässige Daten zur Abholzung und Entwaldung waren in Malaysia und den meisten anderen tropischen Ländern nur schwer zu bekommen. Es sprach jedoch einiges dafür, dass die Abforstung im Laufe der 1980er-Jahre jährlich zwischen 2 und 4 Prozent der Waldgebiete des Landes betroffen hatte (siehe **Abbildung 9**). Westliche Umweltgruppen behaupteten, es würde mehr Holz abgeerntet, als nachwachsen könne, und die Wälder würden somit »ausgebeutet«. Damit erhob sich die Frage, wie sich die abnehmenden Holzerntemengen auf das längerfristige wirtschaftliche Wohlergehen des Landes auswirken würden.[57]

Die malaysischen Forstwirtschaftsbeamten widersprachen. Erstens, so sagten sie, würden die Umweltschützer übersehen, dass die Abforstung einer Regenwaldfläche nicht gleich deren Zerstörung bedeutete; da ja noch Bäume stehen blieben, könnte dieselbe Fläche 25 bis 30 Jahre später erneut abgeforstet werden. Zweitens sei es zwar richtig, dass die Holzernten in Malaysia das nachhaltig tragbare Maß überstiegen, doch sei es kaum sinnvoll, die Waldgebiete mit einzurechnen, die für die Umwandlung in Ackerland vorgesehen seien.

Weiterhin vertraten die malaysischen Beamten die Ansicht, die vorübergehende Umwandlung in Ackerland, selbst auf kleinem Raum, sei ein größeres Problem als die kommerzielle Abholzung. Die Landbevölkerung würde kleine Flecken im Regenwald brandroden und dort Saatgut anbauen, und dasselbe würden sie an anderer Stelle wenige Jahre später wiederholen. Nach Ansicht des sarawakischen Forstministeriums war dieser wandernde Ackerbau für einen Großteil der Entwaldung in Sarawak verantwortlich.[58]

Einige westliche Gruppierungen führten auch an, die Abholzung verletze die Selbstbestimmungsrechte der einheimischen Bevölkerung im Dschungel von Borneo. Die Aufmerksamkeit richtete sich auf die Penan, nomadische Waldbewohner, deren Lebensweise durch die Abforstung bedroht war; ihre Anzahl wurde von der Singapurischen und Malaysischen Britischen Gesellschaft (SIMBA) auf 9000 geschätzt, wohingegen malaysische Regierungsbeamte behaupteten, dass nur 300 davon noch das traditionelle Nomadenleben führten. Als die Stammesangehörigen versuchten, die Abforstung durch Verbrennen von Brücken und Straßenblockaden zu verhindern, wurden sie verfolgt und inhaftiert.[59]

Mögliche Veränderungen in der Forstwirtschaft: Bericht und Empfehlungen der ITTO

In den Jahren 1989 und 1990 luden die Regierungen von Sarawak und Malaysia die Internationale Tropenholzorganisation (ITTO) ein, eine Delegation von Beobachtern nach Sarawak zu entsenden, um die Waldgebiete zu sichten, Abholzungsmethoden zu bewerten und Empfehlungen abzugeben.

Die ITTO, zu deren Mitgliedsländern Exporteure wie auch Verbraucher von Tropenholzprodukten gehörten, arbeitete mit Umweltschutzgruppen wie auch mit Branchenverbänden zusammen. Ihr Ziel war es, »ein Gleichgewicht zwischen der Nutzung und Erhaltung tropischer Regenwaldressourcen zu schaffen, indem Anreize zur Förderung eines nachhaltigen Managements dieser Ressourcen geschaffen werden«.[60]

Die Delegation gab im Mai 1990 ihren Bericht an die ITTO heraus. Ihre zentrale Empfehlung lautete, dass die Holzernte in Sarawak auf 9,2 Millionen Kubikmeter pro Jahr beschränkt werden sollte; davon sollten 6,3 Millionen Kubikmeter auf die PFE-Gebiete entfallen und weitere 2,9 Millionen auf die Staatswälder, die offensichtlich nicht für die Umwandlung in Ackerland oder Plantagen benötigt wurden.[61] Die Gruppe stützte diese Empfehlung auf eigene Berechnungen zur nachhaltigen jährlichen Ausbeute aus PFE und Staatswaldgebieten in Sarawak; zuvor hatte man die Teile des Waldes herausgerechnet, welche man als zu abschüssig für eine ökologisch vertretbare Abholzung erachtete. Nach Angaben von Forstwirten in der sarawakischen Regierung beliefen sich die Holzernten in ihrem Staat 1990 auf rund 18 Millionen Kubikmeter, also rund das Doppelte der von der ITTO empfohlenen Menge. Etwa ein Drittel dieser Menge kam aus der Abforstung der Staatswälder, der Rest aus den PFE. Die sarawakische Regierung gab eine offizielle Erklärung heraus, die besagte, sie würde »die Empfehlungen des ITTO-Berichts grundsätzlich akzeptieren und, je nach Ressourcenverfügbarkeit sowie Unterstützung und Zusammenarbeit der internationalen Gemeinschaft, auch umsetzen«[62].

Nach der Veröffentlichung des Berichtes gingen die Meinungsverschiedenheiten weiter. Eine der Hauptempfehlungen der Delegation lautete, dass »die personelle Besetzung des Forstministeriums umfassend gestärkt werden muss«.[63] Eineinhalb Jahre nachdem die Gruppe ihre Mission beendet hatte, waren praktisch keine neuen forstwirtschaftlichen Mitarbeiter eingestellt worden. Die Regierung von Sarawak brauchte zur Schaffung zusätzlicher Arbeitsplätze die Genehmigung der zentralen Regierung; die Beamten im Forstministerium sagten, sie würden sehr gerne mindestens 4000 neue Leute einstellen, die Beamten in Kuala Lumpur aber säßen auf dem Papierkram. Beamte der Bundesregierung konterten, die Verantwortung für die Neueinstellung von Personal läge eigentlich bei der Hauptstadt von Sarawak, Kuching. In der Zwischenzeit ging die Abforstung weiter, nach wie vor in einem Tempo, das die ITTO-Empfehlungen weit überstieg.

Andere Maßnahmen

Viele Beobachter – darunter auch die ITTO-Delegation – schlugen den Regierungen von Sarawak und Malaysia vor, die Fläche ihrer Schutzgebiete (Nationalparks und Wildreservate) zu vergrößern. Sarawak hatte einer Vervierfachung bereits zugestimmt. Kurzfristig würde das enorme Herausforderungen mit sich bringen, da man Menschen zum Wegzug aus Gegenden bewegen musste, in denen sie traditionell den Wald genutzt hatten; zudem konnte es langfristig auch entgangene Erträge bedeuten. Daraufhin machten einige westliche Beobachter den Vorschlag, da die Regenwälder von Sarawak im Grunde ein Gut von weltweitem Wert seien, sollten die Einwohner von Borneo in irgendeiner Form dafür entschädigt werden, dass sie sie unversehrt erhielten.

Westliche Holzeinfuhrsperren?

Weniger geduldige Umweltschützer forderten, die westlichen Nationen müssten die Einfuhr malaysischer Regenwaldprodukte mit einer Sperre belegen, bis Malaysia seine Forstpolitik reformiert hätte.[64] Als Antwort verwies Malaysia darauf, dass das meiste nach USA und Europa exportierte Möbel aus Westmalaysia stamme, während die gesamten Stückholzexporte aus Ostmalaysia kamen. Außerdem säßen die größten Stückholzkunden im Fernen Osten, und es sei unwahrscheinlich, dass sie sich irgendeiner Art von Boykott gegen malaysisches Holz anschließen würden.

Viele Malaysier vermuteten in den vorgeschlagenen Handelsbeschränkungen den unguten Einfluss westlicher Weichholzproduzenten. Regierungsbeamte wie auch Branchenführer sprachen davon, dass sich westliche Umweltgruppen und die Holzproduzenten in Nordamerika und Skandinavien miteinander verbündeten. »Sie haben Angst, Marktanteile an das Tropenholz zu verlieren, also geben sie den Umweltgruppen Geld, damit sie Kampagnen gegen das tropische Hartholz fahren«, so ein Beamter. Und Premierminister Manathirs eigene Redenschreiber hatten im Entwurf für seine im September 1991 vorgesehene UNO-Ansprache geschrieben: »Der Gedanke, tropische Regenwälder könnten nur durch einen Tropenholzboykott gerettet werden, riecht mehr nach ökonomischem Zwang als nach echtem Interesse an der Rettung der Wälder. … Das ist ein abgekartetes Spiel, um uns armzuhalten.«[65]

Whistler Corporation (A)6667

Im Sommer 1987 erkannte Charles Stott, der neue Unternehmenschef der Whistler Corporation, dass das Unternehmen an einem Wendepunkt angelangt war – der einst profitable Hersteller von Radarwarngeräten verlor jeden Monat 500.000 Dollar. Stott war von der Muttergesellschaft von Whistler, der Dynatech Corporation, geholt worden, um das Unternehmen wieder zurück in die Gewinnzone zu führen. Innerhalb der nächsten Wochen sollte Stott bei Dynatech seine Entscheidung bezüglich der Zukunft von Whistlers Fertigung präsentieren.

Stott überlegte, die inländische Fertigung von Whistler grundlegend zu restrukturieren, um im Kostenwettbewerb mit ausländischen Herstellern bestehen zu können. Eine nach dem Just-in-time-Prinzip synchronisierte Pilot-Fertigungsstraße, die seit weniger als drei Monaten in Betrieb war, sollte als Modell für das neue Produktionssystem dienen. Falls sich das synchronisierte Produktionssystem als skalierbar erwies, würde es deutliche Kosteneinsparungen für Whistler ermöglichen – durch geringere Zwischenproduktbestände, bessere Qualität, höhere Arbeitsproduktivität und eine effizientere Flächennutzung. Wesentliche Einsparungen bei den Fixkosten wären auch dadurch möglich, dass das Whistler-Werk in Fitchburg, Massachusetts, geschlossen werden könnte.

Eine zweite Option bestand darin, die langjährige und erfolgreiche Partnerschaft mit einem koreanischen Unterhaltungselektronik-Anbieter auszubauen. Dieses Unternehmen belieferte Whistler bereits mit kompletten Low-End-Radarwarngeräten[68] zu ausgesprochen günstigen Preisen. Durch Vergabe weiterer Low-End-Produkte an diesen koreanischen Zulieferer könnte Whistler in diesem Marktsegment ein wettbewerbsfähigeres Kostenniveau erreichen. Gleichzeitig würde diese Strategie einige der Kapazitätsprobleme lösen, mit denen das Unternehmen an seinen beiden inländischen Produktionsstandorten (Westford und Fitchburg, Massachusetts) zu kämpfen hatte. Auch eine dritte, extremere Lösungsmöglichkeit wurde ernsthaft in Betracht gezogen: die ganze Produktion ins Ausland zu verlagern (»Offshoring«) und die beiden inländischen Produktionsanlagen zu schließen. Bis auf einen hatten sämtliche Wettbewerber von Whistler im Markt für Radarwarngeräte diesen Weg eingeschlagen.

Ausgangslage

Radarwarngeräte, im US-Branchenjargon auch »Fuzz Buster«™ [69] genannt, sind kleine elektronische Geräte zur Warnung der Autofahrer vor den Radar-Geschwindigkeitsmessgeräten der Polizei (**Abbildung 1**). Das Gerät beinhaltet drei wesentliche (innere) Funktionsteile: Die *Mikrowelleneinheit* ist eine Antenne, welche die elektromagnetischen Signale (die von den »Radarpistolen« der Polizei ausgestrahlt werden) auffängt und in Niedrigfrequenz-Funksignale umwandelt. Diese werden dann weiterverarbeitet und von der *Funkfrequenzeinheit* übersetzt. Wenn Radarsignale im Frequenzband der Polizei erkannt werden, warnt die *Kontrolleinheit* den Fahrer durch ein Blinken, einen Ton oder durch eine Kombination optischer und akustischer Signale.

Die ersten Radarwarngeräte wurden 1972 eingeführt. Sie wurden damals überwiegend von Lkw-Fahrern genutzt. Ende der 1970er-Jahre wurden Radarwarngeräte dann auch bei passionierten Autoliebhabern, Handelsvertretern und anderen Personen, die häufig lange Autobahnstrecken fuhren, immer beliebter. Nach wie vor war es jedoch ein kleiner, spezialisierter Nischenmarkt, als sich die Whistler Corporation 1978 zum Einstieg entschloss.

Abbildung 1

Produktbeispiele der Whistler Corporation

Whistler wurde Anfang der 1970er-Jahre von Dodge Morgan gegründet. Ganz am Anfang entwarf und fertigte man elektronische Spezialgeräte (Sprachverschlüsselungsgeräte, Radargeräte für die Schifffahrt und Gasleckdetektoren) in der Garage des Gründers. Mit zunehmendem Geschäftsvolumen Umsatzwachstum zog das Unternehmen zunächst in eine alte Fabrik und später in eine größere, modernere Fabrik in Westford, Massachusetts.

Aufgrund seiner herausragenden Fähigkeiten in Entwicklung und Technik wurde Whistler binnen Kurzem zu einem führenden und profitablen Anbieter im kleinen, aber wachsenden Markt für Radarwarngeräte. Sein erstes Radarwarngerät, 1978 entworfen, entwickelte sich zum Verkaufsschlager. 1982 brachte Whistler zwei weitere Modelle auf den Markt. 1983 war Whistler eines von sechs Unternehmen, die in dem immer noch relativ spezialisierten, aber rentablen Nischenmarkt konkurrierten. Im selben Jahr wurde Whistler von Dynatech aufgekauft – einem Unternehmen aus Burlington, Massachusetts, dessen Strategie es war, kleine und mittlere Unternehmen mit dominanten Positionen in Nischenmärkten aufzukaufen.

Explosionsartiges Wachstum: 1983–1987

Kurz nach der Übernahme durch Dynatech gab es eine Reihe von Veränderungen im Markt. Wie in Abbildung 2 dargestellt, stieg die Nachfrage nach Radarwarngeräten sprunghaft an. Zwischen 1982 und 1987 wuchs die Gesamtzahl an Radarwarngeräten, die in den USA verkauft wurden, um mehr als 450 Prozent. Im Marktdurchschnitt lagen die jährlichen Wachstumsraten damals bei 35,6 Prozent.

Gleichzeitig veränderte sich auch die Nachfragestruktur: »Massen«konsumenten wurden das vorherrschende Käufersegment. Der Markt wurde nach Preis, Qualität, Leistung und Kaufkomfort segmentiert. Das Vertriebsnetz weitete sich von Auto- und Lkw-Fachgeschäften auf eine Vielzahl gemischter Einzelhandelsformate (Elektronikgeschäfte, Großmärkte und Versandhäuser) aus. Um möglichst viele Segmente des schnell wachsenden Verbrauchermarkts zu bedienen, brachte Whistler in den Jahren 1982–1987 neun neue Modelle auf den Markt.

Wie zu erwarten, zog das Nachfragewachstum neue Konkurrenz an. 1987 hatte Whistler 19 Wettbewerber. Darunter waren zwar viele amerikanische Unternehmen, aber nahezu alle verkauften Radarwarngeräte, die von asiatischen Subunternehmern hergestellt wurden. Die Mehrzahl der Unternehmen beschaffte ausschließlich in Asien. Infolge des starken Wettbewerbs und der Nutzung kostengünstiger Offshore-Produzenten sank der durchschnittliche Preis für Radarwarngeräte kontinuierlich (**Abbildung 2**).

In dieser Phase des schnellen Wachstums sah sich Whistler mit großen Fertigungsproblemen konfrontiert.

Der Fertigungsbetrieb

Die Herstellung war bei Whistler in zwei Produktionsabläufe unterteilt: Teilmontage und Endmontage. Vor 1985 wurde beides in Whistlers 3700 Quadratmeter großem Werk in Westford durchgeführt. 1985 verlagerte Whistler die Endmontage in eine neue, etwa halb so große Fabrik in Fitchburg, Massachusetts (rund 40 Kilometer entfernt vom Werk Westford).

Abbildung 2

US-Markt für Radarwarngeräte (Einheiten)

Jahr	Stückzahl	Wachstum in Prozent	Durchschnittlicher Einzelhandelspreis
1980	473.000		
1981	583.000	23	
1982	618.000	6	
1983	985.000	59	150 $
1984	1.458.000	48	136
1985	1.910.000	31	125
1986	2.505.000	31	115
1987	2.840.000	13	95
1988*	2.982.000	5	90
1989*	2.684.000	-10	88
1990*	2.415.000	-10	85
1991*	2.295.000	-5	80

* Hochrechnung

Teilmontage

Wie bereits erwähnt, bestehen Radarwarngeräte innen aus drei Komponenten: 1) der Mikrowelleneinheit, 2) der Funkfrequenzeinheit und 3) der Kontrolleinheit. Whistler entwarf und baute alle drei Komponenten selbst. Die Funkfrequenz- und die Kontrolleinheit bestanden aus Leiterplatten, die sowohl durchgesteckte und gelötete als auch auf der Oberfläche befestigte elektronische Komponenten enthielten. Die Funkfrequenz- und die Steuerungsplatine wurden aus elektronischen Komponenten und blanken Leiterplatten zusammengesetzt, die man von externen Lieferanten zukaufte. Die Mikrowelleneinheit wurde mithilfe von Zink-Druckgussteilen hergestellt, die von einem externen Anbieter zugeliefert wurden. Normalerweise wurden diese Bauteile in Losgrößen hergestellt, die groß genug waren, um einen Monatsbedarf für die Endmontage zu decken.

Die Leiterplattenproduktion erforderte eine Reihe von Schritten. Zunächst wurden alle Komponenten, die für die Produktion einer Losgröße von einer bestimmten Leiterplatte benötigt wurden, vom Lagerraum zum Produktionsort gebracht. Dann wurden elektronische Komponenten automatisch auf die Oberfläche der blanken Platinen montiert. Nach dieser »Oberflächenmontage« wurde das Los überprüft, um sicherzustellen, dass alle Komponenten richtig platziert waren. Das gesamte Los wurde dann zum »manuellen« Bestückungsbereich gebracht, wo Teile, die nicht automatisch montiert werden konnten, von Hand in die Platine eingebaut wurden. Diese von Hand montierten Teile wurden dann auf einem automatisierten Wellenlötgerät an der richtigen Stelle angelötet.

Das gesamte Los Leiterplatten wurde dann einer Prüfung unterzogen, und Leiterplatten, die sie nicht bestanden, wurden mit Markierungen versehen. Sämtliche Platinen wurden dann zum »Wasserschneidegerät« weitergeleitet, das einen Hochdruckwasserstrahl nutzte, um die Tafel in einzelne Leiterplatten zu schneiden, ein Prozess, den man auch »Entpalettierung« nennt. Danach wurden alle fehlerhaften Leiterplatten zur Nachbearbeitungsstation gebracht. Die Leiterplatten, welche den ersten Schritt erfolgreich durchlaufen hatten, wurden zu einer weiteren Arbeitsstation geschickt, wo die Funkfrequenzeinheit feineingestellt und Funktionstests durchgeführt wurden. Leiterplatten, die diesen zweiten Test nicht bestanden, gingen ebenfalls zur Nachbearbeitungsstation zurück. Am Ende durchlief das ganze Los einen abschließenden Qualitätstest, um sicherzustellen, dass nur funktionstüchtige Leiterplatten in den Leiterplattenbestand des Lagers[70] und letztlich zur Endmontage gelangen würden.

Mikrowelleneinheiten wurden in einem separaten Bereich des Werks hergestellt. Wie die Funkfrequenz- und Kontrollplatten, so wurden auch die Mikrowelleneinheiten in Losgrößen hergestellt, die groß genug waren, dass sie einen Monatsbedarf der Endmontage deckten.

Endmontage

Die Endmontage umfasste sechs Schritte. Zunächst wurden die drei inneren Hauptbauteile miteinander verdrahtet. In einem zweiten Schritt wurde das integrierte elektronische System einem »Schnelltest« unterzogen; fehlerhafte Einheiten wurden zu einer Endmontage-Nachbearbeitungsstation geleitet. Im dritten Schritt wurden die jetzt integrierten elektronischen Systeme an der unteren Hälfte der geformten Plastikaußenhülle angebracht. Der vierte Schritt bestand darin, die obere Hälfte der Außenhülle an der unteren (die jetzt das elektronische System enthielt) zu befestigen. Im fünften Schritt durchlief das gesamte Gerät nochmals eine Prüfung (und wurde bei Bedarf zur Nachbearbeitung geschickt). Und schließlich wurde es mitsamt den Betriebsanleitungen eingepackt und ins Lager für Endprodukte geschickt.

Fertigungskontrolle

Der Materialfluss wurde nach der sogenannten »Los-Teilesatz-Methode« gesteuert: Dabei werden sämtliche Halbfabrikate und Endprodukte in Losen bereitgestellt – bei Whistler waren dies gewöhnlich Monatslose. Wurden beispielsweise in einem Monat 5000 Spectrum-1-Radarwarngeräte hergestellt, dann wurden alle 5000 Stück in einem Los gefertigt.

Bevor die Endmontage eines Loses beginnen konnte, mussten alle erforderlichen Halbfabrikate und Teile fertig sein. Mehrere Wochen vor Beginn der Endmontage eines Loses Spectrum 1 wurden vom Halbfabrikatsbereich je 5000 Stück von den benötigten Funkfrequenzeinheiten, Kontrolleinheiten und Mikrowelleneinheiten hergestellt. Die fertigen Lose wurden dann ins Lager geschickt. Kurz bevor die Endmontage beginnen sollte, wurden alle benötigten Halbfabrikate aus dem Lager geholt und zu einem Teilesatz zusammengestellt – also alle Teile, die für die Endmontage eines Loses dieses Modells benötigt wurden. Dieser Teilesatz wurde dann zur Endmontage geschickt.

Die meisten kleinen Elektronikteile, die Whistler einsetzte, kamen von Zulieferern in Asien. Für diese Teile betrug der Bestellvorlauf bis zur Lieferung etwa zehn Wochen. Angesichts dieser langen Lieferzeit sowie der relativ niedrigen Kosten für diese Teile hatte Whistler in der Regel genug Rohmaterial für den Bedarf der nächsten zwei Fertigungsmonate auf Lager.

Probleme in der Produktion

Als das Produktionsvolumen nach 1983 sprunghaft anstieg, trat in der Fertigung eine Reihe von Problemen auf. Solange Whistler noch vier Modelle in relativ kleinen Mengen produziert hatte, waren die Anzahl und Größe der Produktionslose noch relativ leicht zu handhaben gewesen. Mit steigenden Fertigungsmengen und wachsender Zahl der Modelle waren aber auch mehr und größere Lose zu bewältigen. Mit insgesamt 13 Modellen in der Produktion kam es häufig vor, dass sich in der Fabrik mehrere Lose von Halbfertigprodukten zwischen den Arbeitsstationen stauten. Da die verfügbare Lagerfläche belegt war, lagen im Werk Westford bald überall Zwischenprodukte herum.

Platzmangel war aber nicht das einzige Problem im Werk. In der Gegend um Westford/Lowell gab es zahlreiche Elektronikunternehmen, die infolge erhöhter Verteidigungsausgaben und einer allgemeinen Expansion der Wirtschaft einen Boom erlebten. Die Nachfrage nach gelernten Montagearbeitern war extrem hoch. Whistler, mit Unternehmen wie Digital Equipment Corporation (DEC) und Wang im Wettbewerb um Arbeitskräfte, hatte Mühe, mit den Gehältern, die es zahlen konnte, Leute für die Produktion zu finden.

Man beschloss, eine Fabrik in Fitchburg, Massachusetts, zu pachten, wo sowohl Arbeit als auch Nutzfläche zu günstigeren Konditionen zu bekommen waren. Die Firmenleitung sah im Werk Fitchburg eine Möglichkeit, in kurzer Zeit zusätzliche Kapazität aufzubauen und sich einen Teil des Geschäfts zu sichern, das Whistler zuvor verloren gegangen war. 1985 wurde die Produktionsstätte in Fitchburg eröffnet. Die ganze Endmontage sowie alle Prüfungen wurden dorthin verlagert; die Teilmontage und die Verpackung blieben in Westford. Damit wurde der Prozessfluss wie folgt geändert: Funkfrequenzeinheiten, Kontrolleinheiten und Mikrowelleneinheiten wurden in Westford hergestellt und getestet. Diese Halbfabrikate und alle anderen Teile, die erforderlich waren, um ein Los eines bestimmten Modells herzustellen, wurden dann zu einem Teilesatz zusammengestellt und nach Fitchburg verfrachtet. In Fitchburg wurden die Teilesätze zu Endprodukten zusammengesetzt und getestet. Das gesamte Los (beziehungsweise die Lose) wurden dann zurück nach Westford transportiert, wo das fertige Produkt verpackt und gelagert wurde.

Etwa zu dieser Zeit stellten sich bei Whistler Qualitätsprobleme bei der Teilmontage von Funkfrequenz- und Kontrolleinheiten ein. Zum Teil waren sie auf Fehler an den extern bezogenen Komponenten zurückzuführen, doch die überwiegende Mehrheit resultierte aus der neuen Oberflächenmontagetechnologie (SMT). Komponenten, die auf der Oberfläche montiert werden, brauchen weniger Platz auf der Leiterplatte als Teile, die in Öffnungen gesteckt und festgelötet werden müssen. Folglich passen bei Oberflächenmontage mehr Komponenten auf eine kleinere Leiterplatte. Der Trend zu kleineren Radarwarngeräten ließt diese Technologie attraktiver erscheinen; bei Automatisierung konnte die Oberflächenmontage die Durchlaufzeiten drastisch verringern. Angesichts der Notwendigkeit, die Produktionsmengen zu erhöhen, um mit der Nachfrage Schritt zu halten, sowie der wachsenden Nachfrage nach kleineren Warngeräten lag es auf der Hand, dass man die SMT-Technologie einführen musste – wenngleich das Verfahren wesentlich komplexer war als herkömmliche Methoden.

Die erste SMT-Anlage wurde 1986 installiert. Die Ausbringung mit dem SMT-Prozess war relativ gering, während sich Arbeiter, Entwickler und Prozessingenieure noch mit den Feinheiten des neuen Prozesses vertraut machten und sich darauf einstellten. Anfang 1987 war die »echte« Ausbringung aus dem ersten Durchlauf – der Prozentsatz der Erzeugnisse, die fehlerfrei herauskamen und keine Nachbearbeitung benötigten – auf 75 Prozent gestiegen. Mittels sorgfältiger Qualitätsprüfungen und umfassender Nachbearbeitung[71] konnte die Qualität der Produkte, welche die Kunden erreichten, auf sehr hohem Niveau gehalten werden. Allerdings war es auch sehr kostspielig, diese Art von Zuverlässigkeit flächendeckend sicherzustellen. Ende 1986 waren 100 der 250 Fertigungsmitarbeiter mit der Fehlerbehebung an Leiterplatten beschäftigt. Etwa 30 Prozent der Nutzfläche der Fabrik in Westford wurde von Zwischenprodukten eingenommen, die noch nachbearbeitet werden mussten. Auf die Nachbearbeitung entfielen 600.000 Dollar von den Umlaufbeständen im Wert von insgesamt 2 Millionen Dollar.

Fehlerhafte Platinen behinderten zudem einen reibungslosen Materialfluss. Ein strikt an der Losgröße ausgerichteter Materialfluss setzt voraus, dass die jeweils nötige Anzahl von Baugruppen jedes Typs verfügbar ist, um den Teilesatz zu vervollständigen. Bei Whistler erschwerte es der hohe Anteil fehlerhafter Teile, passende Baugruppen zu Teilesätzen für die Endmontage zusammenzustellen. In der Endmontage konnte es vorkommen, dass unvollständige Teilesätze wochenlang warteten, bis die fehlerhaften Baugruppen nachbearbeitet wurden. Der Druck, Produkte auszuliefern, wurde so hoch, dass mitunter gleichartige Komponenten aus anderen unfertigen Losen als

Ersatz verwendet wurden. Leider wurde dieses »Ausleihen« von Komponenten häufig nicht dokumentiert, und als Folge standen sie nicht zur Verfügung, wenn das andere Los für die Endmontage bereit war. Hohe Fehlerquoten wurden so alltäglich, dass sie in den Produktionszeitplan eingebaut wurden. So war es mit der Zeit bei der Produktionsleitstelle gang und gäbe, von den Baugruppen immer 20 Prozent mehr zu bestellen, als laut Produktionsplan für die Endmontage benötigt wurden.

Aufgrund der häufigen unvorhergesehenen Änderungen im Produktionsplan sammelten sich Zwischenbestände an. Als Whistler noch vier Modelle für einen kleinen Markt herstellte, hatte man den Produktionsplan mit einigem Vorlauf aufstellen können. Der »Massenmarkt« aber war viel größeren Schwankungen unterworfen. Ein Produktionsplaner sagte dazu:

Es kam vor, dass wir ohne Vorankündigung eine Bestellung über 5000 Spectrum 2 von einem großen Einzelhändler hereinbekamen, der eine Wochenend-Sonderaktion plante. Hatten wir genügend lieferbereite Produkte, bekamen wir den Auftrag – wenn nicht, dann nicht. Daran waren wir einfach nicht gewöhnt. Lkw-Fahrer gehen nicht Radarwarner einkaufen, nur weil wir gerade ein langes Wochenende haben.

Änderungen im Produktionszeitplan hießen oft, dass die Arbeit an einem Los unterbrochen werden musste, damit an einem Los gearbeitet werden konnte. Anfang 1987 hatten die Umlaufbestände einen Umfang von 2 Millionen Dollar erreicht. Ein Mitarbeiter der Fertigungskontrolle, der an der Fertigungsstraße eingesetzt war, beschrieb die Situation so: »Es herrschte totales Chaos. Leiterplatten und halbfertige Produkte stapelten sich vom Boden bis zur Decke. Wir mussten sogar drei Container mieten, um diese Mengen irgendwo unterzubringen.«

Die Zwischenprodukte waren auch materialwirtschaftlich zum Albtraum geworden. Je länger die Teilesätze in der Fabrikhalle gelagert waren und je öfter sie anderswohin geschoben wurden (um Platz für andere Zwischenbestände zu schaffen), desto mehr stieg das Risiko, dass die empfindlichen elektronischen Teile beschädigt wurden und weitere Probleme bei der Endmontage auftreten würden. 1987 hatte eine Einheit bis zum Abschluss der Endmontage durchschnittlich 23 Tage in der Fertigung zugebracht, obwohl die tatsächliche Produktionszeit nur acht Stunden betrug.

Unternehmensleistung

Bis Ende 1986 machte sich die Firmenleitung von Whistler keine großen Gedanken um die Produktion. Innovatives Design und gutes Marketing waren laut einem der Manager »das A und O«. Der Absatz war rapide angestiegen, und die Produktion hatte trotz der internen Probleme Schritt halten können. 1985 belief sich der Gewinn vor Steuern auf 20 Prozent des Umsatzes, die Gesamtkapitalrendite vor Steuern auf 40 Prozent. Im selben Jahr hatte das Unternehmen einen Marktanteil von 21 Prozent im inländischen Markt für Radarwarngeräte (stückzahlbezogen) und war damit führend. Die Strategie nach dem Motto »Produziert, so viel ihr könnt – egal wie« schien aufzugehen.

1986 verschlechterte sich jedoch die Finanzlage rapide. Hohe Produktionskosten machten es zunehmend schwierig, mit Herstellern in Drittländern zu konkurrieren. Die Herstellkosten asiatischer Zulieferer lagen deutlich niedriger als die von Whistler (**Abbildung 3**). Eine Marketinganalyse ergab, dass die Produkte von Whistler auf Basis ihrer Leistung, Qualität, ihres Rufs und Markenimages einen 10-prozentigen Preisaufschlag hergaben – aber nicht viel mehr. Ende 1986 war der Marktanteil von Whistler auf 12 Prozent gefallen. Gegen Ende des Sommers 1986 begann das Unternehmen zum ersten Mal in seiner Geschichte, Verluste zu machen – beinahe 500.000 Dollar pro Monat. Die Fertigungsprobleme wurden endlich zur Kenntnis genommen.

Jack Turner, in der Geschäftsleitung für Entwicklung und technische Planung zuständig und zu jener Zeit auch für die Leitung der Produktion, sagte: »Wir wussten, dass es Fertigungsprobleme gab. Wir wussten auch, dass etwas getan werden musste. Wir wussten nur nicht, was.«

Im September 1986 wurde ein Beratungsunternehmen engagiert, das den Fertigungsprozess von Whistler untersuchen und Änderungsvorschläge unterbreiten sollte.

Abbildung 3

Offshore-Beschaffungsalternativen: Produktion in den USA vs. Fernost (Spectrum 1)

	USA aktuell (1/87)*	Fernost (in US$)
Material	31,90 $	30,48
Ausschuss	3,83	0,92
Lohneinzelkosten	9,00	1,88
Variable Gemeinkosten	6,30	7,46**
Versand	-	0,30
Zölle	-	2,40
Koordinationskosten USA	-	1,00
Fixe Gemeinkosten		
Verwaltung Westford	3,38	3,38
Werk Westford	9,28	-
Werk Fitchburg	8,14	-
	20,80 $	3,38
Total	71,83 $	47,82

* Daten für herkömmliches Produktionssystem; geschätzte Ergebnisse aus der Pilotanlage (MPL) nicht berücksichtigt

** Einschließlich der fixen und variablen Gemeinkosten sowie der Gewinnmarge des Subunternehmers

Das RACE-ME-Programm

Das Beratungsunternehmen schlug ein umfassendes Programm zur Neuausrichtung der Fertigung vor, betitelt mit »RACE-ME« (Restoring A Competitive Edge Through Manufacturing Excellence). Ziel war es, die Fertigung bei Whistler innerhalb von 24 Monaten so effizient wie die der Fernost-Konkurrenz zu machen.

Das RACE-ME-Programm sah Verbesserungen in den Bereichen Materialfluss, Schulung der Arbeiter, Prozessanordnung, Qualitätsprüfung und -kontrolle, Werkzeuge und Produktionsfluss vor. In einer Ecke des Werks Westford wurde eine Pilot-Fertigungsstraße aufgebaut, um verschiedene Verbesserungsmaßnahmen umzusetzen, zu bewerten und vorzuführen. Die Fertigungsstraße bestand aus einer Reihe miteinander verbundener Werkbänke.

Aus Gründen der Symbolik waren diese in Design und Farbe verschieden von denen in der Hauptfertigung. Spectrum 1, ein Modell mit großem Fertigungsvolumen, sollte auf der Pilotstraße gefertigt werden.

Die Pilot-Fertigungsstraße sollte den Materialfluss und den Fluss der Zwischenprodukte verändern. Der Fluss richtete sich nicht nach Losgrößen, sondern war als »repetitiver« Prozess aus mehreren synchronen Fertigungslinien angeordnet, und zwischen den benachbarten Fertigungsstufen sollten nur kleine Pufferbestände vorgehalten werden. Nach dem herkömmlichen System erhielt eine Arbeitsstation große Mengen von Komponenten und Baugruppen nach Plan, ganz gleich, ob sie schon etwas damit anfangen konnte oder nicht. Bei der Pilot-Fertigungsstraße sollte eine Arbeitsstation nur Material oder Zwischenprodukte erhalten, wenn sie sie anforderte. Die zweite große Veränderung betraf den Produktionszeitplan. Die Pilotstraße sollte Tag für Tag die gleiche Menge an Radarwarnern herstellen.

Nach einigen Versuchen und Korrekturen sah der Pilotprozess so aus: Funkfrequenzeinheiten, Kontrolleinheiten und Mikrowelleneinheiten wurden mit den gleichen Geräten und im gleichen Verfahren wie bisher gefertigt; jedoch gab es keine separaten Qualitätsprüfstellen mehr. Jede Arbeitsstation war dafür verantwortlich, ihre eigenen Qualitätsprobleme zu erkennen und zu beheben.

Losgrößen und Produktionsfluss waren komplett anders. Die Leiterplatten wurden nicht mehr in monatlichen Losen hergestellt, vielmehr lieferte die Oberflächenmontage (SMT) nur einen Tagesbedarf für die Endmontage. Anschließend waren die Losgrößen nur zwei Stunden in der Platinenmontage (zur manuellen Bestückung, zum Wellenlöten und zur Entpalettierung).

Der Produktionsfluss wurde von »Kanban«[72]-Gestellen zwischen den Arbeitsstationen reguliert. Arbeiter an jeder Arbeitsstation waren angewiesen, nur dann an einem bestimmten Platinenlos zu arbeiten, wenn in dem Gestell zwischen ihnen und der nächsten Arbeitsstation ein leerer Behälter auftauchte. Wenn eine bestimmte Arbeitsstation mehr Platinen eines bestimmten Typs brauchte, legte ein Arbeiter einen leeren Behälter (mit einer Produktionskontrollkarte, die den Typ und die Anzahl der benötigten Platinen angab) in das Gestell. Das signalisierte dem Arbeiter an der vorherigen Arbeitsstation, dass er beginnen sollte, ein Los von diesen Platinen herzustellen. Der Arbeiter, der das Signal erhalten hatte, überprüfte zunächst den Bestand im Gestell zwischen ihm und der Station davor. Waren die entsprechenden Baugruppen oder Komponenten verfügbar, konnte er sofort mit der Arbeit beginnen;

andernfalls forderte er sie von der vorgelagerten Station an, indem er einen leeren Behälter mit der entsprechenden Produktionskontrollkarte in das Regal legte. Durch diese Kanban-Kette wurden die Materialien und Zwischenprodukte bei Bedarf durch die nachgelagerten Stationen angefordert.

Der Materialfluss durch die Teilmontage wurde auf ähnliche Weise durch die Endmontagelinie gesteuert. Bei Bedarf nahm diese kleine Losgrößen an Platinen (für 15 bis 30 Fertigungsminuten) vom Kanban-Gestell, das sich hinter dem Entpalettierungsbereich befand. Die kleine Losgröße wurde dann geprüft. Platinen, die schlecht abschnitten, wurden in einen Nachbearbeitungsbereich geschickt, der speziell der Pilot-Fertigungsstraße zugeordnet war. Für die Anzahl Platinen, die sich maximal in der Nachbearbeitungsstation befinden durften, war eine Obergrenze festgelegt worden. Bei Erreichen dieser Grenze würde die Platinenteilmontage unterbrochen werden, bis die Ursache für das Qualitätsproblem gefunden und behoben wäre. Man hoffte, dass diese Störungsregel helfen würde, den Prozess unter Kontrolle zu halten, indem sie auf Produktfehler aufmerksam machte und die Werksleitung zwang, sich mit den Ursachen auseinanderzusetzen.

Die Platinen wurden dann zur Zusammenbaustation geleitet, wo die drei Hauptkomponenten zusammengesetzt wurden. Die Pilot-Fertigungsstraße war eine Montagestraße, die sich am Tempo der Arbeiter orientierte. Nach Beendigung eines Montageschritts legte der Arbeiter das Werkstück in den Eingangsbehälter der nächsten Station. In diese Behälter passten maximal sechs Werkstücke. War die Kapazitätsgrenze des Behälters erreicht, hatte der Arbeiter die Arbeit zu unterbrechen und erst fortzufahren, wenn der Behälter weniger als sechs Zwischenwerkstücke enthielt. Am Ende der Pilotstraße führte eine abgeschlossene Arbeitsstation[73] den abschließenden Test durch. Jede Einheit, die diesen nicht bestand, wurde an eine weitere Nachbearbeitungsstation gesandt. Sollte sich der Bestand für einen ganzen Tag in dieser Nachbearbeitungsstation ansammeln, würde die gesamte Fertigungsstraße angehalten.

Jeder Arbeiter an der Pilot-Fertigungsstraße erhielt eine 15-stündige Schulung in Arbeitsmethodik, Qualitätsprüfung und statistischer Prozesskontrolle.

Ergebnisse der Pilot-Fertigungsstraße: April–Juni 1987

Die Pilot-Fertigungsstraße begann am 7. April 1987 mit der Produktion von Spectrum 1. Ende Juni war eine Studie der Pilotanlage beendet. Die Daten (zusammengefasst in **Abbildung 4**) zeigten, dass Whistler entscheidende Verbesserungen in der Personal-, Anlagen- und Flächenproduktivität erreichen könnte, wenn die auf der Pilotstraße verwendeten Fertigungsmethoden bei der Produktion aller Whistler-Radarwarngeräte genutzt würden. Zudem konnte auf der Pilotstraße ein Spectrum 1 in nur 1,5 Tagen von A bis Z fertigen, während die Produktion nach der herkömmlichen Methode 23 Tage in Anspruch nahm.

Abbildung 4

Pilotergebnisse von RACE-ME (zwei Monate Betrieb)

Kategorie	Januar 1987*	Juni 1987
Ausbringung (Stück) pro direkt Angestellten	100	237
Ausbringung (Stück) pro Quadratmeter	100	146
Zwischenprodukte (Stück)	100	46
Funkfrequenzeinheit: Ausbeute Erstdurchlauf	100	114
Variable Gemeinkosten**	100	68
Ausschuss	100	17

* NB: 100 = Kennzahl für jede Kategorie

** Die variablen Gemeinkosten entfielen fast vollständig auf Fertigungsgemeinkosten (Materialwirtschaft, Lager).

Eine Möglichkeit bestand darin, die Ideen der Pilot-Fertigungsstraße im gesamten Werk Westford einzusetzen. Die erwarteten Produktivitätsgewinne sollten es Whistler erlauben, die Fabrik in Fitchburg zu schließen und die Mitarbeiterzahl insgesamt zu reduzieren. Es blieben allerdings noch einige Fragen offen.

So fragen sich einige Führungskräfte im Unternehmen, ob die Ergebnisse des Pilotprojekts auf das gesamte Werk übertragbar waren. Welche Produktlinien wären wohl am besten für den repetitiven Herstellungsprozess geeignet? Marketingdirektor Ed Johnson meinte dazu:

> Das ist extrem riskant. Wir reden hier davon, das gesamte Produktionssystem zu verändern und vielleicht eine unserer Fabriken zu schließen. Diese Optionen jagen mir, offen gesagt, eine höllische Angst ein.

> Jeder größere Einbruch in der Produktionsmenge könnte uns wirklich schaden. Ich weiß, dass momentan einiges schiefläuft, aber zumindest bekommen wir die Produkte aus dem Haus. Ich denke, wir sollten die Fertigung verändern, aber wir sollten dies in kleineren Schritten tun.

Auch Larry Santos, der Werksleiter des Werks Fitchburg, war besorgt:

> Ich weiß, das klingt, als ob es mir nur um meinen Posten ginge, aber ich muss sagen, ich bin nicht überzeugt, dass die Schließung von Fitchburg wirklich das Beste ist. Schließlich ist das Werk erst vor zwei Jahren eröffnet worden. Die Menschen dort haben großen Einsatz gezeigt. Eigentlich sind die meisten Qualitäts- und Zeitprobleme in Westford aufgetreten.

Die Leiterin der operativen Planung, Sharon Katz, machte sich ebenfalls Sorgen wegen der Schließung von Fitchburg:

> Ich muss Larry bezüglich der Schließung von Fitchburg zustimmen, aber aus einem anderen Grund. Wenn wir wachsen wollen, dann brauchen wir irgendwann einmal die Extrakapazität, die uns Fitchburg bietet. Es wird sehr teuer, wenn wir in ein paar Jahren wieder eine neue Fabrik aufmachen müssen.

Margaret Curry, die stellvertretende Bereichsleiterin Finanzen, vertrat einen extremeren Standpunkt:

> Ich bin von den Ergebnissen des Experiments mit der Pilot-Fertigungsstraße sehr beeindruckt, aber ich glaube einfach nicht, dass die Kosteneinsparungen ausreichen werden. Ich halte es einfach für unmöglich, dass wir wettbewerbsfähig bleiben, wenn wir unsere Produkte weiterhin im Inland fertigen.
>
> Das Offshoring bietet uns große Flexibilität bei der Beschaffung. Wir können uns die besten Zulieferer in puncto Kosten, Qualität und Lieferung suchen. Wenn es mit einem nicht funktioniert, dann gibt es noch genügend andere potenzielle Kandidaten in ganz Asien. Die Währungsrisiken können wir mit entsprechenden Hedging-Positionen absichern, sodass wir unsere Analyse davon nicht beeinflussen lassen müssen.

Einige andere im Unternehmen glaubten, dass – ungeachtet der Erfolge des Pilotprojekts – die Fertigung nicht Whistlers Hauptsorge sein sollte. Ein Manager, der seit acht Jahren im Unternehmen tätig war, sagte:

> Ich stimme mit Margaret überein. Wir sollten uns darauf konzentrieren, worin wir am besten sind, vielleicht besser als jeder unserer Konkurrenten – Entwicklung und Technische Planung. Unser Wettbewerbsvorsprung basiert auf hoher Leistung in kleiner Verpackung. Aber Cobra, Bel und andere Konkurrenten sind schon dabei, uns unsere Technologieführerschaft streitig zu machen. Wenn wir versuchen, alles auf einmal abzudecken, dann werden wir unseren Vorsprung verlieren. Die Fertigung ist zwar sicherlich ein wichtiger Teil der Wertschöpfungskette, aber sie kann notfalls auch von unserem koreanischen Partner oder anderen Zulieferern in Übersee effizient abgewickelt werden. Mit jedem Dollar, den wir durch die Verlagerung der Produktion ins Ausland sparen, können wir einen weiteren Dollar in die Produktentwicklung stecken.

Ed Johnson fügte hinzu: »Oder in Werbung und Marktforschung!«

Richard Packer, ein Mitglied des externen Beraterteams, sprach einen weiteren Punkt an: »Ich glaube, ein Vorteil der Pilotfertigung wurde bisher übersehen: Durch die Verkürzung der Durchlaufzeit von 23 auf 1,5 Tage bietet Ihnen das neue System die Flexibilität, rasch auf Veränderungen am Markt zu reagieren.«

Charles Stott machte sich über größere Fragestellungen Gedanken. Das Wachstum im Markt für Radarwarnsysteme war mehr oder weniger stagniert. Zudem hatten zwei US-Bundesstaaten kürzlich Radarwarngeräte verboten; einige andere berieten gerade über ähnliche Gesetzesvorlagen. Der Inlandsmarkt konnte sich rasch in Luft auflösen; eine Expansion des Vertriebs nach Europa, dem nächstgrößeren potenziellen Markt, war keine realistische Option, denn in den meisten europäischen Staaten waren Radarwarner schon längst verboten. Stott war der Ansicht, dass es bald strategisch notwendig sein könnte, in andere Geschäftszweige zu diversifizieren. Das Marketing hielt bereits Ausschau nach potenziellen Produktlinien, die über die gleichen Vertriebskanäle unter der Marke Whistler verkauft werden könnten. Der Bereich Entwicklung und Konstruktion hatte mit ersten Projekten in neuen Produktfeldern begonnen – darunter CB-Funkgeräte, Ladegeräte, Antidiebstahl-Schutzvorrichtungen, FM-Antennenverstärker, Notbeleuchtung, Atemmessgeräte, Kollisionswarnsysteme, Scanner und UHF-Funk für die Schifffahrt. Angesichts dieser Veränderungen im Geschäft von Whistler sinnierte Stott darüber, welche Rolle die Fertigung zukünftig dabei spielen würde.

Danksagungen

Die virtuellen Koautoren dieses Buchs sind MBA-Studenten. Ich wünschte, ich könnte alle namentlich nennen, vor allem die, mit denen ich im Rahmen des »Pre-MBA«-Programms an der Harvard Business School zusammenarbeiten durfte. An dieser Stelle kann ich jedoch nur denen danken, welche direkte Beiträge zu diesem Buch geliefert haben: Oscar Zagrean, Chuljoong Jurng, Jorge Novis, Yosef Hojchmann, Vvivi Rongrong Hu, Emily Mei Dong, Chris Cagne, Ratislav »Rasto« Kulich, E. Ciprian »Cip« Vatasescu und Agam Sharma. Cip und Francisco »Paco« Demesa gaben ihre Zustimmung dazu, dass ihre Studienarbeiten als Basis für die Beispieltexte in Kapitel 11 und 12 benutzt wurden. Yusuke Watanabe arbeitete nicht nur am Kapitel über die Besprechung von Fallstudien mit, sondern war auch eine unschätzbare Hilfe beim Sammeln von Kommentaren anderer Studenten.

Was ich Maureen Walker (Koleiterin des Bereichs MBA Support Services an der HBS) alles verdanke, kann ich gar nicht aufzählen, denn das würde eine sehr lange Liste. Ihr Wissen ging in alle Teile des Buchs ein, und sie war eine wichtige Quelle für das Kapitel über die Besprechung von Fallstudien. Die Leiterin von MBA Support Services, Pat Light, fördert seit Jahren die Schreibausbildung der MBA-Studenten und hat mir so zahlreiche Gelegenheiten zum Helfen und Lernen vermittelt.

Die Mitglieder meiner Schreibgruppe – Tehila Lieberman, Bob Dall, Kari Bodnarchuk, Cathy Armer, Lucy McCauley, Laurie Covens und Sara Fraser – sind eigentlich Belletristik- und Sachbuchautoren; dennoch haben sich diese klugen und überaus geduldigen Menschen meine Manuskriptentwürfe zum Thema Fallstudienmethode angehört und Verbesserungsvorschläge gemacht. Bis zur Fertigstellung des Manuskripts durfte ich immer wieder auf ihre Hilfe zurückgreifen. Tehila hat dann auch an der Konzeptentwicklung für die Fallstudienanalyse und das Verfassen entsprechender Texte mitgewirkt. Zu ihren wichtigsten Beiträgen gehören die Originale zu den Planungsvorlagen am Ende der Kapitel 10, 11 und 12.

Andrea Oseas und Joelle Andre haben meine Ideen ausprobiert und mir geholfen zu entscheiden, welche so bleiben konnten und welche noch überarbeitet werden mussten. Shelley Fishman war die Erste, mit der ich gemeinsam am Thema Schreiben über Fallstudien gearbeitet hat. Neben ihren umfassenden Kenntnissen über das Schreibenlehren teilte sie mit mir auch die Überzeugung, dass wir Studenten mehr bieten können als allgemeine Ratschläge zum Verfassen schriftlicher Arbeiten über Fallstudien.

Jeff Kehoe, der zuständige Redakteur bei der Harvard Business School Press, erkannte das Potenzial dieses Buchs und handelte schnell. Ich weiß es zu schätzen, dass er und seine Kollegen mir diese Chance gegeben haben. Mein Agent Charles B. Everitt hat mich zuverlässig durch den Veröffentlichungsprozess geleitet. Von Erin Scheffler, die an der Harvard Business School für die Einteilung der Lehrveranstaltungen zuständig ist, habe ich großzügige Hilfe bei der Fallstudienrecherche erhalten. Dino Malvone und Marcy Barnes-Henrie (Harvard Business Press) brachten das Buch durch die Produktion und widerlegten dabei das alte Klischee von der Schwerfälligkeit der Buchherstellung. Monica Jainschigg erledigte das Korrektorat mit großer Akribie.

Sehr viel verdanke ich auch den anonymen Testlesern, die von Harvard Business School Press organisiert wurden. Aufmerksam und undogmatisch lasen sie mein Manuskript und steuerten viele gute Verbesserungsvorschläge bei. Charles Bambach verließ Heideggersche Höhen, um Teile des Manuskripts zu lesen und mit mir über die Methodik und deren Untermauerung zu sprechen. Das wertvollste Geschenk aber, das ich von ihm erhielt, war Freundschaft. James W. Harris, den ich nie persönlich getroffen habe, erklärte sich dennoch bereit, ein zentrales Kapitel zu lesen; seine Anmerkungen führten zu dessen umfassender Überarbeitung.

Schließlich musste sich meine Frau Jane allzu oft um all das kümmern, das aufgrund meiner Arbeit zuhause liegen geblieben war. Mein Sohn Will ging erstaunlich gut damit um, dass ich in Gedanken häufig mit anderen Dingen beschäftigt war; vor allem wenn man bedenkt, dass ich sein halbes Leben an diesem Buch gearbeitet habe (er ist sieben). Das Verständnis und die Unterstützung meiner Familie waren bei jedem Schritt von entscheidender Bedeutung.

Euch allen bin ich dankbarer, als ich mit Worten sagen kann.

William Ellet

November 2006

Anmerkungen

1 Siehe auch Robert J. Dolan, »Note on Marketing Strategy«, Note 9-598.-061 (Boston: Harvard Business School Publishing, 1997).

2 Sam Dillon, »What Corporate America Cannot Build: A Sentence«, *New York Times,* 8. Dezember 2004.

3 Indirekt zitiert aus Stephen Toulmin, *The Use of Argument* (Cambridge: Cambridge University Press, 1958), S. 13.

4 Liz Kowalsczyk, »Drug Companies' Secret Reports Outrage Doctors«, *Boston Globe, 25. Mail 2003, Abschnitt A.*

5 Michael Ivanovich Rostovtzeff, *Rome* (New YorK Oxford University Press 1960), S. 1.

6 Michael E. Porter, *Competitive Strategy: Techniques for Analyzing Industries and Competitors* (New York: The Free Press, 1980).

7 *The American Heritage College Dictionary,* 3. Auflage (Boston: Houghton Mifflin Company, 1993).

8 Michael Beer und Jennifer M. Suesse: »Allentown Materials Corporation: The Electronic Products Division (Abridged)«, Fallstudie 9-498-047 (Boston: Harvard Business School Publishing, 1997), S. 1.

9 Paul Vincent Spade: »William of Ockham« in *The Stanford Encyclopedia of Philosophy (Fall 2006 Edition),* Hrsg. Edward N. Zahlta, http://plato.stanford.edu/archives/fall2006/entries/ockham.

10 Steven C. Wheelwright und Geoffrey K. Gill: »General Motors: Packard Electric Division«, Fallstudie 9-691-030 (Boston: Harvard Business School Publishing 1999), S. 1.

11 Marie Bell und V. Kasturi Rangan »Nestlé Refrigerated Foods (A): Contadina Pasta & Pizza«, Fallstudie 9-595-035 (Boston: Harvard Business School Publishing 1994), S. 1.

12 M. Diane Burton, »Rob Parson at Morgan Stanley (A),« Case 9-498-504 (Boston: Harvard Business School Publishing, 1998), S. 1.

13 Willis Emmons und Monica Brand, »Empresas ICA and the Mexican Road Privatization Program,« Case 9-793-028 (Boston: Harvard Business School Publishing, 1992), S. 13.

14 John Kotter, Leading Change (Boston: Harvard Business School Press, 1996), S. 33–34.

15 Michael Beer und Jennifer M. Suesse, »Allentown Materials Corporation: The Electronic Products Division (Abridged),« Case 9-498-047 (Boston: Harvard Business School Publishing, 1997), S. 4.

16 Sämtliche Zitate von Studenten stammen aus E-Mail-Antworten an den Autor (2006).

17 Maureen Walker, »International Orientation, Class of 2006« – Folienpräsentation für neue MBA-Studenten, Harvard Business School, Juli 2004.

18 Zusatz des Verlags für die deutsche Ausgabe dieses Buches.

19 »General Electric: Major Appliance Business Group (Abridged)«, Case 9-693-067 (Boston: Harvard Business School Publishing, 1992).

20 An der Entwicklung dieser Vorlage hat Tehila Liebermann maßgeblich mitgewirkt.

21 (Gekürzte Fassung) Diese Fallstudie wurde von Jennifer M. Suesse, Research Associate, unter Leitung von Professor Michael Beer erstellt. Copyright ® : Präsident und Fellows des Harvard College. Harvard Business School-Fallstudie 498-047.

22 (Gekürzte Fassung) Modifizierte Fassung der Fallstudie *General Electric: Major Appliance Business Group (A)* und *(B)* (585-053 und 585-054). Ausgewählte Daten wurden anonymisiert, um die Rechte des Unternehmens zu schützen.
Copyright ®: President und Fellows des Harvard College, Havard Business School Fallstudie 693-067.

23 Diese Fallstudie wurde von Geoffrey K. Gill erstellt (unter Leitung von Professor Steven C. Wheelwright). Copyright© 1990: President und Fellows des Harvard Colleg, Harvard Business School, Fallstudie 691-030.

24 Abhängig von der Ursache waren diese Kosten vom Autohersteller, Packard Electric oder beiden zusammen zu tragen.

25 Diese Fallstudie wurde von Professor Forest Reinhardt zusammengestellt. Es handelt sich um eine adaptierte Fassung von »Forest Policy in Malaysia« (HBS-Fallstudie Nr. 792-099). Copyright© 1997: President und Fellows des Harvard College, Harvard Business School, Fallstudie 797-074.

26 London Rainforest Movement and Singaporean and Malaysian British Association, »Sarawak: The Disposable Forest« (London, 1991).

27 Fong Chan Onn, The Malaysian Economic Challenge in the 1990s (Singapore: Longman, 1989), S. 98, 159, 203, 177–178.

28 Mohamed Ariff, The Malaysian Economy: Pacific Connections (Singapore: Oxford University Press, 1991), S. 10.

29 Keith Colquhoun, »Malaysia: The Struggle for Survival,« The Economist, January 31, 1987, Survey, S. 9.

30 Raj Kumar, The Forest Resources of Malaysia (Singapore: Oxford University Press, 1986), S. 38–39.

31 Ministry of Primary Industries Malaysia, »Profile: Malaysia's Primary Commodities« (Kuala Lumpur, 1990), S. 117–119, 223ff.; Bank Negara Malaysia, »Annual Report 1990« (Kuala Lumpur), S. 211 bis 212.

32 Ai Leng Choo and Nayan Chandra, »Prime Minister of Malaysia Criticizes Western Model for Economic Growth,« The Wall Street Journal, September 30, 1991, S. A5B.
33 Regierung von Malaysia: »The Second Outline Perspective Plan« (Kuala Lumpur, 1990), S. 80.
34 Weltbank: *The East Asian Miracle: Economic Growth and Public Policy* (New York: Oxford University Press, 1993), Kapitel 6.
35 Ariff, S. 164–165.
36 Ariff, S. 16.
37 Colquhoun, S. 13.
38 Ian Buruma, God's Dust (London: Vintage, 1991), S. 113–114.
39 Margaret Scott, »Where the Quota Is King,« The New York Times, November 17, 1991, VI, S. 63.
40 Malaysia, »The Second Outline Perspective Plan«, S. 8.
41 Lucian Pye, Asian Power and Politics: The Cultural Dimensions of Authority (Cambridge: Belknap Press of Harvard, 1985), S. 262.
42 Pye, S. 262.
43 Malaysia, »Second Outline Perspective Plan,« S. 45, 7–21.
44 Zitiert aus Scott, S. 67.
45 Colquhoun, S. 8.
46 Ariff, S. 8.
47 Andrew Cowley, »Asia's Emerging Economies,« The Economist, November 16, 1991, Survey p. 17.
48 Ministry of Primary Industries Malaysia (Malaysisches Ministerium für Grundstoffindustrien): »Forestry in Malaysia« (ohne Datum), S. 6.
49 Ministry of Primary Industries Malaysia, »Statistics on Commodities« (1991), S. 156–157.
50 Unter dem Titel »The dwindling forest beyond Lon San« berichtete der *Economist* (Ausgabe 18. August 1990, S. 23 ff.), die Förderabgaben in Sarawak beliefen sich auf lediglich 2 Prozent des Holzwertes. Die sarawakische Regierung nahm 1990 gemäß den veröffentlichten Budgetzahlen 520 Millionen malaysische Ringgit (M$) an Holzsteuern ein; im selben Jahr wurde Stückholz im Wert von rund 2,8 Milliarden M$ exportiert. Diverse anfallende Gebühren beliefen sich 1990 auf insgesamt 52 Millionen M$.
51 »The dwindling forest beyond Long San«, The Economist (August 18, 1990), S. 23.
52 Ministry of Primary Industries Malaysia, »Profile: Malaysia's Primary Commodities«, S. 1.
53 World Commission on Environment and Develeopment: *Our Common Future* [auch als »Brundtland-Bericht« bekannt; im Folgenden als

WCED bezeichnet]. Oxford U.P., Oxford, 1987, S. 151.
54 WCED, S. 150.
55 WCED, S. 156.
56 Siehe »Global Climate Change« mit Anhängen (HBS Case Nr. 391-180 bis 391-188).
57 Siehe »Sarawak: The Disposable Forest«.
58 Sarawak Forest Department (Sarawakisches Forstministerium): »Forestry in Sarawak« (Kuching 1991) S. 8; siehe auch Ministry of Primary Industries Malaysia: »Profile: Malaysia's Primary Commodities«, S. 138.
59 Singaporean and Malaysian British Association, »Attempts to Protect Land End in Severe Jail Terms,« Press release, 1991.
60 International Tropical Timber Organization (Internationale Tropenholzorganisation), Report Submitted to the International Tropical Timber Council By Mission Established Pursuant to Resolution I (VI): »The Promotion of Sustainable Forest Management: A Case Study in Sarawak, Malaysia« (Mai 1990); [im Folgenden bezeichnet als als ITTO-Arbeitsgruppenbericht«] S. 1.
61 ITTO-Arbeitsgruppenbericht, S. 34 und 71.
62 »Statements by the State Government of Sarawak Malaysia on the ITTO Mission Report« (n.d.).
63 ITTO-Arbeitgsgruppenbericht, S. 71.
64 ITTO-Arbeitsgruppenbericht, S. 5–6. Die ITTO-Arbeitsgruppe unterstützte diese Forderungen nicht.
65 Ständige Vertretung Malaysias bei den Vereinten Nationen: »Statement by H.E. Data'Seri Dr. Mahathir Mohamad, United Nationsl General Assembly, New York, 24 September 1991«.
66 Einige interne Daten wurden anonymisiert.
67 Diese Fallstudie wurde von Professor Gary Pisano erstellt. Copyright © 1990: President und Fellows des Harvard College, Harvard Business School, Fallstudie 690-011.
68 Im Radarwarngerätemarkt bezeichnet »Low-End« ein Produkt mit Basisfunktionen, relativ niedrigen Herstellungskosten und bescheidenen Leistungsspezifikationen.
69 »Fuzz Buster« ist ein eingetragenes Handelszeichen von Electrolert, einem der Hauptkonkurrenten von Whistler in den USA.
70 Es war nicht ungewöhnlich, dass es im Lager nicht genügend Platz für die fertigen Platinen gab. In diesen Fällen wurden sie in der Fabrikhalle gelagert, bis das Los in der Endmontage gebraucht wurde.
71 Fehlerhafte Platinen wurden nachbearbeitet, da sie zum Wegwerfen zu wertvoll waren.

72 »Kanban« kommt aus dem Japanischen und bedeutet »Zeichen«. Es bezieht sich auf die Karten oder Zeichen auf den Zwischenprodukt-behältern in japanischen Firmen, die nach dem »Just-in-time«-Ansatz arbeiten.

73 Die Prüfstation war abgeschlossen, um zu verhindern, dass elektromagnetische Störstrahlung die Prüfung beeinflusste.